"十四五"职业教育河南省规划教材

高等职业教育机电类专业系列教材

3D 打印应用技术与创新

第 2 版

主　编　苏　静　高志华
副主编　李成思　黄建娜
参　编　郭君扬　方　雅　袁苏楠
主　审　朱成俊

机械工业出版社

本书是首批"十四五"职业教育河南省规划教材,参照职业技能等级考核标准修订而成。

本书适应产业转型升级的要求,融入新技术、新工艺、新标准、职业资格证书和"1+X"职业技能等级证书相关内容,实现课证融通,是以"校企合作、项目导向、任务驱动"的模式编写的。本书共包括 3D 打印技术认知、3D 打印制造典型工艺、3D 打印设计与实践操作、产品创新设计四个模块,包含十六个项目:认识 3D 打印、熟识 3D 打印工作流程、3D 打印技术应用、认知光固化成型工艺、认知叠层实体制造工艺、认知熔融沉积成型工艺、认知选择性激光烧结工艺、认知三维喷涂粘结工艺、其他 3D 打印成型工艺、典型工艺 3D 打印实例、产品正向设计与 3D 打印、产品逆向设计与 3D 打印、创新思维认知、产品设计与创新设计、机械结构的创新设计、逆向工程中的产品创新设计。

本书图文并茂,内容精炼,配套资源丰富,融入了素养提升元素;为便于学习者巩固和深入理解所学知识,配套有 PPT 教学课件、微课、视频等教学资源,其中部分资源以二维码形式在书中呈现;每一项目都配有学习导航和课后练习与思考。为便于教学和学生掌握,本书编入了大量的正、逆向设计与 3D 打印应用实例及产品创新设计综合案例。

本书可作为高职高专、职工培训及中等职业学校的教学用书,也可供其他相关专业师生和工程技术人员参考。

图书在版编目(CIP)数据

3D 打印应用技术与创新/苏静,高志华主编. —2 版. —北京:机械工业出版社,2023.7(2025.1 重印)

高等职业教育机电类专业系列教材

ISBN 978-7-111-73322-5

Ⅰ.①3… Ⅱ.①苏… ②高… Ⅲ.①立体印刷-印刷术-高等职业教育-教材 Ⅳ.①TS853

中国国家版本馆 CIP 数据核字(2023)第 104429 号

机械工业出版社(北京市百万庄大街 22 号 邮政编码 100037)

策划编辑:王英杰 责任编辑:王英杰
责任校对:张晓蓉 张 薇 封面设计:王 旭
责任印制:张 博

北京建宏印刷有限公司印刷

2025 年 1 月第 2 版第 3 次印刷

184mm×260mm·16.75 印张·409 千字

标准书号:ISBN 978-7-111-73322-5

定价:49.00 元

电话服务 网络服务

客服电话:010-88361066 机 工 官 网:www.cmpbook.com
　　　　　010-88379833 机 工 官 博:weibo.com/cmp1952
　　　　　010-68326294 金 书 网:www.golden-book.com
封底无防伪标均为盗版 机工教育服务网:www.cmpedu.com

前言

本书是首批"十四五"职业教育河南省规划教材，参照职业技能等级考核标准，由多个企业工程技术人员参与讨论并提出修订意见，在第 1 版的基础上修订而成。

3D 打印技术是近年来发展起来的先进制造技术，广泛应用于机械、航空航天、汽车、医学、艺术、建筑等领域。本书以典型产品为例，采取"项目引领、任务驱动"的方式编写，在学习完成项目与任务的过程中，使学生获得完成工作任务所需要的综合职业能力。项目按照由易到难的顺序编排，每个项目均根据零件特征进行循序渐进的阐述与分析，引导学生进行探究式学习。本书辅以大量配图，使内容更加直观、易懂。

随着社会的进步，市场竞争日益激烈，各行各业对人才质量提出了更高的要求，仅仅培养高技能型的人才已远远不能满足社会的需求，对学生创新能力的培养已迫在眉睫。"下得去，用得上，留得住，上手快"，且具备创新精神和创新意识的高素质技术技能型人才是企业发展所迫切需要的，所以本书还编入了创新性思维的相关内容。

为了更加适应教育教学改革的新形势、新变化，适应产业转型升级的要求，进一步提升教材质量，本版修订除了全部执行现行标准，删旧增新案例，完善配套资源，增加"素养提升"板块外，还融入了新技术、新工艺、新标准、职业资格证书和"1+X"职业技能等级证书等相关内容，实现课证融通。

本书主要从以下几方面进行了修订：

1. 书中加入视频、微课、动画等多媒体资源，丰富教材形式，打造立体化教材。

2. 增添 3D 打印新进展相关内容。

3. 更新项目十一部分案例。

4. 校企合作，模块四产品创新设计增加了实际生产案例。

5. 党的二十大报告中指出："教育是国之大计、党之大计。培养什么人、怎样培养人、为谁培养人是教育的根本问题。育人的根本在于立德。全面贯彻党的教育方针，落实立德树人根本任务，培养德智体美劳全面发展的社会主义建设者和接班人。"书中为深入贯彻党的二十大精神，每个项目之后都增加了"素养提升"板块，以学生为中心，以立德树人为根本，强调知识、技能和素养并重，实现知识传授与价值引领同步。

本书包括四个模块十六个项目。本书作者均来自河南工业职业技术学院，由苏静、高志华担任主编，李成思、黄建娜担任副主编，朱成俊担任主审。本书编写的具体分工如下：项目一、十二由苏静编写；项目二、八、九由李成思编写；项目三、十五由方雅编写；项目四、五、六由高志华编写；项目七、十六由袁苏楠编写；项目十、十四由郭君扬编写；项目十一、十三由黄建娜编写。

　　本书在编写过程中，参阅了大量的教材和资料，得到了广州中望龙腾软件股份有限公司、安徽三维天下科技股份有限公司、杭州先临科技有限公司、北京大业三维科技有限公司、北京太尔时代科技有限公司、北京弘瑞科技有限公司、河南维京电子科技有限公司，以及浙江大学宁波理工学院张学昌、河南中光学集团有限公司刘保军、卧龙电器南阳防爆集团股份有限公司潘春生的技术支持和帮助，在此一并表示衷心感谢！

　　由于编者水平有限，书中疏漏之处在所难免，恳请读者批评指正。

编　者

二维码索引

V

名称	图形	页码	名称	图形	页码
17. UP Plus 3D 打印机打印准备和调试		121	22. 醋瓶三维扫描		188
18. UP BOX 3D 打印机的操作过程		121	23. 醋瓶数据处理点阶段		189
19. FDM 打印机操作方法		123	24. 醋瓶数据处理多边形阶段		193
20. 小方光固化成型机操作方法		130	25. 醋瓶的 3D 打印操作		194
21. 醋瓶贴点喷粉		187			

目录

模块三 3D打印设计与实践操作

模块四 产品创新设计

1

模块一　3D打印技术认知

项目一

认识3D打印

【项目导入】

　　同学们，你们知道图 1-1 和图 1-2 所示的产品是怎么做出来的吗？你们知道图 1-3 和图 1-4 所示的是什么设备吗？我们一起来看看吧！

图 1-1　服装

图 1-2　艺术品

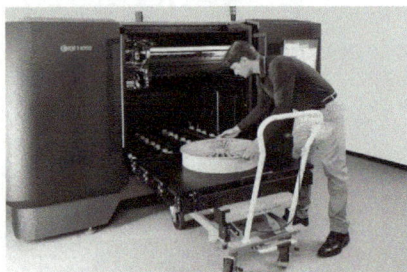

图 1-3　工业设备

图 1-4　桌面设备

【学习导航】

　　1）认知 3D 打印技术原理。
　　2）了解 3D 打印技术的特点。
　　3）了解 3D 打印技术的历史与发展。

【项目实施】

1. 3D 打印
技术原理
及工作流程

任务一 认知 3D 打印技术原理

随着科技进步与全球市场一体化的形成，制造业已经从长周期、单品种、大批量向短周期、多品种、小批量的方向发展。因此，快速响应市场需求，已成为制造业发展的重要走向。随着计算机、新材料、信息化、自动化和现代化企业管理技术的发展，产生了一批新的制造模式与制造技术，制造工程和科学取得了很大的成就。3D 打印技术能在很短的时间内直接制造样品，无须传统机械加工设备与工艺，从而明显缩短了产品投放市场的时间，增强了企业的竞争能力。目前，3D 打印是近年来增长速度最快的工业技术之一，已被广泛应用于机械、航空航天、汽车、医学、艺术、建筑等领域。

那么，什么是 3D 打印技术呢？

3D 打印技术是快速成型技术的一种，是一种通过计算机切片软件将三维模型转化为数字代码，再控制 3D 打印机执行数字代码，最后运用粉末状金属或塑料等可黏合材料以逐层打印的方式来构造实体的技术；是用专用软件将三维模型切成薄层或截面，通过 3D 打印设备用特殊的工艺方法层层粘结叠加成三维实体，最后进行实体的后处理得到零件形状的方法。模具制造、工业设计中常采用此技术制造模型。目前，3D 打印正向产品制造的方向发展，可实现"直接数字化制造"。在一些高价值应用中，也已经有 3D 打印的零部件出现（如髋关节、牙齿和一些飞机零部件）。

简单来说，3D 打印就是在普通的二维打印的基础上再加一维，即三维打印，故 3D 打印机又称三维打印机。3D 打印技术是一种"累积制造"技术，是快速成型技术的一种。它集计算机辅助设计、数控技术、激光技术、精密机械、材料技术等于一体，能够快速将三维模型制造成实物。它把复杂的三维制造转化为一系列二维制造的叠加，因此可以在不需要模具和夹具的条件下生产复杂的产品，极大地提高了生产率，缩短了产品的研发和生产周期。

其实，3D 打印（图1-5）和传统打印（图1-6）有很多相似之处，只是传统打印机用的打印材料是墨水或墨粉，而 3D 打印机用的打印材料是石膏、树脂、塑料、合金等，一个是单层，一个是多层。目前许多院校使用的 3D 打印机是先将塑料等材料热熔，然后通过喷嘴喷出，逐层制造出设计的实体。

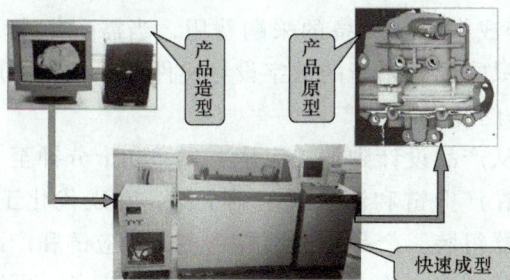

图1-5 3D 打印

图1-6 传统打印

任务二 了解3D打印技术的特点

3D打印技术与传统制造技术的不同之处在于，3D打印不像传统制造技术那样通过切削加工或模具塑性变形等来制造产品，而是通过层层堆积的方式来构造实体物品。当要求具有精确的内部凹陷或互锁部分的形状设计时，3D打印技术具备无可比拟的优势。通过比较与具体分析，3D打印技术有以下优点：

1）生产过程数字化，技术集成度高。3D打印技术是一种典型的多学科交叉运用技术，它集成了计算机、激光、数控、材料技术等现代科技成果，成型零件和CAD模型有直接的关联，零件可大可小，所见即所得，可以随时修改、随时制造。

2）产品的复杂程度不会影响产品的成本。3D打印由计算机数据信息驱动设备进行数字化制造，不需要专用的工具，采用分层加工方式，大大降低了加工难度。其实，利用3D打印设备制造一个形状复杂的产品与制造一个简单的圆柱体或正方体消耗的成本是相同的。就传统制造而言，物体形状越复杂，制造成本越高。但对于3D打印而言，制造形状更复杂的产品，其成本并不会相应增长。图1-7所示为3D打印一体成型复杂结构的章鱼模型，图1-8所示为复杂的3D打印躺椅。打印这些复杂的结构与打印一个相同体积的简单方块，所消耗的时间、原材料或成本都相差无几。这种制造复杂物品而不增加成本的制造方式将从根本上打破传统的定价模式，并改变整个制造业的成本构成。

图1-7 3D打印一体成型复杂结构的章鱼模型

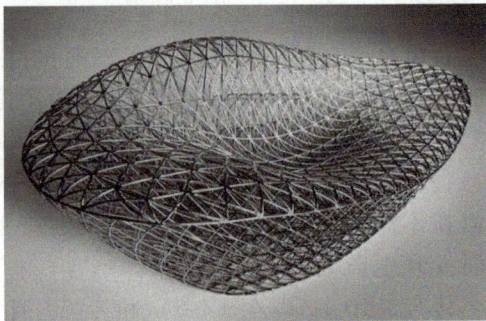

图1-8 复杂的3D打印躺椅

一台3D打印机可以打印的形状和材料有多种，它可以像经验丰富的工匠一样，每次都做出不同形状的产品。而大部分传统的制造设备功能都比较单一，能够做出的产品形状和种类比较有限。3D打印机还能省去员工的培养成本和新设备的采购费用，当需要生产一款新产品时，并不需要升级设备、培训员工，而只需要导入新的数字设计文件和一批新的原材料就可以了。因此，3D打印特别适用于新产品的开发和生产。

3）产品快速成型，无须组装。3D打印从产品设计到加工完毕，只需几十分钟至几十小时，成型速度快。传统的大规模生产是建立在产业链和流水线基础上的，在现代化工厂中，机器生产出相同的零部件，然后由人工或机器组装。产品组成部件越多，供应链和产品线都将拉得越长，组装所需要耗费的时间和成本就越多。而3D打印由于其生产特点，可以一体化成型，无须再次组装，从而缩短了大量工时。

3D打印机还可以按需打印，这样不仅可以最大限度减少库存量，而且企业可以根据用户的订单来启动3D打印机，制造出特别的或定制的产品来满足客户需求，使得许多新的商业模式成为可能，更能适应现代竞争激烈的产品市场。

4) **制作技能门槛降低，设计空间无限扩展**。在传统制造业中，培养一个技能娴熟的工人往往需要很长的时间，而3D打印机的出现可以显著降低生产技能需求的门槛。它能够在远程环境或极端情况下批量生产，以及由计算机控制制造，这些都将显著降低对生产人员技能的要求。3D打印机能从设计文件中自动分割计算出生产需要的各种指令集，制造同样复杂的产品，3D打印机所需要的操作技能比传统设备少很多。这种摆脱原来高门槛的非技能制造业，将进一步引导出众多新的商业模式，并能在远程环境或极端情况下提供新的生产方式。从制造产品的复杂性来看，3D打印相比传统制造技术同样具备优势，甚至能制作出目前只能存在于设计之中、人们在自然界未曾见过的形状。由传统制造技术制造的产品形状有限，制造形状的能力受制于所使用的工具。而3D打印则有望突破这些局限，拓展巨大的设计和制造空间。

5) **节省空间，便携制造**。3D打印机的优点还在于可以自由移动，并能制造出比自身体积还要庞大的产品。就单位生产空间而言，3D打印机与传统制造设备相比，其制造能力和潜力都更加强大。例如，注塑机只能制造比自身小很多的产品，而3D打印机却可以制造和其打印台一样大的产品。3D打印机调试好后，还可以自由移动。较高的单位空间生产能力，使得3D打印机更加适合家用或办公使用，这都得益于3D打印机所需物理空间更小这一优势。

6) **节约、环保的加工方式**。相对于传统的金属制造技术来说，3D打印产生的副产品更少。传统金属加工有着十分大的浪费量，一些精细化生产甚至会造成90%原料的丢弃浪费。相对来说，有些3D打印采用激光技术，激光和材料相互作用的过程就是其加工过程。3D打印技术是一种非接触、无振动、无磨损、噪声小、少废屑，基本上对环境不会造成污染的加工技术，非常节省材料，有利于环保。随着打印材料的发展，3D打印技术可能取代传统工艺，成为更加节约、环保的加工方式。

7) **对实体进行精确的复制**。3D打印技术把数字精度延伸到实体世界之中，通过3D扫描技术和打印技术的运用，可以十分精确地对实体进行扫描、复制操作。3D扫描技术和3D打印技术将共同提高实体世界和数字世界之间形态转换的分辨率，缩小实体世界和数字世界的距离，通过扫描、编辑和复制实体对象，创建精确的副本或优化原件。

综上所述，3D打印技术由于具有高效、经济等优点，自推出后就受到产业界及学术界的广泛关注。但3D打印技术也有它的不足之处。

1) **性能问题**。3D打印技术是一种"累积制造"技术，是以数字模型文件为基础，运用粉末状金属或塑料等可黏合材料，通过逐层叠加的方式来构造产品的技术，这就决定了层和层之间即使粘结紧密，也无法达到传统模具整体浇注成形的材料性能（如强度、塑性、韧性及可加工性等）。这意味着在一定的外力条件下，特别是沿着层与层的衔接处，打印的部件非常容易解体。虽然现在出现了一些新的金属快速成型技术，但是制造的产品大多只作为原型使用，要满足许多工业需求或者机械加工的性能需求，达到作为功能性部件的质量要求，还是有差距的。

2) **材料问题**。目前可供3D打印使用的材料有限，且价格较贵。常用的材料主要有石膏、无机粉料、光敏树脂、塑料、金属粉末等。用 3D 打印进行生产制造，除了设备价格高昂之外，在后续工作中也有相当大的投入。例如，要制作一个金属的电动机外壳，目前打印这种样品的原装金属粉末耗材每千克都在数万元，甚至数十万元。计算成本时除了成型材料，还需要考虑支撑材料。所以使用高端 3D 打印机打印样品模型时往往都需要耗费数万元。相信随着 3D 打印技术的不断推广，对原材料需求的增加，将在一定程度上拉低常用 3D 打印原材料的价格。目前国产的平价光敏树脂已经上市，价格只有进口材料的十分之一甚至几十分之一。

3）**精度问题**。由于分层制造存在"台阶效应"，每个层虽然都分解得非常薄，但在一定的微观尺度下，仍会形成具有一定厚度的多级"台阶"，如图 1-9 所示。如果需要制造的产品表面是圆弧形，那么不可避免地会造成精度上的问题。

此外，许多 3D 打印的产品都需进行二次强化处理，当表面压力和温度同时升高时，3D 打印生产的产品会因为材料的收缩与变形，精度进一步降低。

3D 打印的概念早在几十年前就已提出。3D 打印机的出现，使平面变成立体的过程一下简单了很多，设计师的任何改动都可在几小时后或一夜之间打印出来，而不用花上几周时间等着工厂把新模型制造出来，大大缩短了制作周期，降低了制作成本。

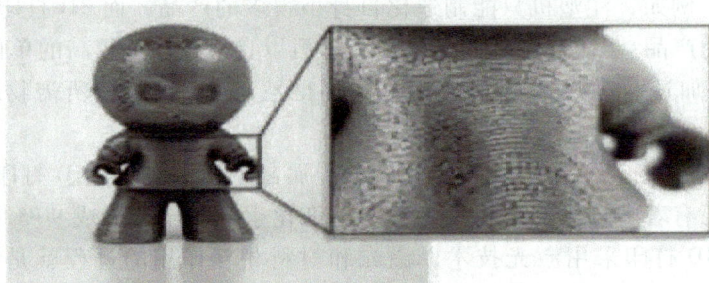

图 1-9　3D 打印成品中普遍存在台阶效应

任务三　了解 3D 打印技术的历史与发展

一、3D 打印技术的历史

1984 年，Chuck Hull 发明了将数字资源打印成三维立体模型的技术。1986 年，他发明了立体光刻工艺，利用紫外线照射将树脂凝固成型，以此来制造产品，并获得了专利。随后他成立了一家名为 3D Systems 的公司，专注发展 3D 打印技术。1988 年，3D Systems 开始生产第一台 3D 打印机 SLA-250，体型非常庞大。

1988 年，Scott Crump 发明了另外一种 3D 打印技术——熔融沉积成型（FDM），利用蜡、ABS、聚碳酸酯（PC）、尼龙等热塑性材料来制作产品，随后也成立了一家名为 Stratasys 的公司。

1989 年，C. R. Dechard 博士发明了选择性激光烧结（SLS）技术，利用高强度激光将尼龙、蜡、ABS、金属和陶瓷等材料粉末烧结，直至成型。1993 年，麻省理工学院教授 Emanual Sachs 等人研制了三维打印技术（3DP），将金属、陶瓷的粉末通过黏结剂粘在一起成型。

1995 年，麻省理工学院的毕业生 Jim Bredt 和 TimAnderson 修改了喷墨打印机方案，把约束溶剂挤压到粉末床，而不是把墨水挤压在纸张上，随后创立了现代的三维打印企业 Z Corporation。

1996 年，3D Systems、Stratasys、Z Corporation 分别推出了型号为 Actua 2100、Genisys、2402 的三款 3D 打印机产品，第一次使用了"3D 打印机"的称谓。

2005 年，Z Corporation 推出了世界上第一台高精度彩色 3D 打印机 Spectrum 2510。同年，英国巴斯大学的 Adrian Bowyer 发起了开发 3D 打印机项目 RepRap，目标是通过 3D 打印机本身，能够制造出另一台 3D 打印机。

2008 年，第一个基于 RepRap 的 3D 打印机发布，代号为"Darwin"，它能够打印自身50% 的部件，体积仅为一个手提箱子大小。

2008 年，Objet Geometries 公司——世界超薄层厚光敏树脂喷射成型技术的领导者，发布了业界最新的技术 PolyJet Matrix，这是全球首例可以实现不同模型材料同时喷射的技术。

2010 年 11 月，第一台用巨型 3D 打印机打印出整个车身的轿车出现，它的所有外部组件都由 3D 打印制作完成，包括用 Dimension 3D 打印机和由 Stratasys 公司数字生产服务项目 RedEye on Demand 提供的 Fortus3D 成型系统制作完成的玻璃面板。

2011 年 8 月，世界上第一架 3D 打印飞机由英国南安普顿大学的工程师创建完成。9 月，维也纳科技大学开发了更小、更轻、更便宜的 3D 打印机，这个超小 3D 打印机重 1.5kg，报价约 1200 欧元。

2012 年 12 月，Stratasys 宣布最大的喷墨 3D 打印机 Objet 1000 能打印尺寸为 1m×0.8m×0.5m 的产品。

二、我国 3D 打印技术的发展

1990 年，华中科技大学王运赣教授在美国参观访问时接触到了刚问世不久的 3D 打印机。

1991 年，华中科技大学成立快速制造中心，研发基于纸材料的 3D 打印设备。1994 年，华中科技大学快速制造中心研制出国内第一台基于薄材纸的 LOM 样机，1995 年参加北京机床博览会时引起轰动。通过 LOM 技术制作冲模，其成本约比传统方法节约 1/2，生产周期也大大缩短。

1994 年，我国增材制造（3D 打印）领域的领军人物卢秉恒教授成立了先进制造技术研究所。

1995 年 9 月 18 日，卢秉恒教授研制的样机在国家科委论证会上获得很高的评价，并争取到"九五"国家重点科技攻关项目 250 万元的资助。

1997 年，卢秉恒团队研制的国内第一台光固化 3D 打印机成功进入商业市场。

2009 年，北京航空航天大学教授王华明团队利用激光快速成型技术制造出我国自主研发的大型客机 C919 的主风窗框，在此之前只有欧洲一家公司能够完成此项目，仅每副模具费就高达 50 万美元，而利用激光快速成型技术制作的产品成本不及模具的 1/10。

2012 年 11 月，我国宣布成为世界上唯一掌握大型结构关键件激光成型技术的国家。

2012 年 12 月，华中科技大学史玉升科研团队实现重大突破，研发出全球最大的 3D 打印机。这台 3D 打印机可加工零件长、宽的最大尺寸均达到 1.2m。该 3D 打印机是基于粉末床的激光烧结快速制造设备。

2013年1月，我国首创用3D打印制造飞机钛合金大型主承力构件，由北京航空航天大学教授王华明团队采用大型钛合金结构件激光沉积制造技术制造。

2013年6月，世界上最大的激光3D打印机进入调试阶段，由大连理工大学参与研发，其最大加工尺寸达1.8m。该3D打印机采用独特的轮廓线扫描技术路线，可以制作大型的工业样件和结构复杂的铸造模具。这种基于"轮廓失效"的激光三维打印方法已获得两项国家发明专利。

2013年8月，杭州电子科技大学徐铭恩教授和他的团队自主研发出一台生物材料3D打印机。科学家们使用生物医用高分子材料、无机材料、水凝胶材料或活细胞，已在这台打印机上成功打印出较小比例的人类耳朵软骨组织、肝脏单元等。

2015年1月，3D打印的几栋精致建筑物在苏州工业园区现身，包括一栋$1100m^2$的别墅和一栋6层居民楼，它们的墙体由大型3D打印机一层一层喷绘而成，而打印使用的"油墨"全由建筑垃圾制成。

2017年，GE医疗（中国）有限公司分别与深圳光韵达光电科技股份有限公司、3D打印公司——Stratasys签署在中国地区的独家战略合作协议，打造中国首个医疗3D打印整体解决方案。

2019年，爱康医疗、铂力特上市，全国3D打印产值达100亿元人民币。

2020年，迈普医疗上市，前三个季度，全国产值达100亿元。

2020年3月，香港理工大学（PolyU）设计并在香港制造的3D打印医用防护设备在全球抗疫方面做出了较大贡献。

2020年5月，中国空间技术研究院成功完成首次"太空3D打印"，是全球首次连续纤维增加复合材料的3D打印实验。

2022年，哈尔滨工业大学重庆研究院项目负责人、博士生导师杨治华带领团队围绕"先进陶瓷及其智能制造技术"取得重大突破，掌握了结构功能一体化陶瓷及其器件制备核心技术，特别是攻克了陶瓷3D打印"定制化"关键技术，能够针对不同器件和需求进行规模化加工生产。

2022年11月，据央视军事报道：我国3D打印技术在飞机上已达到规模化、工程化的应用，处于世界领先位置。

总体而言，我国在3D打印核心技术上有一定优势，但在产业化方面的发展还稍显滞后。经过30多年的发展，这个产业目前由美国、以色列、德国领跑，中国紧随其后。

小 结

3D打印是以数字模型文件为基础，运用粉末状金属或塑料等可黏合材料，通过逐层叠加的方式来构造物体的技术，是用专用软件将三维模型切成薄层或截面，再由3D打印设备用特殊的工艺方法层层粘结叠加成三维实体，最后进行实体的后处理得到零件形状的方法。

3D打印技术有以下特点：

1) 生产过程数字化，技术集成度高。

2) 产品的复杂程度不会影响产品的成本。

3）产品快速成型，无须组装，缩短工时。

4）制作技能门槛降低，设计空间无限扩展。

5）节省空间，便携制造。

6）节约、环保的加工方式。

7）可对实体进行精确的复制。

8）材料性能没有传统模具整体浇注成型的材料性能好。

9）可供打印的材料有限，且价格较贵。

10）制造精度上有偏差。

素 养 提 升

我国伟大的哲学家、思想家老子的名言："合抱之木，生于毫末；九层之台，起于垒土；千里之行，始于足下"，可以用来描述3D打印的原理和过程，即从细微特征不断累计的方式制造三维实体。提示人们无论做什么事情，都必须脚踏实地，从小事做起，经过逐步的积累才能有所成就。

课后练习与思考

1. 什么是3D打印技术？

2. 3D打印技术有哪些特点？

3. 到3D打印实训室进行考察，对3D打印技术做进一步的了解。

4. 说说3D打印对我们生活产生的影响（可以查相关资料）。

5. 小组讨论：3D打印技术的发展前景。

项目二

熟识3D打印工作流程

【项目导入】

　　要制造合格的产品就必须采用正确的工作流程。那么，你知道3D打印是怎样进行的吗？下面一起来学习吧！

【学习导航】

1）了解三维模型构建方法。
2）了解三维模型打印技术。
3）掌握三维模型后处理的方法及步骤。

【项目实施】

　　随着技术的发展，3D打印已形成了完整的工作流程，即三维模型构建、三维模型打印和三维模型后处理三大步骤。

任务一　了解三维模型构建方法

　　三维模型构建即3D建模，通俗来讲就是利用三维制作软件通过虚拟三维空间构建出具有三维数据的模型。例如，想打印一只小狗，就需要有小狗的3D打印模型，如图2-1所示。那么，如何获得小狗的3D打印模型呢？

3. 常见的
3D模型构
建方法

一、从模型网站上直接下载3D模型

　　目前，随着信息技术的快速发展、创客的不断涌现、开源分享的传播，大量的3D打印模型设计师无私地将自己设计的模型上传网站并分享。用户可以通过付费或者免费的方式从互联网上获得各种各样的3D数据模型，而且基本上都是可以用来直接进行3D打印的。

二、基于图像构建3D模型

　　除了利用3D建模软件进行建模工作外，还可以通过2D

图2-1　小狗模型

图像进行 3D 模型构建，这种建模方法称为图像建模。即通过照相机等设备对物体进行图像采集，采集一组物体不同角度的图像序列，利用计算机辅助工具进行图形图像处理以及三维计算，从而自动生成被拍摄物体的 3D 模型。这种方法主要适用于已有物体的 3D 建模工作，操作较为简单，自动化程度很高，成本低，真实感强。

最简单的图像建模方法是利用 Autodesk 公司出品的 Autodesk 123D Catch 软件进行建模。即使从未接触过建模的人都能够使用照片创建一个 3D 打印数据模型，而且过程免费。

下面简单介绍利用 Autodesk 123D Catch 进行基于图像的 3D 建模方法。

Autodesk 123D Catch 软件能够利用云计算的强大能力，将数码照片迅速转换为逼真的 3D 模型。只要使用照相机、手机或者高级数码单反相机抓拍物体、人物或者场景的图片，人人都能利用 Autodesk 123D Catch 将其转换为生动鲜活的 3D 模型。通过该软件，用户还可以在 3D 环境中轻松捕捉自身的头像或者场景，同时软件内置共享功能，可供用户在移动设备以及社交媒体上分享短片和动画。其建模过程如下：

1）对一个物体进行 360°的拍摄，拍摄的图片越多，最后得到的数据模型就越精细。

2）Autodesk 123D Catch 软件安装。

登录网站 http：//www.123dapp.com/catch 下载 Autodesk 123D Catch 安装文件，安装后打开，使用 Autodesk 的账号登录，如果没有账号，可以直接注册。

3）登录账号以后，在 Autodesk 123D Catch 软件中单击"Create a New Capture"（创建新的项目）。

4）选中模型的所有图片，然后单击打开。注意：Autodesk 123D Catch 是英文版软件，软件安装路径不能用汉字，否则图片上传云计算时会发生错误。

5）通过 Autodesk 123D Catch 软件上传完图片后，单击"Create Project"（创建项目），此时在弹出的对话框中输入 3D 模型的名称等信息，然后单击"Create"（创建）。

6）Autodesk 123D Catch 软件将图片转换成 3D 模型数据文件，可以下载或发送到用户的电子邮箱中。

三、利用 3D 建模软件构建模型

利用 3D 建模软件可以获得更加精确的模型。3D 建模软件一般分为以下三类：第一类为机械设计软件，如 CAD、UG、Creo、CATIA、SolidWorks 等；第二类为工业设计软件，如 Rhino、Alias 等；第三类为 CG 设计软件，如 3ds Max、Maya、ZBrush 等。

1. AutoCAD

AutoCAD（Autodesk Computer Aided Design）是美国 Autodesk 公司出品的自动计算机辅助设计软件，用于二维绘图、文档规划和三维设计。该软件适用于制作平面布置图、地材图、水电图、节点图及大样图等，广泛应用于机械、电子、航空航天、化工、土木建筑、装饰装潢、城市规划、园林设计等领域。

2. UG NX

UG NX 是由美国 UGS（Unigraphics Solutions）公司开发的 CAD/CAE/CAM 一体化的三维软件，后被德国西门子公司收购。该软件广泛用于通用机械、航空航天、汽车工业、医疗器械等领域。图 2-2 所示的二级减速器为 UG NX 三维软件建模模型图。

图 2-2　UG NX 三维软件建模模型图（二级减速器）

3. Maya

Maya 也是 Autodesk 公司出品的世界顶级的三维软件。它集成了早年的 Alias 和 Wavefront 软件。与 3ds Max 相比，Maya 的专业性更强，功能更强大，它渲染的真实感极强，制作效率极高，是电影级别的高端制作软件。Maya 广泛应用于影视广告、角色动画、电影特技等领域。图 2-3 所示为 Maya 软件动画效果图。

图 2-3　Maya 软件动画效果图

4. Rhino

Rhino 是美国 Robert McNeel 公司开发的专业 3D 造型软件。它对机器配置的要求很低，安装文件才几十兆，但其设计和创建 3D 模型的能力非常强大，特别是在创建 NURBS 曲线与曲面方面，得到了很多建模专业人士的喜爱。图 2-4 所示为 Rhino 软件模型效果图。

图 2-4　Rhino 软件模型效果图

5. CATIA

CATIA 是由法国 Dassault Systemes 公司开发的 CAD/CAE/CAM 一体化三维软件，支持产品开发的整个过程，包括从概念（CAID）到设计（CAD）、到分析（CAE）、到制造（CAM）的完整流程。该软件可帮助制造厂商设计新的产品，并支持从项目前阶段、具体的设计、分析、模拟、组装到维护的全部工业设计流程，在机械、航空航天、汽车、造船等领域应用广泛，其实体造型和曲面设计功能非常强大。图 2-5 所示的汽车模型为 CATIA 软件建模模型图。

6. SolidWorks

SolidWorks 是世界上第一个基于 Windows 开发的三维 CAD 系统，后被法国 Dassault Systemes 公司（开发 CATIA 的公司）收购。相对于其他同类产品，SolidWorks 操作简单方便、易学易用，国内外的很多教育机构（大学）都把 SolidWorks 列为制造专业的必修课。图 2-6 所示为 SolidWorks 软件建模模型图。

图 2-5　CATIA 软件建模模型图

图 2-6　SolidWorks 软件建模模型图

7. 3ds Max

美国 Autodesk 公司的 3ds Max 是基于个人计算机系统的 3D 建模、动画、渲染的制作软件。该软件是用户群最为广泛的 3D 建模软件之一，常用于建筑模型、工业模型、室内设计等领域，插件很多，有些功能很强大，能满足一般 3D 建模的需求。图 2-7 所示为 3ds Max 软件模型效果图。

图 2-7　3ds Max 软件模型效果图

8. Creo

Creo 是美国 PTC（Parametric Technology Corporation）公司旗下的 CAD/CAM/CAE 一体

化三维软件。该软件在参数化设计、基于特征的建模方法上具有独特的功能，在模具设计与制造方面功能强大，机械行业用得比较多。

9. ZBrush

美国 Pixologic 公司开发的 ZBrush 软件是世界上第一个让艺术家感到无约束，可以自由创作的 3D 设计软件。作为 3D 雕刻建模软件，ZBrush 能够雕刻高达十亿多条边的模型，所以说限制只取决于艺术家自身的想象力。图 2-8 所示为 ZBrush 软件模型效果图。

图 2-8　ZBrush 软件模型效果图

10. Cinema 4D

Cinema 4D（简称 C4D）是德国 Maxon 公司的三维创作软件，在苹果计算机上用得比较多。

四、利用三维扫描仪构建 3D 模型

三维扫描仪（3D scanner）是一种先进的全自动高精度立体扫描仪器，它通过测量空间物体表面点的三维坐标值，得到物体表面的点云信息，并转化为计算机可以直接处理的三维模型。三维扫描技术又称为实景复制技术。

三维扫描仪可分为接触式三维扫描仪和非接触式三维扫描仪，如图 2-9 所示。

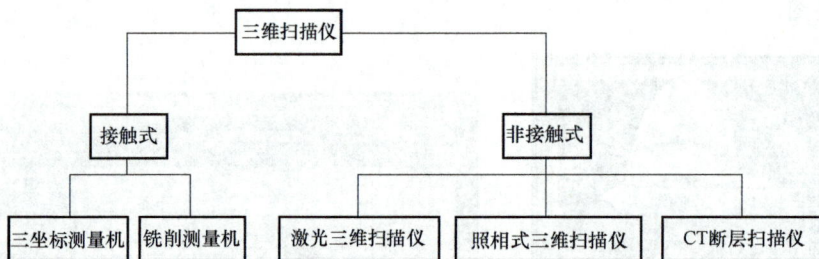

图 2-9　三维扫描仪分类

1. 接触式三维扫描仪

接触式测量又称为机械测量，是目前应用较广的自由曲面三维模型数字化方法之一。根据测量传感器的运动方式和触发信号的产生方式的不同，一般将接触式测量方法分为单点触发式和连续扫描式两种。三坐标测量机是接触式三维扫描仪中的典型代表，它以精密机械为基础，综合应用了电子技术、计算机技术、光学技术和数控技术等先进技术。

三坐标测量机是目前应用最为广泛的接触式三维扫描仪，如图 2-10 所示。其工作原理

如下：三坐标测量机的测量传感器的主要形式为各种不同直径和形状的探针（或称为接触测头），当探针沿被测物体表面运动时，被测表面的反作用力使探针发生形变，这种形变触发测量传感器，将测出的信号反馈给测量控制系统，经计算机进行相关的处理得到所测量点的三维坐标，如图 2-11 所示。图 2-12 所示为三坐标测量机测量点云及模型。

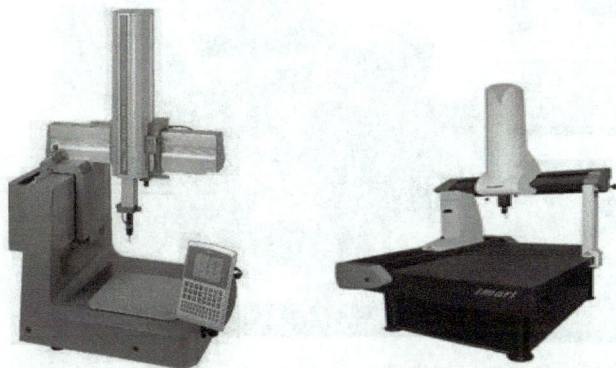

图 2-10　接触式三维扫描仪

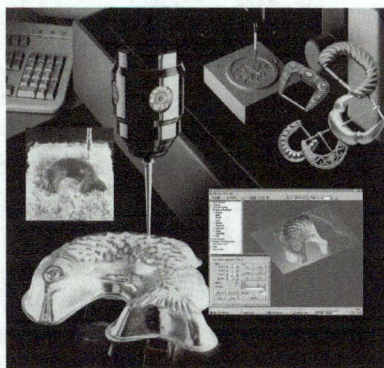

图 2-11　三坐标测量机工作原理示意图

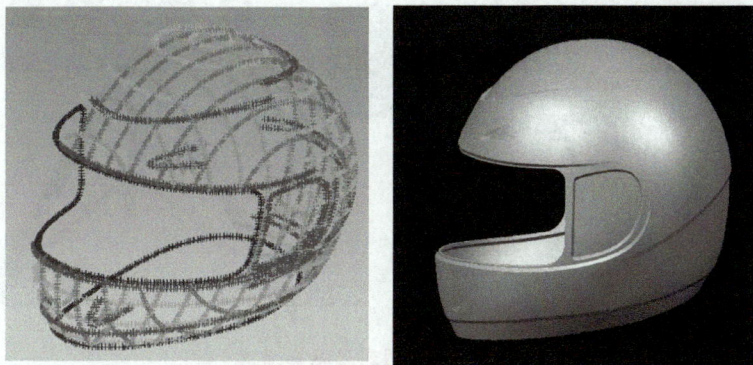

图 2-12　三坐标测量机测量点云及模型

三坐标测量机的特点如下：

1）适用性强，精度高（可达微米级，$0.5\mu m$）。

2）不受物体光照和颜色的限制，适用于没有复杂型腔、外形尺寸较为简单的实体的测量。

3）由于采用接触式测量，可能损伤探针和被测物表面，也不能对软质的物体进行测量，应用范围受到限制。

4）受环境温度、湿度影响，同时扫描速度受到机械运动的限制，且测量前需要规划测量路径，测量速度慢、效率低。

三坐标测量机的测量目前还需要人工干预，不可能实现全自动测量。探针的扫描路径不可能遍历被测曲面的所有点，获取的只是关键特征点，因而测量结果往往不能反映整个零件的形状。

2. 非接触式三维扫描仪

非接触式设备是利用某种与物体表面发生相互作用的物理现象，如声、光、电磁等，来获取物体表面的三维坐标信息的。非接触式三维扫描仪又分为激光三维扫描仪和照相式三维扫描仪,分别如图 2-13、图 2-14 所示。照相式三维扫描又有白光扫描和蓝光扫描等;激光三维扫描仪又有点激光、线激光、面激光的区别。

图 2-13　激光三维扫描仪

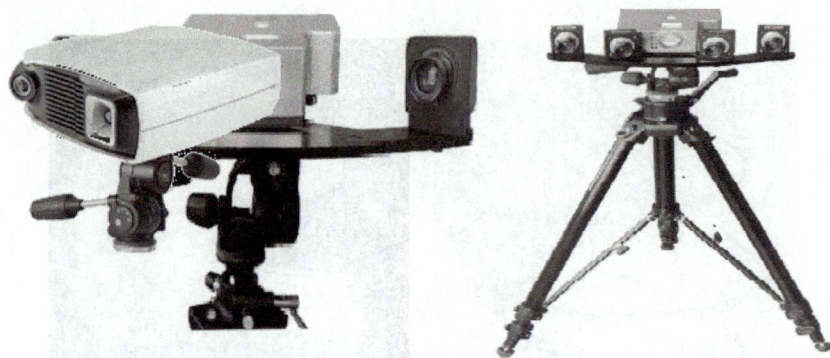

图 2-14　照相式三维扫描仪

随着光机电一体化技术的发展,结合了计算机技术、图像处理技术、激光技术以及精密机械的激光三维扫描仪逐渐成为逆向工程中测量设备的主流。

(1) 激光三维扫描仪　按照扫描成像方式的不同,激光扫描仪可分为一维(单点)扫描仪、二维(线列)扫描仪和三维(面列)扫描仪。按照不同工作原理可分为脉冲测距法(也称时差测量法)和三角测距法。

脉冲测距法的原理:激光扫描仪由激光发射体在时间 t_1 向物体发送一束激光,由于物体表面可以反射激光,所以扫描仪的接收器会在时间 t_2 接收到反射激光。由光速 c,时间 t_1、t_2,可算出扫描仪与物体之间的距离 $d = (t_2-t_1)c/2$,如图 2-15 所示。

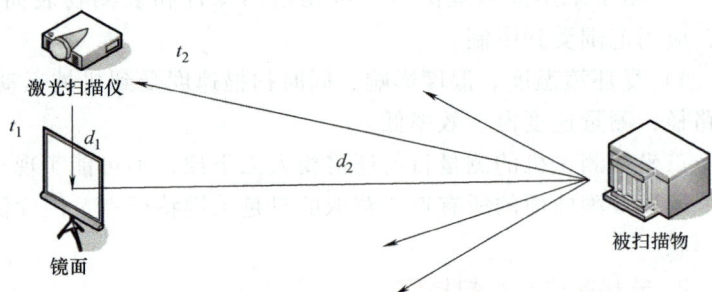

图 2-15　脉冲测距法原理

当用该方式测量近距离物体时，会产生很大的误差。所以脉冲测距法比较适合测量远距离物体，如地形扫描，但是不适合近景扫描。

三角测距法的原理：用一束激光以某一角度聚焦在被测物体表面，然后从另一角度对物体表面上的激光光斑进行成像，物体表面激光照射点的位置不同，所接收散射或反射光线的角度也不同，用 CCD（电荷耦合器）光电探测器测出光斑成像的位置，就可以计算出主光线的角度 θ，然后结合已知激光光源与 CCD 之间的基线长度 d，可由三角形几何关系求出扫描仪与物体之间的距离 $L \approx d\tan\theta$。

三角测距法的特点：结构简单、测量距离大、抗干扰、测量点小（几十微米）、测量准确度高，但是会受到光学元件本身的精度、环境温度、激光束的光强和直径大小以及被测物体的表面特征等因素的影响。

激光三维扫描仪的特点如下：

1）非接触测量。即对扫描目标物体无须进行任何表面处理，直接采集物体表面的三维数据。可以用于目标、环境危险（或目标为柔性）及人员难以企及的情况，具有传统测量方式难以完成的技术优势。

2）数据采样率高。目前，大家普遍接受的成熟的激光三维扫描仪的数据采集速度可以达到数十万点/s。

3）主动发射扫描光源。即通过探测自身发射的激光回波信号来获取目标物体的数据信息，因此，在扫描过程中可以不受扫描环境的约束进行测量。

4）高分辨率、高精度。激光三维扫描技术可以快速、高精度地获取海量点云数据，可以对扫描目标进行高密度的三维数据采集，从而达到高分辨率的目的。

5）数字化采集、兼容性好。激光三维扫描技术所采集的数据是直接获取的数字信号，具有全数字特征，易于后期处理及输出，能够与其他常用软件（如 Geomagic Spark、Poly-Works、UG、CATIA 等）进行数据交换及共享。

6）可与外置数码相机、GPS 系统配合使用。这些功能大大扩展了激光三维扫描技术的使用范围，对信息的获取更加全面、准确。外置数码相机，可增强色彩信息的采集；结合 GPS 定位系统，可进一步提高测量数据的准确性。

（2）照相式三维扫描仪　在非接触式三维扫描仪中，还有一个很重要的就是照相式三维扫描仪，其工作过程类似于照相的过程，扫描物体的时候一次性扫描一个测量面，快速、简洁，因此而得名。照相式三维扫描仪采用的是面光技术，扫描速度非常快，一般在几秒内便可以获取一百多万个测量点，基于多视角的测量数据拼接，则可以完成物体 360° 扫描，是三维扫描和工业设计、工业检测的好助手。图 2-16 所示为照相式三维扫描仪扫描实例。

照相式三维扫描仪的工作原理（图 2-17）：采用结合结构光技术、相位测量技术、计算机视觉技术的三维非接触式测量方式，测量时光栅（光点）投影装置投射数幅特定编码的结构光线（点）到待测物体上，成一定夹角的两个（或多个）摄像头同步采得相应图像，然后对图像进行解码和相位计算，并利用匹配技术、三角测距法原理，解算出两个（或多个）摄像头公共视场内物体表面像素点的三维坐标。

照相式三维扫描仪的特点如下：

1）非接触式测量。采用非接触式扫描方式，稳定性高，适用范围广，可以测量外观复杂、柔软或易磨损的物体。

图 2-16　照相式三维扫描仪扫描实例

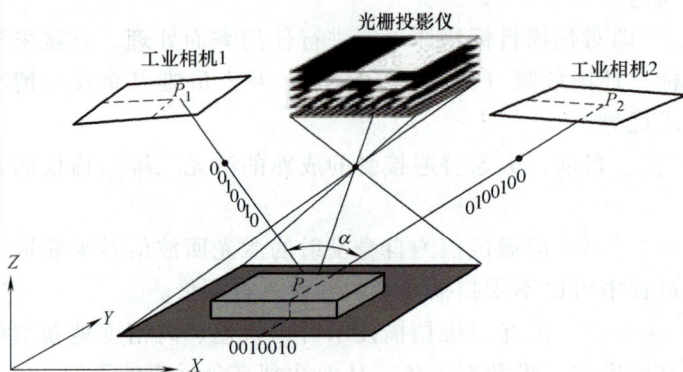

图 2-17　照相式三维扫描仪的工作原理

2）精度高。单面测量精度可达微米级。

3）对环境要求较低。无须在暗室操作，对人体无辐射危害，工作环境限制小，在露天环境也可操作。

4）对个别颜色（如黑色）及透明材料有限制，需要喷涂显像剂方能较好地进行扫描。

3. 三维扫描技术的发展

国外在这方面起步比较早，技术已经比较成熟。1994 年，M. levoy 和他的小组利用基于三角测距原理的激光扫描仪和高分辨率的色彩图像，获取并重建了 Michelangelo 的主要雕塑品，并提出了一系列的相关技术；2002 年，I. Stamos 和 P. K. Allen 实现了一个完整的系统，该系统能同时获得室外大型建筑的深度图像和彩色图像，并最终绘制出具有建筑物真实感的三维模型。

我国对于三维扫描技术的研究起步比较晚，但是发展迅猛，在国家政策大力支持下，三维扫描技术遍地开花，也在部分领域取得了一定的成果。

在三维扫描仪的发展过程中，其主要技术经历了三个阶段：点测量、线测量与面测量。点测量的测量精度高，但速度较慢，适用于检测物体表面几何公差。线测量在精度高的基础上大大提高了测量速度，更适合扫描中小型物体。面扫描通过一组光栅（一面光）的位移，同时经过传感器而采集到物体表面的数据信息，具有更广阔的用途，能用于逆向教学、科研检测、动画造型等。

4. 三维扫描仪的操作

使用同一款三维扫描仪扫描同一物体时，不同的扫描人员得到的数据会有一定的差异，其原因在于扫描人员所掌握的操作技巧不同。下面以照相式三维扫描仪为例，简单介绍三维扫描仪的操作步骤。

（1）前期的准备工作　确保三维扫描建立在一个稳定的环境中，包括光环境（避免强光和逆光对射）和三维扫描仪的稳固性等，确保三维扫描结果不受外部因素的影响。

（2）三维扫描仪校准　在校准过程中，要根据三维扫描仪预先设置的扫描模式，计算出扫描仪相对于扫描对象的位置。校准扫描仪时，相机的设置会影响扫描数据的准确性，要严格按照制造商的说明进行校准工作，仔细校正不准确的三维数据。校准后，可通过用三维扫描仪扫描已知三维数据的物体来进行比对，如果发现扫描仪扫描的精度存在问题，则需要重新校准扫描仪。

（3）对扫描物体表面进行处理　有些物体表面的扫描比较困难，如半透明材料（玻璃、玉石等）、有光泽或颜色较暗的物体等。对于这些物体，需要使用白色显像剂覆盖被扫描物体表面，目的是更好地扫描出物体的三维特征，使数据更精确。如果显像剂喷涂过多，则会造成物体厚度增加，对扫描精度造成影响。

（4）开始扫描工作　准备工作完成后，可以对物体进行扫描。用三维扫描仪对扫描物体从不同的角度进行三维数据捕捉，更改物体的摆放方式或调整三维扫描仪相机的方向，对物体进行全方位的扫描。

（5）后期处理工作

1）点云处理：目前市面上流行的三维扫描仪均为点云自动拼接方式，无后期手动拼接，即对物体表面扫描完成后，系统会自动生成物体的三维点云图像，但需要操作人员对扫描得到的点云数据去除噪声点（即多余的点云）以及进行平滑处理。

2）数据转换：点云处理完后，要对数据进行转换。目前都是系统软件自动将点云数据直接转换成STL文件格式。生成的STL数据可以与市面上通用的三维软件对接。对3D打印机软件进行设置后，就可以开始3D打印工作。

任务二　了解三维模型打印技术

4. 3D 打印技术典型成型工艺

目前，三维模型打印（3D打印）工艺技术已有十多种，按照成型材料的不同，可分为金属材料3D打印工艺技术和非金属材料3D打印工艺技术。典型的3D打印工艺技术见表2-1。

表2-1　典型3D打印工艺技术及其应用

类别	工艺技术名称	使用材料	工艺特点	应用
金属材料3D打印工艺技术	激光选区熔化成型（SLM）	金属或合金粉末	可直接制造高性能复杂金属零件	复杂小型金属精密零件、金属牙冠、医用植入物等
	激光近净成型（LENS）	金属粉末	成型效率高，可直接成型金属零件	飞机大型复杂金属构件等
	电子束选区熔化成型（EBSM）	金属粉末	可成型难熔材料	航空航天复杂金属构件、医用植入物等
	电子束熔丝沉积成型（EBDM）	金属丝材	成型速度快，精度不高	航空航天大型金属构件等

（续）

类别	工艺技术名称	使用材料	工艺特点	应 用
非金属材料3D打印工艺技术	光固化成型（SLA）	液态树脂	精度高，表面质量好	工业产品的设计开发、创新产品的生产、精密铸造用蜡模等
	熔融沉积成型（FDM）	低熔点丝状材料	零件强度高，成本低	工业产品的设计开发、创新产品的生产等
	叠层实体制造（LOM）	纸、金属等薄片材料	成型速度快，精度高	新产品设计开发、结构设计验证、铸造模具等
	选择性激光烧结成型（SLS）	高分子、金属、陶瓷、砂等粉末材料	可选成型材料多，应用范围广等	航空航天领域用工程塑料零部件、汽车家电等领域铸造用砂芯、医用手术导板与骨科植入物等
	三维喷涂粘结成型（3DP）	光敏树脂、黏结剂	喷黏结剂时强度不高，喷头易堵塞	工业产品设计开发、铸造用砂芯、医疗植入物、医疗模型、创新产品、建筑等

一、光固化成型（SLA）

光固化成型工艺也常被称为立体光刻成型（Stereo Lithography，SL），也有时被简称为SLA（Stereo Lithography Apparatus）。该工艺由 Chunk Hull 于 1984 年获得美国专利，是最早发展起来的 3D 打印技术。自从 1988 年 3D Systems 公司率先推出 SLA 商品化 3D 打印机以来，SLA 已成为最成熟且广泛应用的 RP（快速成型）典型技术之一。

光固化成型工艺以光敏树脂为原料，通过计算机控制紫外激光使其凝固成型。这种方法能简捷、全自动地制造出以往各种加工方法难以制作的复杂立体形状，在加工技术领域中具有划时代的意义。

光固化成型工艺原理：计算机控制激光束按数控指令扫描，使盛于容器内的液态光敏树脂逐层固化，当一层扫描完成后，未被照射的地方仍是液态树脂。然后升降台带动平台下降一层高度，已成型的层面上又覆盖一层树脂，刮平器将黏度较大的树脂液面刮平，然后再进行下一层的扫描，新固化的一层牢固地粘在前一层上，如此重复，直到整个零件制造完毕，得到一个三维实体模型。

二、熔融沉积成型（FDM）

熔融沉积成型（Fused Deposition Modeling，FDM）是继光固化成型工艺和叠层实体制造工艺后的另一种应用比较广泛的 3D 打印工艺。美国 Stratasys 公司开发的 FDM 制造系统应用最为广泛。该公司自 1993 年开发出第一台 FDM1650 机型后，先后推出了 FDM2000、FDM3000、FDM8000，1998 年推出了引人注目的 FDM Quantum 机型。FDM Quantum 机型的最大成型体积可达 600mm×500mm×600mm。清华大学与北京殷华公司也较早地进行了 FDM 工艺商品化系统的研制工作，并推出了熔融挤压制造设备 MEM-250 等。

熔融沉积又叫熔丝沉积，它是将丝状的热熔性材料加热熔化，通过带有一个微细喷嘴的喷头挤喷出来。喷头可在水平面上沿着 X、Y 轴方向移动，而工作台则沿 Z 轴方向移动。如果热熔性材料的温度始终稍高于固化温度，而成型部分的温度稍低于固化温度，就能保证热熔性材料挤喷出喷嘴后，随即与前一层面熔结在一起。一个层面沉积完成后，工作台按预定的增量下降一个层的厚度，再继续熔喷沉积，直至完成整个实体造型。

三、选择性激光烧结成型（SLS）

选择性激光烧结成型工艺（Selective Laser Sintering，SLS）最早由美国人 Carl Deckard 于 1989 年提出，美国 DTM 公司于 1992 年推出了该工艺的商业化生产设备。目前，我国已在 RP 成型系统、SLS 成型机、金属粉末研究以及烧结理论、扫描路径等方面取得了许多重大成果。

SLS 工艺是利用粉末材料（金属粉末或非金属粉末）在激光照射下烧结的原理，在计算机控制下层层堆积成型的。SLS 的原理与 SLA 十分相似，主要区别在于所使用的材料及其形状。SLA 所用的材料是液态的紫外光敏可凝固树脂，而 SLS 则使用粉末状的材料。这是 SLS 技术的主要优点之一，因为理论上任何可熔的粉末都可以用来制造模型，这样的模型可以用作真实的原型制件。

四、三维喷涂粘结成型（3DP）

三维喷涂粘结成型工艺（Three-Dimensional Printing，3DP）是由麻省理工学院 E. M. Sachs 等人研制开发成功的，并于 1989 年申请了专利，该专利是非成型材料微滴喷射成型范畴的核心专利之一。它的工作过程类似于喷墨打印机，与 SLS 工艺类似，也是采用粉末材料成型，如陶瓷粉末、金属粉末、塑料粉末等。首先铺粉或铺基底薄层（如纸张），利用喷嘴按指定路径将液态黏结剂喷在预先铺好的粉层或薄层上的特定区域，逐层粘结后去除多余底料便得到所需形状的制件。它也可以直接逐层喷涂陶瓷或其他材料粉浆，硬化后得到所需形状的制件。

五、激光选区熔化成型（SLM）

激光选区熔化成型（Selective Laser Melting，SLM）是以原型制造技术为基础发展起来的一种先进的激光增材制造技术。它通过专用软件对零件三维数模进行切片分层，获得各截面的轮廓数据后，利用高能量激光束根据轮廓数据逐层选择性地熔化金属粉末，通过逐层铺粉、逐层熔化凝固堆积的方式，制造三维实体零件。

六、激光近净成型（LENS）

激光近净成型（Laser Engineered Net Shaping，LENS）也叫激光熔化沉积（Laser Metal Deposition，LMD）、直接金属沉积（Direct Metal Deposition，DMD）、直接激光成型（Directed Laser Fabrication，DLF）、激光快速成型（Laser Rapid Forming，LRF）等。美国材料与试验协会（ASTM）标准中将该技术统一规范为金属直接沉积制造（Directed Energy Depositioin，DED）技术的一部分。LENS 是在激光熔覆技术的基础上发展起来的一种金属零件 3D 打印技术。它采用中、大功率激光熔化同步供给的金属粉末，按照预设轨迹逐层将粉末沉积在基板上，最终形成金属零件。LENS 技术由美国桑迪亚国家实验室（Sandia National Laboratory）于 20 世纪 90 年代研制，随后美国 Optomec 公司将 LENS 技术进行商业开发和推广。

七、电子束选区熔化成型（EBSM）

电子束选区熔化成型（Electron Beam Selective Melting，EBSM）技术是一种粉末床沉积技术，是增材制造技术发展到 21 世纪的一种子技术。该技术基于离散堆积原理，以电子束为热源，在计算机的控制下选择性地熔化金属粉末，逐层熔化，层层叠加，最终形成致密的三维金属零部件。该技术具有成型速度快、成型效率高、能量利用率高、成型件力学性能出色等优点，可成型具有复杂形状的高性能金属零部件，广泛应用于航空航天、生物医疗等领域。

八、电子束熔丝沉积成型（EBDM）

Sciaky 公司是美国 Phillips Service Industries 的子公司，它于 2009 年开发了一种新型的电子束熔丝沉积成型（Electron Beam Direct Manufacturing，EBDM）技术。普通的电子束熔丝沉积成型技术跟选择性激光烧结成型（SLS）技术类似，只是用高能电子束代替激光来烧结铺在工作台上的金属粉末，从而使零件成型。

电子束熔丝沉积成型技术的基本原理：将截面参数生成激光扫描路径的控制代码，控制工作台的移动和激光扫描路径，采用电子束熔化金属丝材或粉末进行逐层堆积，形成具有一定形状的三维实体模型。激光选区熔化成型与之相比有金属粉末床的限制，无法成型大尺寸零件，但制造精度较高。

任务三　掌握三维模型后处理的方法及步骤

三维模型后处理包括 3D 打印模型初步整理、3D 打印模型表面修整、3D 打印模型上色技巧等内容。

一、3D 打印模型初步整理

1. 取下模型

3D 打印模型在打印完成之后，一定要等待几分钟至冷却后才能从打印平台取下，防止模型变形。在打印模型冷却之后，用铲刀沿着模型的底部四周轻轻撬动，不要只沿着一个方向用力，防止模型损坏。对于模型底部粘结过于牢固的情况，可以再将已经冷却的平台加热升温到 45~60℃，用铲刀稍稍用力撬动，模型就可以取下。

注意：不同 3D 打印机的打印平台固定模型的方式不尽相同，大部分采用胶水、胶带固定。有的 3D 打印机平台采取多孔板，打印模型底层和多孔板固定较牢固，需要先将多孔板取下，再用美工刀或铲子将模型与多孔板的接触部分切断，这样才能将模型取下。如果模型与美纹纸粘结过于紧密，可以将美纹纸连着整个模型揭起来，然后从美纹纸的下面撬动，取下模型后再将美纹纸去除，会更容易一些。

2. 去除支撑

模型打印完成后，往往会发现模型上有毛刺和拉丝等问题，用打火机的火苗轻轻燎过模型表面，速度要快，停留时间要短，拉丝和毛刺就很容易去除掉。某些模型需要将支撑去除，去除支撑材料时大部分使用剪刀、剪钳（刃口由高强度金属制成且成斜口，也称为斜口钳）等工具。大面积支撑可以采用手工直接掰除的方法，注意不要用力过猛，以免损坏模型。小面积支撑的去除工作则需要借助工具来进行。使用剪钳时，刃口一面与模型接触，会切断或撕拉支撑材料，此时残余的支撑部分可以通过后面的打磨去除。

3. 修复模型

模型在从3D打印机上取下时，由于很多原因可能会造成模型的缺损，如去除支撑时，不小心造成模型主体的损伤，用力过猛造成模型表面的划伤，这时就需要对模型进行修复。通常的修复手段有补土、拼合粘结、3D打印笔修复。

（1）补土　补土就是类似补泥子的方法，主要有以下四种方法：

1）塑胶（或牙膏）补土。它的特性是挥发性强，挥发后会发生硬化，所以补完后会收缩。最简便的方式是戴手套手工均匀涂抹，也可以将补土材料粘在毛笔、刮刀或牙签上，抹在零件表面不完美的地方，对于缝隙较深的还要压实补土，防止出现缝隙空心的情况。补土时涂抹应该适量，过量会造成上面和底面硬化速度不一样。建议补土干燥24h后进行整形修正。干燥后用刀去除溢出的补土多余的部分，用锉刀和砂纸打磨平整。

2）水补土。水补土是在塑胶补土中加入大量溶剂稀释（一般都是模型用硝基溶剂），起到统一底色、增强附着力和修补砂纸打磨产生的细小伤痕的作用。水补土可以用管状的补土自行稀释，也有喷罐水补土。例如，型号500的水补土修补力强，可以掩盖400号砂纸的刮痕，比较粗糙；型号1000的水补土修补力中等，可以掩盖800号砂纸的刮痕，比较光滑；型号1200的水补土修补力弱，用1000号砂纸打磨后喷上这个型号的水补土非常光滑。

3）AB补土。AB补土的全名是环氧树脂补土，是利用两种物质反应硬化的原理，不会产生气泡，不会收缩，并且可以雕刻造型，是改造模型常用的补土，也有人用来填充空隙。与PS塑料（聚苯乙烯）、金属、木头能粘合的AB补土都有，黏结力也有强弱之分。注意，补土完毕后要放在密封的地方，不能让A树脂与B树脂接触，且要防止暴露在空气中变质。

4）保丽补土。保丽补土与AB补土相似，但硬化剂是液体。保丽补土结合了塑胶补土的高黏结力、AB补土的硬度与能造型的优点。它的唯一缺点是会有气泡产生，完全硬化后会变得很硬，难以切削，在半硬化时就要进行塑型的工作。

模型爱好者一般选择田宫补土和郡仕补土，田宫补土较为细腻，容易上手，但有干燥后收缩大的缺点，建议初学者使用；郡仕补土为胶状，干燥后硬度大且收缩小，不太适合初学者。

（2）拼合粘结　如果将模型的两个部分分别打印，则需要进行拼合粘结工作。由于每台打印机打印的尺寸有所限制，因此，往往导致一个模型需要分成几个模型来打印。现有的连接方式有胶粘、结构连接、卡扣连接等，可根据不同模型来选择不同的连接方法。本书的打印手机壳实例中，将手机壳设计为上、下两部分并依次打印，打印完成后再将上、下结构拼合在一起。

取下模型时不小心使模型细小的部分发生断裂，或者在去除紧密支撑时模型主体破裂，都可以用拼合粘结方法进行修复。

胶水粘结所采用的胶水可用市面上常见的502快干胶和AB胶，优点是干得快、牢固性好、价格便宜。用牙签取适量胶水，均匀涂抹在需要粘结的模型内部，稍微干燥后用力将两部分挤压在一起，如果胶水溢出，则迅速用刀刮除，防止为下一步工作增加负担。建议先将打印模型的两个部分分别打磨上色，然后再进行粘结，这种方法比粘结后再上色要方便些。

（3）3D打印笔修复　3D打印笔修复是最近几年兴起的一种技术。3D打印笔应用和FDM类型3D打印机相同的热熔原理，将与打印模型相同的打印材料修补到打印模型上。如果打印的模型用的是PLA（聚乳酸）材料，那么打印笔修补用的材料也必须用PLA材料而且颜色要相同。

二、3D 打印模型表面修整

FDM 3D 打印机打印出的模型表面有一层层的纹路。对这种技术打印出的模型进行上色后期处理前，需要消除模型表面的纹路。

1. 打磨抛光

无论是 3D 打印模型还是传统的手工模型，打磨抛光是非常重要的步骤。操作者在充分体会打磨过程与打磨效果后，对模型材质有了一定的了解，在上色的环节就会方便很多。

（1）用锉刀粗打磨 3D 打印模型的粗打磨可以用锉刀来消除纹路。锉刀分为钻石粉锉刀（表面上附有廉价的钻石粉）和螺纹锉刀。建议购买有各种形状锉刀的套装。锉刀需要清理时，用废旧牙刷沿着锉刀纹路刷几下即可。

（2）用砂纸打磨 在经过锉刀的粗打磨后，就要使用砂纸进行细打磨。砂纸打磨是一种廉价且行之有效的方法，优点是价格便宜，可以自己随意处理，但是精度难以掌握。用砂纸打磨消除纹路的速度很快。如果对零件精度和使用寿命有一定要求，则不要过度打磨。

砂纸分为各种号数（目数），号数越大就越细。前期砂纸打磨应采用 150~600 目的砂纸（砂纸的目数越小，越粗糙）。为了方便使用，可将大张砂纸裁剪成小张。如同用锉刀打磨一样，用砂纸打磨也要顺着弧度，按照一个方向打磨，避免毫无目的地画圈。水砂纸沾上一点水进行打磨时，粉末不会飞扬，而且磨出的表面会比没沾水打磨的表面平滑些。用一个能容下零件的容器装上一定的水，把零件浸放在水下，同时用砂纸打磨，这样不但打磨效果完美，而且还可以延长砂纸的使用寿命。在没有水的环境下，也可用砂纸直接打磨。

一种实用的打磨方法是把砂纸折个边使用，折的大小完全视需要而定。因为折过的水砂纸强度会增加，而且形成一条锐利的打磨棱线，可用来打磨需要精确控制的转角处、接缝处等。在整个打磨过程中，会多次用到这种处理方式，且可以通过折出水砂纸的大小来限制打磨范围。

（3）用电动工具打磨抛光 可以使用电动打磨工具对 3D 打印模型进行后处理。电动工具的打磨速度快，各种磨头和抛光工具较为齐全，处理某些精细结构比较方便。

注意：使用电动工具时，要掌握打磨节奏和技巧，提前计算打磨的角度和深度，防止打磨速度过快造成不可逆的损伤。

2. 珠光处理

工业上最常用的后处理工艺就是珠光处理。操作人员手持喷嘴朝着抛光对象高速喷射介质小珠（一般是经过精细研磨的热塑性颗粒），从而达到抛光的效果。珠光处理的速度比较快，处理后产品表面光滑，有均匀的亚光效果。

因为珠光处理一般在密闭的腔室里进行，所以对处理的对象有尺寸限制，而且整个过程需要用手拿着喷嘴，一次只能处理一个对象，不适合大规模应用。

3. 化学方法抛光

（1）化学溶液（抛光液）法

1）擦拭：用可溶解 PLA 或 ABS 的不同溶剂擦拭打磨。

2）搅拌：把模型放在装有溶剂的器皿里搅拌。

3）浸泡：用一种亚克力粘结用的胶水（主要成分为氯仿）进行抛光，将模型放入盛溶剂的杯子或者其他器具浸泡一两分钟后，模型表面的纹路会变得非常光滑。浸泡时要注意避光操作和加以防护，否则会产生有毒气体。

4）抛光机：将模型放置在抛光机中，用化学溶剂浸泡特定的时间，其表面会比较光滑，如可用丙酮来抛光打印产品，但丙酮易燃，且很不环保。

（2）丙酮熏蒸法　除了用丙酮溶剂浸泡外，还可将打印产品固定在一张铝箔上，用悬挂线吊起来放进盛有丙酮溶剂的玻璃容器；将玻璃容器放到3D打印机加热台上，先将加热台调到110℃来加热容器，使其中的丙酮变成蒸气，容器温度升高后，再将加热台温度控制在90℃左右，保持5~10min，可按实际抛光效果掌握时间。

也可将丙酮溶液放入蒸笼的下层，蒸笼的隔层上放上ABS材料的模型，将蒸笼加热进行土法熏蒸，可以起到表面抛光的效果。问题是采用这种方法的时间不好掌握，而且丙酮蒸气有刺激性气味。

三、3D打印模型上色技巧

现有的3D打印技术，除了石膏粉末彩色着色和纸张3D打印机能打印全彩的产品外，一般还只能打印单色的模型，所以为了突破3D打印机的限制，让模型的颜色丰富多彩，需要在模型制作完毕和表面打磨抛光后，进行涂装上色的工序。了解模型的上色过程和上色方式，结合打印材料的属性，进行多次实践，可以将模型变得生动和富有层次。3D打印作为模型制作的一种方式，很多上色和后处理技巧都可以参照军事模型、动漫模型的处理方法。

1. 上色基础工具

涂装上色的基础工具一般有：笔、洗笔剂、涂料皿、颜料稀释剂、滴管、喷笔、气泵、排风扇、不粘胶条、纸巾、棉签、细竹棒、转台等。

（1）笔　这里的笔和画笔一样，在各大美术用品商店均有出售（分为很多号数），建议购买动物毛制成的笔，这样的笔毛柔软有弹性，水粉画用笔也可以。笔使用完毕后可以用香蕉水（也叫天那水，油漆店均有售）或洗笔剂进行清洗。

（2）涂料皿　涂料皿就是盛放涂料的工具，市面上有很多种，也可以用家里盛调料的小碟子代替。

（3）颜料

（4）模型漆　模型漆是模型涂装的必要材料，品牌有田宫、郡仕、模王、天使、仙盈、兵人等，价格也不尽相同。市面上的模型漆可以分为以下几类。

1）水性漆：又称亚克力漆，因为是水溶性，所以毒性小，可以安心使用。一般模型可使用此类漆，既适合笔涂，也适合使用喷笔喷，使用后可以用水清洗。当漆完全干燥后具有耐水性，但是干燥速度比较慢，完全干燥至少需要3天，涂膜较薄弱，均匀性好。要注意的是，在水性漆未完全干燥时，不要用手摸，这种漆不太适合气候潮湿的地区使用，因为太过潮湿，不易干燥，手摸容易留下痕迹。

2）珐琅漆（油性漆）：干燥时间是模型漆中最慢的，均匀性最好，要涂大面积时还是用此类漆比较好，而且珐琅漆的色彩呈现度相当不错，用来涂精细部位更适合。珐琅漆的毒性较小，可以放心使用。珐琅漆的溶剂渗透性相当高，所以要避免溶剂太多而使溶剂侵入模型的可动部分，造成模型的脆化、劣化。

3）硝基漆（油性漆）：使用挥发性高的溶剂，所以干燥快、涂膜强，不过此种漆的毒性最大，应尽量用环保涂料替代。

不建议使用油画漆，因为笔涂油画漆的延展性不够，容易干裂，油画漆和其稀释剂可能会劣化模型，导致其易断裂或者易碎裂。

（5）自喷漆 自喷漆又叫手喷漆，是一种DIY（自己动手制作）的时尚。其特点是手摇自喷，方便环保，不含甲醛，速干，味道小且会很快消散，对人身体健康无害，可轻松遮盖住打印模型的底色。

（6）普通丙烯颜料 这种颜料可用水稀释，漆料固化前便于清洗；可调，颜色饱满、浓重、鲜润，无论怎样调和都不会有脏、灰的感觉；附着力强，不易被清除。普通丙烯颜料的附着力不如模型漆。

（7）溶剂 根据漆质的不同，溶剂的选择也很重要，一般溶剂有田宫、郡仕、模王等品牌。

（8）其他防护用品

1）口罩：有些油漆是有毒性的，口罩是最基本的防护用品（最好是使用防毒面具）。

2）手套：避免手上粘上涂料后，污染模型表面和可能对皮肤造成伤害。

2. 上色方法

上色可采用自喷漆喷漆法、喷笔喷漆法、手工涂绘法等方法。上色时要注意漆料是否能附着在材料之上，根据不同的使用方法调整好漆的浓度，有序、均匀地进行喷涂。

（1）自喷漆喷漆法 一般用白色做底漆，使面漆喷在白色底面上，颜色更加纯正。进行喷漆之前，可将自喷漆瓶内的喷漆摇晃均匀，在报纸上试喷，然后对准欲喷漆的地方反复喷涂，按下按钮时，先轻轻按压，逐渐加大力度，一般距离模型20cm左右，喷涂速度是30~60cm/s，速度一定要均匀，慢了会导致喷漆太多、太浓，模型表面会产生留挂。为避免喷漆不匀，可将打印的模型固定在转台上，方便旋转，没有转台可用自制转台来替代。

（2）手工涂绘法 手工涂绘法是指使用笔直接上色。在涂装颜料的过程中，要选用大小适合的笔，直接购买常用的水粉笔即可。

1）稀释。模型漆中加入多少稀释溶剂依据个人经验来决定。在调色时，为了使颜料更流畅、涂装色彩更均匀，可以使用滴管在涂料皿中滴入一些同品牌的溶剂进行稀释。使用普通丙烯颜料更加简便，可以直接用干净的水来稀释。

稀释时，根据涂料的干燥情况配合不同量的稀释液。让笔尖自然充分地吸收颜料，并在调色皿的边缘刮去多余的颜料，调节笔刷上的含漆量。

2）涂绘方法。手工涂绘时不能胡乱下笔，胡乱涂抹容易产生难看的笔刷痕迹，并且使油漆的厚度极不均匀，使整个模型表面看起来斑驳不平。使用平头笔刷时，应朝扁平的一面刷动。下笔时由左至右，保持手的稳定且以均匀的速度移动，笔刷和模型涂绘表面的角度约为70°，涂绘动作越轻笔痕越不明显。只有保持画笔在湿润的状态，含漆量保持最佳湿度，才能有最均匀的笔迹。

3）消除笔痕。油漆干燥时间的长短也是决定涂装效果好坏的因素之一。一般要在第一层还未完全干透的情况下就涂上第二层漆，这样比较容易消除笔刷痕迹。第二层的笔刷方向和第一层垂直，称为交叉涂法，以横竖交叉的方式来回平涂2~3遍，使模型表面的笔痕减淡，色彩均匀饱满。

如果能明显看出笔痕，则待其完全干燥后再用一次交叉涂法，可把颜色不均匀的现象减弱。如果水平、垂直各涂一次后，仍呈现出颜色不均匀的现象，则可以待其完全干燥后，用细砂纸轻轻打磨再涂色。

为了不使模型表面堆积太多、太厚的模型漆，应尽量使用最少的油漆达到最佳的效果。涂漆常会遇到这种情形，涂了几层漆后，颜色看起来不均匀。这种情况其实跟涂了几层漆无关，而是因为有些颜色的遮盖力比较弱（如白、黄、红），底色容易反色。为了避免这种情况，最好先手喷漆或者先涂上一层浅色浅灰色或白色（打底），再涂上主色。

（3）喷笔喷漆法

1）喷笔。喷笔是使用压缩空气将模型漆喷出的一种工具。利用喷笔对打印模型上色可节省大量的时间，涂料也能均匀地涂在模型表面上，还能喷出漂亮的迷彩及旧化效果。一般使用的是双动喷笔，喷笔必须与气泵配合使用，因为喷笔必须有气压才可以将颜料喷出来。

2）试喷。通常在喷涂模型前要先进行试喷，这是操作喷笔时的重要步骤。使用任何品牌、任何种类（单、双动）的喷笔，均要用此步骤来测试喷笔的操作有无问题、油漆的浓度是否符合需求、喷出的效果是否令人满意等。在正式喷涂模型之前，如发现任何一项有状况，都应设法改进、解决，切勿贸然直接喷涂模型。可以利用报废的模型、硬纸板等来进行测试。首先将油漆旋钮转至完全关闭，然后右手先按下扳机喷出压缩空气，再以左手慢慢地转动旋钮，这时会看到油漆随着旋钮的转动而喷出。油漆喷出后即可检视效果，根据需要再进一步调整，如浓度和喷漆距离等。

3）遮罩（遮盖）。在已经大面积上色的模型表面的某些特定位置喷涂上色，或者不同的颜色分区上色，这时就需要采用遮罩的处理方式来进行不同色块的遮挡。比较常用的遮罩工具有专用不粘胶条（遮盖带）、留白液、透明指甲油等。通常，在需要的位置紧密覆盖遮罩，如粘上遮盖带，或者刷上留白液，之后再进行上色。遮盖带的黏性不强，不会破坏已有的漆层，而且可以自由弯曲和切割。千万不要拿一般的胶带去代替，否则后果不堪设想。

使用遮盖带粘好特定区域，喷涂上色，待漆干燥后慢慢地将遮盖带撕下，即可达到分色的效果。

4）喷涂方法。操作者按下控制扳机的力度大小可决定气压的强弱，而往后拉动扳机的距离则可控制油漆所喷出的量。可以先喷出圆点，从点到线、再到面，由浅入深，然后练习通过连续动作喷出线条。使用时要体会气压、距离、出漆量与按钮之间的关系，技术熟练之后就能喷出比较完美的线条。

在遇到给复杂的结构喷涂时，通常是采用手涂和喷涂相结合的方法来达到完整上色的目的。方法不要一成不变，要根据实际情况采用综合的涂装方法，以便于提高效率。

3. 上色后的打磨和清理

（1）上色后的打磨　上色后，由于漆面和涂料的不同性能，往往会造成产品漆面上有坑坑洼洼的状态，这时就需要用精细砂纸（800～2500目）进行打磨。在打磨过程中要控制力度，不可大面积打磨，以防蹭掉漆面。

（2）上色后的清理　上色之后，由于模型放置在空气中，会有一些小的颗粒与微尘附着在模型漆面上，但是不会融入漆面中，这时需要使用软性的布料（如棉布、眼镜布）沾少量清水，在打印产品上轻柔地反复擦拭，直至表面光滑。

在进行3D打印模型后处理的过程中，修整、补土、打磨、上色、再打磨这几个工序可以循环往复操作，使模型变得更完美。

小　结

3D打印技术的工作流程有三维模型构建、三维模型打印和三维模型后处理三大步骤。

三维模型构建即3D建模，是利用三维制作软件通过虚拟三维空间构建出具有三维数据的模型。3D打印主要成型工艺分别是光固化成型（SLA）、熔融沉积成型（FDM）、选择性激光烧结成型（SLS）、三维喷涂粘结成型（3DP）、叠层实体制造（LOM）等。3D打印后处理包括3D打印模型初步整理、表面修整和上色等。

素 养 提 升

碳排放是导致空气污染的主要原因之一，空气污染可导致呼吸道疾病、心血管疾病等健康问题，对人类健康造成严重威胁。党的二十大报告在"推动绿色发展，促进人与自然和谐共生"这一部分明确提出："统筹产业结构调整、污染治理、生态保护、应对气候变化，协同推进降碳、减污、扩绿、增长，推进生态优先、节约集约、绿色低碳发展。"风力发电因其能够减少总体碳排放和环境负面影响而在全球各地得到推广。现有的风力发电机设计依赖于热固性树脂系统，根本上是由环氧树脂、聚酯树脂和乙烯基树脂等热固性基体树脂与玻璃纤维、碳纤维等增强材料通过手工铺放、树脂注入成型工艺复合而成。热固性树脂具有不可逆特性，一旦使用热固性树脂系统生产发电机叶片就难以回收再利用。通过使用3D打印技术来制造热塑性塑料叶片，大大提高了叶片的可回收性。此外，3D打印技术大大减少了发电机叶片的重量，成本也减少10%，生产周期缩短15%。保护环境，人人有责，充分利用现有的科学技术采取有效的措施保护我们生活的家园。

课后练习与思考

1. 3D打印分为哪三个阶段？各阶段的主要内容有哪些？
2. 获得三维模型的方法有哪些？
3. 三维模型的构建方法有哪些？
4. 3D打印的典型成型工艺有哪几种？
5. 简述3D打印主要成型工艺的成型原理。
6. 三维模型后处理包括哪些内容？
7. 三维模型打印之后，某些模型需要将支撑去除，试述去除支撑的方法。

项目三

3D打印技术应用

【项目导入】

3D打印所具有的无模具、快速、自由成型的制造特点给产品的设计思想和制造方法带来了翻天覆地的变化。那么，你知道3D打印技术主要应用在哪些方面吗？本项目就带你来了解一下。

【学习导航】

1) 了解3D打印在新产品开发中的应用。
2) 了解3D打印在模具制造中的应用。
3) 了解3D打印在快速铸造中的应用。
4) 了解3D打印在医疗领域的应用。
5) 了解3D打印在建筑及其他领域的应用。

【项目实施】

近年来市场环境变化，一方面表现为消费需求日益多样化、个性化，另一方面是产品制造商们将注意力集中于竞争激烈的全球市场。面对市场，企业不仅要快速设计出满足消费者需求的产品，还必须快速将产品制造出来，占领市场。快速迎合市场需求，已成为企业唯一的生存发展之路。

5.3D打印
技术的应用

3D打印技术是在这种背景下逐步产生和发展起来的，它可以快速并自动地将设计思想物化为样机或直接生产产品，从而快速评估、修改产品，大大缩短了新产品的开发周期，降低了开发成本，避免了存在于产品开发中的风险，提高了企业的竞争力。

任务一　了解3D打印在新产品开发中的应用

采用计算机辅助设计的零部件，可用高强度的工程塑料直接进行3D打印，对于复杂金属零件，可通过快速铸造或直接金属件成型获得。该项应用对航空航天及国防工业有特殊意义。

3D打印在新产品开发中的应用主要体现在以下几个方面。

1) 新产品开发过程中的设计验证与功能验证。图3-1所示的吸尘器外壳可以在设计阶段通过 3D 打印技术快速地将设计模型转换成实物模型，这样可以方便地验证设计人员的设计思想和产品结构的合理性，发现设计中的问题并及时修改。如果用传统方法，需要完成绘图、工艺设计、工装模具制造等多个环节，周期长、费用高。如果不进行设计验证就直接投产，一旦存在设计失误，将会造成极大的损失。

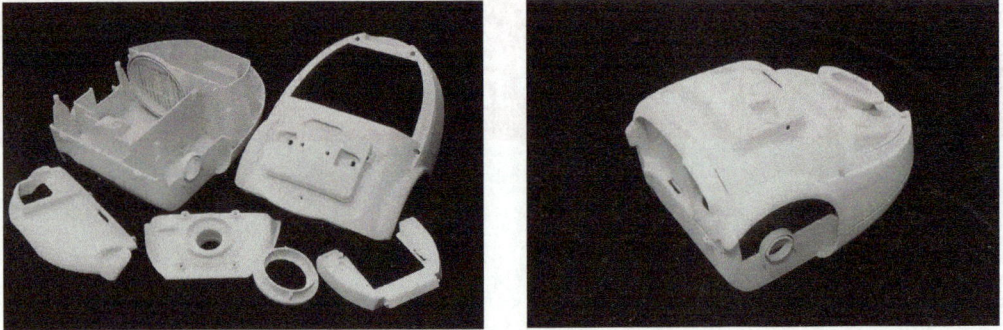

图 3-1 吸尘器外壳设计与功能验证

2）**可制造性、可装配性检验和供货询价、市场宣传。** 对于难以确定的复杂零件和复杂系统，可制造性和可装配性的检验尤为重要。在新产品投产之前，可以用 3D 打印技术制作出全部的零件原型，原型可以用来做装配模拟，以便观察零件之间如何配合、如何相互影响。然后进行试安装，验证安装工艺与装配要求，若发现有缺陷，便可以迅速、方便地进行纠正。图 3-2 所示为凸轮和内燃机进气管样件装配验证。此外，使用 3D 打印制作零件原型还是产品从设计到商品化各个环节中进行交流的有效手段，如为客户提供产品样件，进行市场宣传等。3D 打印技术已成为并行工程和敏捷制造的一种技术途径。

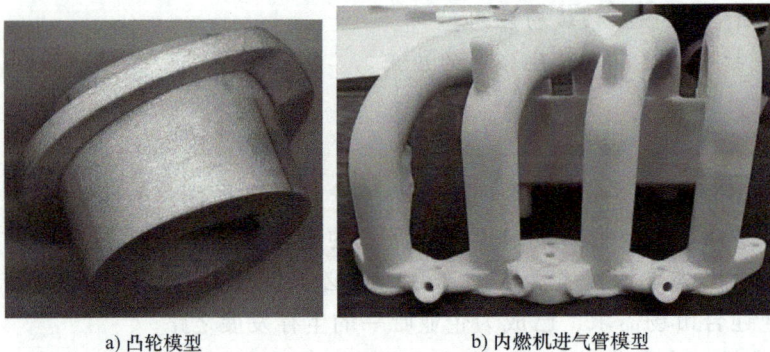

a）凸轮模型　　　　　　　　　b）内燃机进气管模型

图 3-2 凸轮和内燃机进气管样件装配验证

3）**单件、小批量和特殊复杂零件的直接生产。** 对于高分子材料的零部件，可用高强度的工程塑料直接进行 3D 打印。对于复杂的金属零件，可通过快速铸造成型获得。该项应用对航空航天及国防工业有特殊意义。

任务二　了解 3D 打印在模具制造中的应用

3D 打印在模具制造中的应用可分为直接快速模具制造技术和间接快速模具制造技术两种，下面介绍直接快速模具制造技术。

直接快速模具制造技术是利用不同类型的 3D 打印技术（SLA、LOM、SLS 等）直接制造出模具，然后进行必要的机械加工和后处理以获得模具所要求的尺寸精度、力学性能、表面粗糙度等。通过直接快速模具制造方法可制造出树脂模、陶瓷模、金属模等模具。

一、SLA 工艺直接制模

利用 SLA 工艺制造的树脂模，可作为小批量塑料零件的制作模具。这项技术已在实际生产中得到应用。杜邦（Dupont）公司开发出的一种在高温下工作的光固化树脂，可以直接注塑成型模具，其寿命可达 22 年。

SLA 工艺制模的特点如下：

1）模具表面的尺寸精度高、表面粗糙度值小。

2）尺寸精度不易保证，模具易发生翘曲，在成型过程中应设计支撑结构。

3）适用于小型的模具生产。

4）可以直接得到塑料模。

5）成型时间长，往往需要二次固化。

二、LOM 工艺直接制模

采用特殊的纸质材料，利用 LOM 工艺可直接由模具的三维模型制成纸质模具，其硬度高，并可耐高温，经表面打磨处理后可用作低熔点合金的模具、样件试制用的注塑模或精密铸造用的蜡模成型模，还可以代替砂型铸造用的木模。例如，砂型铸造的木模一直以来依靠传统的手工制作，其周期长、精度低。LOM 工艺的出现为快速高精度制作砂型铸造的木模提供了良好的手段，尤其是基于 CAD 设计的形状复杂的木模制作，更显示了其突出的优越性。图 3-3 中给出的是砂型铸造的产品和通过 LOM 快速成型技术制作的木模。

LOM 工艺制模的特点如下：

1）适用于制造中、大型模具。

2）后续打磨处理耗时、费力，模具制造周期长，成本高。

3）无须设计和制作支撑结构，模具翘曲变形小。

4）有良好的力学性能，但薄壁件的抗拉强度和弹性不够好。

图 3-3　采用 LOM 工艺制作的木模

三、SLS 工艺直接制模

SLS 工艺采用树脂、陶瓷和金属粉末等多种材料直接制造模具。采用 SLS 工艺进行扫描烧结时，用高功率激光对金属粉末烧结，逐层叠加，成型件经表面处理后完成模具制作。制作的模具可作为锻模、压铸型使用。DMT 公司用 Rapid Tool 专利技术，在 SLS 系统 Sinterstation 2000 上将 Rapidsteel 粉末（钢质微粒外包裹一层聚酯）进行激光烧结，得到模具后放在聚合物的溶液中浸泡一定时间，然后放入加热炉中加热使聚合物蒸发，接着进行渗铜，出炉后打磨并嵌入模架内。图 3-4 所示为采用 SLS 工艺制作的高尔夫球头的模具及产品。

在树脂混合粉末和金属烧结成型方面，使用美国 DMT 公司的 COPPERPA 材料（一种复合材料），经该工艺制作成中空的金属模具，然后灌注金属树脂，强化其内部结构，并在模具表面渗上一层树脂进行表面结构强化，即可承受注塑成型的压力、温度。混和金属粉末激光烧结成型技术是德国 Electrolux RP 公司的 Eosint M 系统利用不同熔点的几种金属粉末，通过该工艺制作金属模具，使制品的总收缩量小于 0.1%，而且烧结时不需要特殊气体环境。比利时的 Schueren 等人选用 Fe-Sn、Fe-Cu 混合粉末，利用低功率的 3D 打印机对混合金属粉末进行激光烧结即可制作金属模具。这种方法用于批量较大的塑料零件和蜡模的生产。

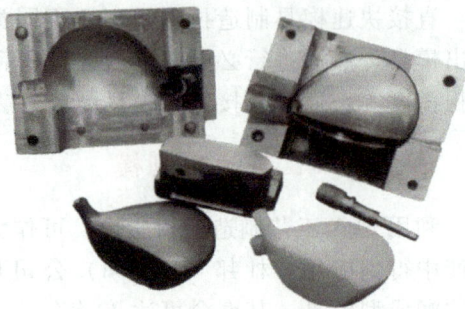

图 3-4　采用 SLS 工艺制作高尔夫球头模具及产品

SLS 工艺制模的特点如下：
1）模具的强度高，在成型过程中无须设计、制作支撑材料。
2）能直接成型塑料、陶瓷和金属模具。
3）适合中、小型模具的制作。
4）模具结构疏松、多孔，且有内应力，易变形。

任务三　了解 3D 打印在快速铸造中的应用

铸造是机械制造中常用的方法之一。铸造生产中，芯盒、模板、蜡模压型等制件都是手工或机械加工完成的，不仅生产成本高、周期长，而且制件不能重复使用，难以实现高效、大规模生产，造型材料消耗大，粉尘严重。因此，铸造一直被认为是工艺原始、生产率低下、污染严重的制造方法。

3D 打印技术为实现铸造的低费用、高精度、短周期、多品种提供了一条捷径。由于 3D 打印过程无须开模，因而大大缩短了制造周期，降低了制造费用，可生产出结构形状复杂，难于用其他方法加工的精度较高的工件。但是该技术自身也存在一些问题，如产品强度和精度问题。所以 3D 打印技术也需要与传统铸造技术相结合，才能充分发挥各自的特点，实现真正的快速生产，这就出现了快速铸造技术。快速铸造技术的基本原理就是利用 3D 打印技术直接或间接制造出铸造用的蜡模、消失模、模样、模板、型芯和型壳等，然后结合传统铸造工艺，快速地制造精密铸件。图 3-5 所示即为利用 3D 打印技术制造的用于铸造的铸铁手柄的模样。

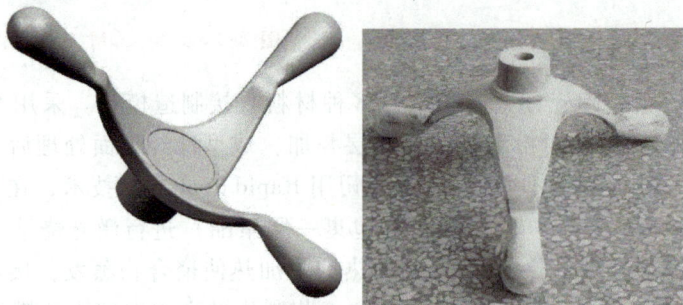

图 3-5　铸铁手柄模样

任务四　了解3D打印在医疗领域的应用

一、用于教学和病例讨论、模拟手术、整形手术效果比较

复杂外科手术往往需要先在三维模型上进行演练以确保手术的成功。3D打印技术可满足这种需求。可以利用3D打印技术打印出病人的解剖模型，有了解剖模型，医生可以有效地与病人沟通，展示关键的区域，从而加深病人对治疗的理解，这比晦涩的二维X光照片要好理解得多。解剖模型不仅能让医生对病人以前的手术经历一目了然，还能让医生在手术之前对着模型进行手术规划。图3-6所示为3D打印的人体器官模型辅助复杂手术规划。仅节省时间这一优势就使得3D打印模型制作在很多复杂手术中显得非常重要和必要。

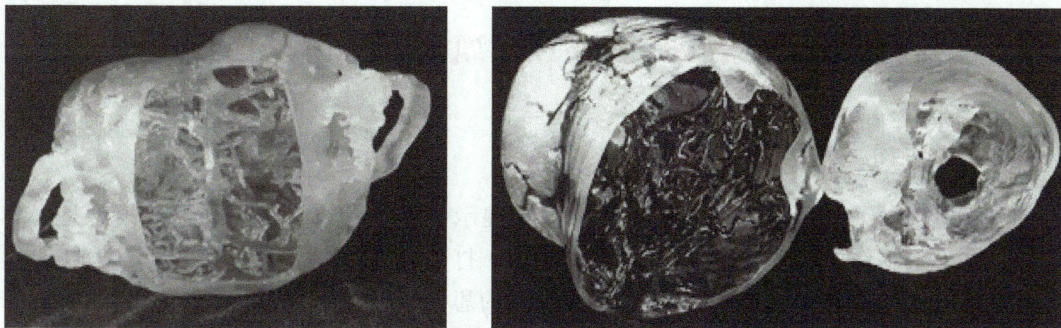

图3-6　人体器官模型辅助复杂手术规划

二、设计和制作可植入假体

运用3D打印技术，可以根据特定病人的CT（计算机断层扫描）或MRI（磁共振成像）数据而不是标准的解剖学几何数据来设计并制作种植体骨骼模型，如图3-7所示，这样极大地减小了种植体设计的出错空间。而且，采用这种适合每个病人解剖结构的种植体确实能缩短对病人的麻醉时间，还能减少整个手术的费用。

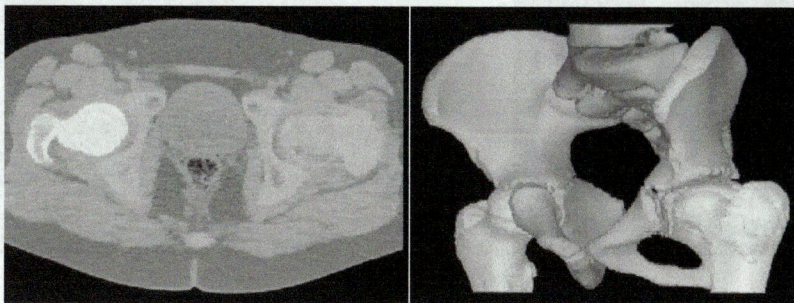

图3-7　人体骨骼的CT数据模型

案例：治疗罕见疾病患儿

2012年2月，密歇根大学附属C.S.莫特儿童医院的医疗队组织进行了一次不寻常的手术。手术对象是一名出生刚三个月，患有罕见先天气管支气管软化症的男婴。

在莫特儿童医院，男婴一直戴着呼吸器，他脆弱的气管组织需要被修复或替换，但手术风险太大，更何况对象还是这么小的一个孩子。

密歇根大学医疗队曾处理过类似的病例，但这一次他们面临更严峻的挑战。

医疗队的研究人员先用CT扫描了男婴的胸腔部位，然后制作出该部位的三维图像模型。基于这个模型，医疗队制作和打印出了一块小"夹板"，用来加固男婴脆弱的气管，同时保持气管畅通。

这块"夹板"坚固且柔软，能够随着男婴的成长而变大。研究人员称，"夹板"要在男婴胸腔内待三年，直到破损的气管痊愈。因为"夹板"使用一种对人体无害的可溶性材料制成，男婴的气管痊愈后，"夹板"便会在其体内溶解掉。

将"夹板"植入男婴体内的三周后，戴着呼吸器的男婴被送回了家中。2013年5月，据《新英格兰医学杂志》报道，男婴已如常人般长大。

任务五 了解3D打印在建筑及其他领域的应用

一、3D打印成型建筑模型

在房屋建设中，为了更好地表达设计意图和展示建筑结构，设计图与建筑模型是必不可少的。以往手工制作的模型大多精度不够，而3D打印技术则弥补了其不足，3D打印出的建筑模型更加立体、直观，能更好地表达设计者的思想。图3-8所示为3D打印成型的一个建筑模型。

二、直接打印真实的建筑

所谓3D打印建筑，就是通过3D打印技术建造起来的建筑物，其打印设备是一个巨型的三维挤出机械，挤压头上使用齿轮传送装置来为房屋建造地基和墙壁。图3-9所示为3D打印的一个真实的建筑。

图3-8 3D打印成型建筑模型

图3-9 3D打印真实建筑

三、其他领域中的3D打印

3D打印技术还在食品、服装、珠宝首饰等领域得到了应用，如图3-10所示。3D食品打印机，顾名思义，人们可以借助该打印机打印出各种食品。该3D食品打印机由控制计算机、自动化食材注射器、输送装置等构成，利用巧克力或其他食材为原料进行打印。科学家使用创新 3D 打印技术在实验室培育出了人造肉，鲜肉组织可在糖类物质构成的框架上生长，口感与真肉十分相近。

图 3-10　3D 打印的食品、珠宝首饰、服装和人像

自从 2010 年荷兰设计师伊里斯·凡·赫本在阿姆斯特丹时装周上首度发表 3D 打印服装之后，3D 打印的服装就开始不断涌现。以色列申卡尔设计与工程学院学生 Danit Peleg 设计了一系列 3D 打印的服装，将科技与艺术完美地结合在了一起。

3D 打印技术已经日益成熟，从中获益最大的无疑是首饰设计，各种以往很难加工的形态，定制化的标准，快捷准确地表现设计意图，这些都是与 3D 打印完全匹配的需求。随着技术的发展，金属乃至贵金属材料的首饰也必将能够被 3D 打印。

3D 打印人像更具立体化，只需把全身外形扫描出来，就可以等着 3D 彩色打印机打印出缩小版的自己，准确无误地保留下自己某一时刻的 3D 数据，这对消费者的吸引力无疑是巨大的。

小　　结

3D 打印技术的特点是将一个物理实体复杂的三维加工离散成一系列二维层片的加工，不必采用传统机械加工的夹具和模具，大大降低了加工难度，并且成型过程的难度与待成型的物理实体的形状和结构的复杂程度无关。3D 打印已成为实现产品快速制造的强有力的手段，在新产品开发、模具制造、快速铸造、医疗、建筑等领域得到了广泛应用。

素养提升

　　医学上存在大量的定制化需求，其难以进行标准化、大批量生产，而这恰是3D打印技术的优势所在，3D打印技术给现代医学发展提供了广阔的应用前景。例如，人体关节中软骨组织受损可导致致残性关节炎，这是一种比较常见的疾病，现代医学采用植入式"脚手架"状结构来帮助治疗此病。研究人员已开发出一种适用于治疗软骨组织疾病的材料，部分由软质聚合物组成，具有类似软骨的稠度，过渡到骨状硬质陶瓷。这两种材料通过3D打印而成"脚手架"状结构，其孔隙网络使软骨和骨细胞能迁移到它们中，加上这些孔隙也允许血管渗透，可以精确地适应每位患者的特定治疗。

课后练习与思考

1. 简述3D打印技术的主要应用。
2. 简述3D打印在新产品开发中的主要应用。
3. 简述3D打印在模具制造中的应用。
4. 简述3D打印在快速铸造中的应用。
5. 简述3D打印在医疗领域的应用。
6. 简述3D打印在建筑领域的主要应用。
7. 查阅资料，简述3D打印在航空航天领域中有哪些应用。

2

模块二　3D打印制造典型工艺

　　自世界上第一台 3D 打印机问世以来，各种不同的 3D 打印工艺相继出现并逐渐成熟。迄今为止，比较成熟的 3D 打印工艺已有十余种，应用较广泛的有光固化成型、叠层实体制造、选择性激光烧结成型、熔融沉积成型等。

　　它们都是基于增材制造原理，其差别在于使用的成型原材料，以及每层轮廓的成型方法。本模块介绍几种常用的 3D 打印工艺。

项目四

认知光固化成型工艺

【项目导入】

光固化成型工艺常被称为立体光刻成型，是由 3D Systems 公司创始人 Chuck Hull 于 1983 发明的。该技术使用紫外激光等光源对液体光敏树脂进行逐点、逐线、逐层扫描，使其固化并逐层累积形成三维实体。该技术成型精度高，可制造结构复杂的制件，适用于精度较高的装配件的打印，但是材料种类较少，成本较高。国外著名的 SLA 设备厂家有 Form-labs、3D Systems 公司，我国著名厂家有杭州先临、北京易加三维、北京鑫精合、上海联泰等。

光固化成型技术特别适合于新产品的开发、具有不规则或复杂形状的零件的制造（如具有复杂形面的飞行器模型和风洞模型）、大型零件的制造、模具设计与制造、产品设计的外观评估和装配检验、快速反求与复制，也适用于难加工材料的制造（如利用 SLA 技术制造碳化硅复合材料构件等）。这项技术不仅在制造业有广泛的应用，在材料科学与工程、医学、文化艺术等领域也有广阔的应用前景。在本项目中将学习光固化成型技术的基本原理、工艺特点、工艺过程、成型材料、应用领域及发展方向。

【学习导航】

1) 掌握光固化成型工艺的原理。
2) 了解光固化成型工艺的特点。
3) 熟识光固化成型工艺的流程。
4) 了解光固化成型工艺的适用材料。
5) 熟识光固化成型工艺的精度。
6) 了解光固化成型工艺的应用。

【项目实施】

6. 光固化
成型工艺

任务一　掌握光固化成型工艺的原理

光固化成型技术以光敏树脂为原料，利用光能的化学和热作用使树脂材料固化，通过计算机控制光源的移动使其凝固成型。传统的光固化成型工艺是主要以激光作为光源的线扫描式成型工艺。随着光固化成型工艺的发展，又产生了以 LCD（Liquid Crystal Display，液晶显示屏）、DLP（Digital Light Processing，数字光处理）投影机作为光源的面扫描式成型工艺。

一、激光扫描式光固化成型

激光扫描式光固化成型方式，光源一般从上向下照射，树脂槽中的光敏树脂液面呈自由形态。成型过程是：液槽中盛满液态光敏树脂，一定波长的激光光束按计算机的控制指令在液面上有选择地逐点扫描固化（或整层固化），每层扫描固化后的树脂便形成一个二维图形。一层扫描结束后，升降台下降一层厚度，然后进行第二层扫描，同时新固化的一层牢固地粘在前一层上，如此重复，直至整个成型过程结束。激光扫描式光固化成型原理如图 4-1 所示。

因为光敏树脂材料的高黏性，在每层固化之后，液面很难在短时间内迅速流平，这将会影响实体的精度。采用刮平器刮切后，树脂便会被十分均匀地涂敷在上一叠层上，这样经过激光固化后可以得到较好的精度，使产品表面更加光滑和平整。

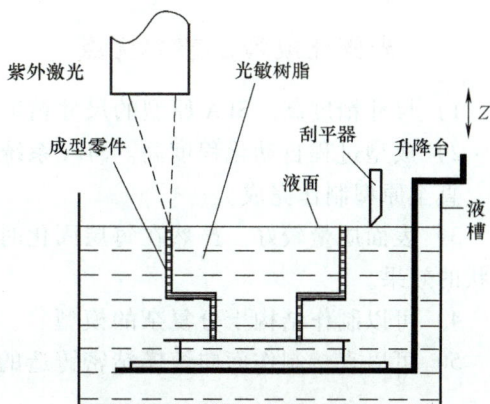

图 4-1 激光扫描式光固化成型原理

二、面扫描式光固化成型

面扫描式光固化成型多使用 LCD、DLP 投影机作为光源，光源一般从下向上照射。其成型过程与激光扫描式正好相反：光从下往上照射，成型件倒置于基板上，即最先成型的层片位于最上方，每层加工完之后，运动轴向上移动一层距离，液态树脂充盈于刚加工的层片与底板之间，光继续从下方照射，最后完成加工过程。这种方式可提高零件制作精度，不需使用刮平树脂液面的机构，缩短了制作时间。

起始状态中，成型平台位于树脂槽底部且与离型膜紧贴，此时成型平台和离型膜之间存在厚度极小的部分液体树脂。打印开始时，面光源发出 405nm 波长的光，照射到离型膜和成型平台之间的薄层液体树脂上，使其产生光固化反应成为固体。成型一层后，运动轴将成型平台提升，由于固体层与成型平台的黏结力远大于离型膜，所以生产的一层固体层从离型膜上剥离，粘在成型平台上。此后运动轴下降，使成型平台上打印的固体层与离型膜之间仅有一层高度的缝隙，液体树脂流淌填充该缝隙，面光源再次照射，新的一层固体再次生成。如此反复，最终成型了树脂制件。图 4-2 所示为面扫描式光固化成型原理。

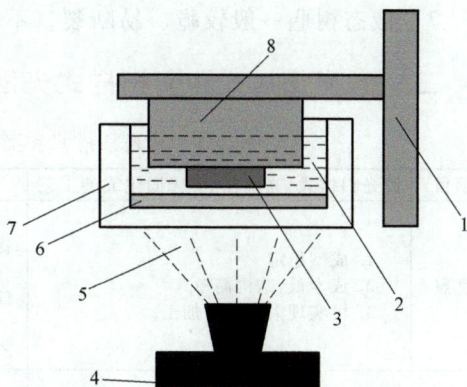

图 4-2 面扫描式光固化成型原理

1—运动轴 2—液态光敏树脂 3—已固化实体
4—面光源 5—405nm 波长的光 6—离型膜
7—树脂槽 8—成型平台

面扫描式光固化成型与激光扫描式光固化成型相比具有明显的优势，如每次成型一个整面，不存在扫描法中的路径规划、斜照射及焦点变动的问题；以紫外光或可见光作为光源，有效降低了系统成本；整层轮廓截面曝光固化，显著缩短了制件时间，提高了制件效率。但面扫描式光固化成型有制件变形、难以制作大面积零件的问题，同时对光源和树脂的选择也提出了更高要求。

任务二　了解光固化成型工艺的特点

一、光固化成型工艺的优点

1）尺寸精度高。SLA 原型的尺寸精度可以达到±0.1mm。

2）成型过程自动化程度高。SLA 系统非常稳定，加工开始后，成型过程可以完全自动化，直至原型制作完成。

3）表面质量较好。虽然在每层固化时侧面及曲面可能出现台阶，但上表面仍可得到玻璃状的效果。

4）可以制作结构十分复杂的模型。

5）可以直接制作面向熔模精密铸造的、具有中空结构的消失型。

二、光固化成型工艺的缺点

1）制件易变形。成型过程中材料发生物理和化学变化，制件较易弯曲。

2）需要设计制件的支撑结构，否则会引起制件变形。

3）设备运转及维护成本较高。液态树脂材料和激光器的价格较高。

4）可使用的材料种类较少。目前可用的材料主要为感光性的液态树脂材料。

5）液态树脂有气味和毒性，并且需要避光保护。

6）成型后的原型树脂一般并未完全固化，为提高模型的使用性能和尺寸稳定性，通常需要二次固化。

7）液态树脂一般较脆、易断裂，不便进行机械加工。

三、激光扫描式和面扫描式光固化成型工艺优、缺点比较（表4-1）

表 4-1　激光扫描式和面扫描式光固化成型工艺优、缺点比较

项目	激光扫描式（光源在上）光固化成型工艺	面扫描式（光源在下）光固化成型工艺
优点	1. 成型稳定 2. 成本低，结构简单 3. 可实现大型零件加工	1. 固化层约束在成型平台和防粘涂层间，解决了翘曲变形的问题，提高了制件精度 2. 去掉了涂覆树脂使液面保持水平的装置（刮平器），使系统更加简洁 3. 使用高精度 Z 运动轴，很容易实现较小层厚的成型，有效减小了 Z 方向上的阶梯效应，提高了精度和质量
缺点	1. 树脂槽空间大，材料不便保存 2. 对于高度较大的零件，树脂槽高度随之增大，树脂增加，回收困难 3. 使用刮平器，增加了成型时间	1. 树脂槽使用寿命短，长时间使用，防粘涂层受拉力影响易变形，透光率下降，涂层表面容易产生划痕 2. 投影面内单位面积被照射的辐射通量分布不集中 3. LCD、DLP 投影灯寿命短，亮度衰减 4. 制件截面积较大时，成型平台和 Z 运动轴受力较大容易变形，制件容易从成型平台脱落，导致制件失败

任务三　熟识光固化成型工艺的流程

光固化成型的工艺过程如图 4-3 所示。首先，在计算机上用三维 CAD 系统对产品进行三维实体建模，然后对其进行切片分层，得到各层截面的二维轮廓数据。依据这些数据，计算机控制激光束在液态光敏树脂表面扫描，光敏树脂中的光引发剂在紫外光的辐射下，裂解成活性自由基，引发预聚体和活性单体发生聚合，扫描区域被固化，产生一层薄固化层。然后将已固化层下沉一定高度，让其表面再铺上一层液态树脂，用第二层的数据控制激光束扫描，这样一层层固化，逐步顺序叠加，最终形成一个立体的原型。

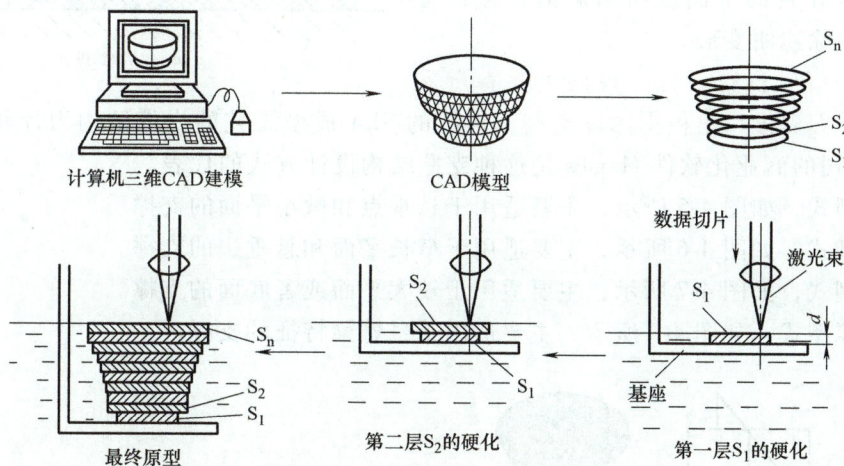

图 4-3　光固化成型的工艺过程

光固化成型工艺的全过程主要包括 CAD 模型创建及数据转换、模型摆放及添加支撑、模型切片分层、分层叠加成型、后处理五个主要步骤。

一、CAD 模型创建及数据转换

首先必须在计算机上，用计算机三维辅助设计软件，根据产品的要求设计三维模型；或者用三维扫描系统对已有的实体进行扫描，并通过逆向技术得到三维模型。由于当前 3D 打印成型系统主要的通用格式为 STL 文件，因此需要将其他格式的文件转换为 STL 文件才能输入 3D 打印成型系统中进行成型。

二、模型摆放及添加支撑

模型确定后，根据形状和成型工艺性的要求选定成型方向，确定摆放位置。

在成型过程中，由于未被激光束照射的部分材料仍为液态，不能使制件截面上的孤立轮廓和悬臂轮廓定位，因此，必须设计一些细柱状或肋状支撑结构，如图 4-4 所示，并在成型过程中制作这些支撑结构，以确保制件的每一结构部分都能可靠固定，同时也有助于减少制件的翘曲变形。支撑的设计可以在创建模型时直接设计，也可以在切片软件中选择参数自动生成，由软件生成的支撑一般需要手工添加或删除。

添加零件原型的支撑需考虑如下因素：

1）支撑的强度和稳定性。保证自身和上面的原型不会变形或偏移。

2）支撑的加工时间。成型时间短，节约成型材料。

3）支撑的可去除性。降低对原型表面质量的损害，方便后处理。

支撑按其作用不同分为基底支撑和对零件原型的支撑。如图4-4所示，基底支撑是加于工作台之上，形状为包络零件原型在 XOY 平面上投影区域的矩形。它的作用是：便于零件从工作台上取出；保证预成型的零件原型处于水平位置，消除工作台的平面度所引起的误差；有利于减小或消除翘曲变形。

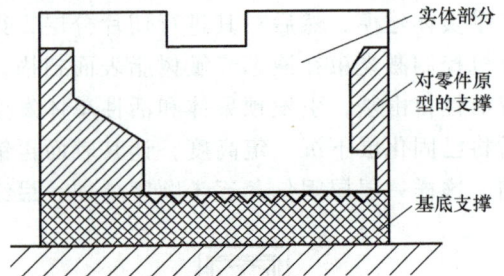

图4-4 支撑型式

支撑结构可以自行设计，目前主要有点支撑、线支撑、面支撑、角板支撑等类型，传统的SLA成型工艺的支撑结构为片状，比利时Materialise公司的商业化软件Magics是这种支撑结构设计方式的代表。

点支撑型式，如图4-5所示，主要适用于悬垂点和微小平面的支撑。

线支撑型式，如图4-6所示，主要适用于窄长平面和悬垂边的支撑。

面支撑型式，如图4-7所示，主要适用于较大平面或者底面的支撑。

角板支撑型式，如图4-8所示，主要适用于悬臂梁特征的支撑。

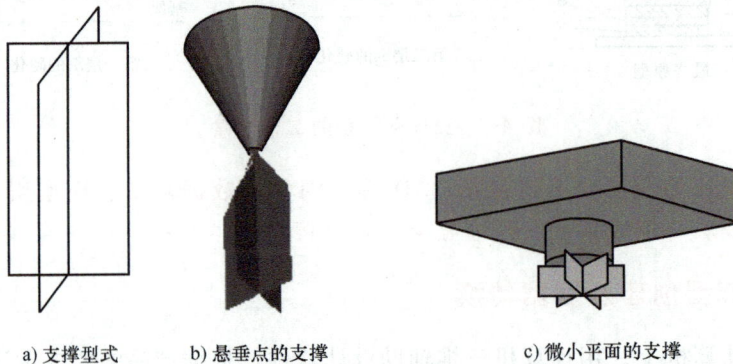

a) 支撑型式　　　b) 悬垂点的支撑　　　c) 微小平面的支撑

图4-5 点支撑型式

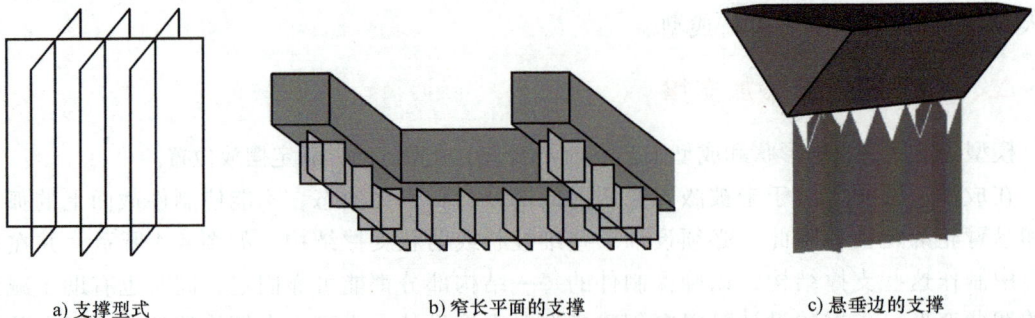

a) 支撑型式　　　b) 窄长平面的支撑　　　c) 悬垂边的支撑

图4-6 线支撑型式

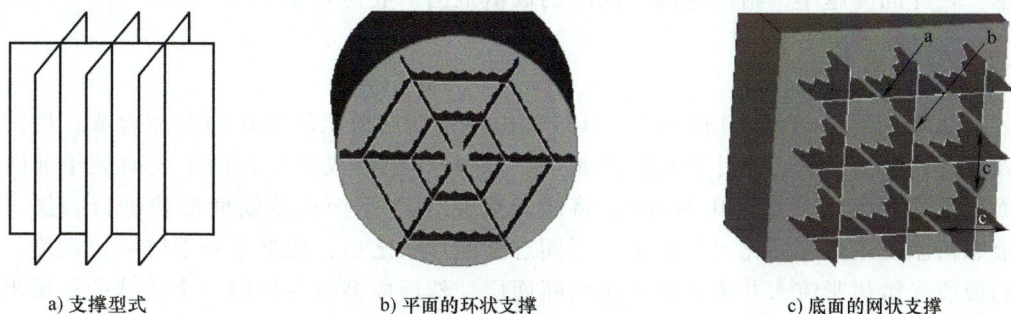

a) 支撑型式　　　　　　b) 平面的环状支撑　　　　　　c) 底面的网状支撑

图 4-7　面支撑型式

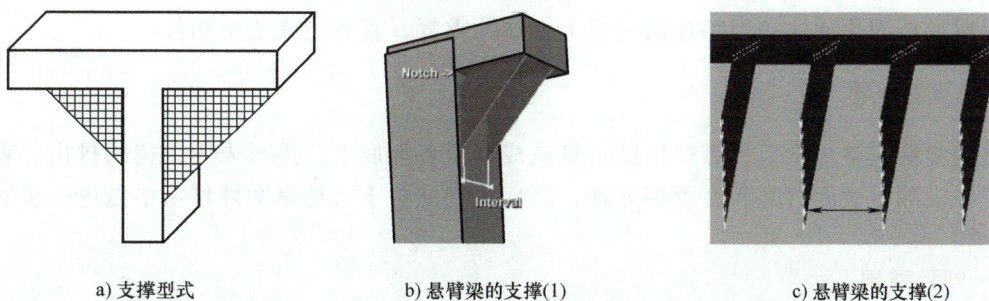

a) 支撑型式　　　　　　b) 悬臂梁的支撑(1)　　　　　　c) 悬臂梁的支撑(2)

图 4-8　角板支撑型式

近年来，对树状支撑结构的设计研究越来越得到重视，其支撑结构的截面形状为圆形，目前 Autodesk 公司的商业化软件 Meshmixer 就采用这种方法实现支撑结构的自动生成，其基本原理如图 4-9 所示。首先，寻找模型上需要添加支撑的悬垂部分，若曲面法向矢量与垂直方向的夹角小于阈值，就判定该部位需要支撑，如图 4-9a、b 所示。其次通过力学分析，将悬垂部分转化为一组支撑点集，然后通过优化算法，生成树状支撑结构，如图 4-9c、d 所示。

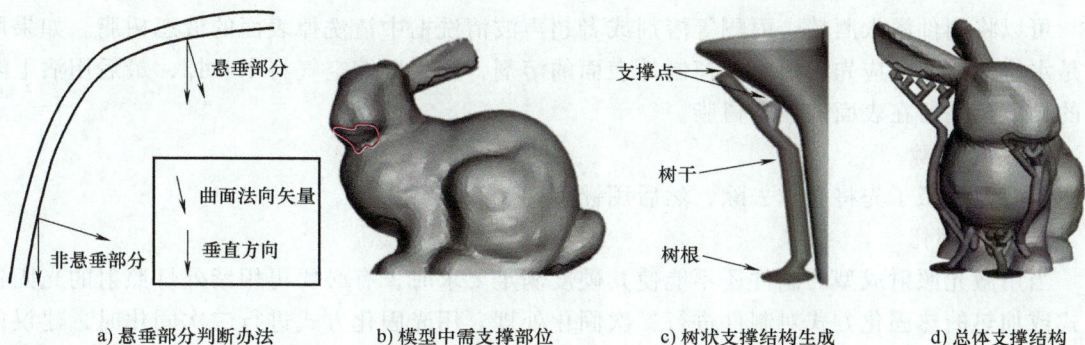

a) 悬垂部分判断办法　　b) 模型中需支撑部位　　c) 树状支撑结构生成　　d) 总体支撑结构

图 4-9　树状支撑

三、模型切片分层

模型和工艺支撑一起构成一个整体，由于 3D 打印是用一层层断面的形状来进行叠加成型的，因此，加工前必须用切片软件，将三维模型沿高度方向进行切片处理，提取断面轮廓的数据。切片间隔越小，精度越高。间隔的取值范围一般为 0.025~0.3mm。

四、分层叠加成型

分层叠加成型是3D打印的核心，其过程由模型断面形状的制作与叠加合成。根据切片软件处理得到断面形状，在计算机的控制下，3D打印设备成型平台的上表面处于液面下一个截面层厚的高度（0.025~0.3mm），将激光束在 XOY 平面内按断面形状进行扫描，扫描过的液态树脂发生聚合固化，形成第一层固态断面形状之后，成型平台下降一层高度，使液槽中的液态光敏树脂流入并覆盖已固化的断面层。然后成型设备控制一个特殊的涂覆板，按照设定的层厚沿 XOY 平面平行移动，使已固化的断面层树脂覆上一层薄薄的液态树脂，该层液态树脂保持一定的厚度精度，再用激光束对该层液态树脂进行扫描固化，形成第二层固态断面层。新固化的这一层粘在前一层上，如此重复，直到完成整个制件。

五、后处理

整个制件完整成型后，需要借助工具从成型设备上取下，进行未固化树脂排出、表面清洗、支撑去除、表面打磨和涂覆等处理，之后将制件置于大功率紫外灯箱中做进一步的内腔固化。

1. 制件取出

将薄片状铲刀插入制件与成型平台之间，取出制件。如果制件较软，可以先将其连同台板一起取出，进行固化处理后再行取出。

2. 未固化树脂排出

如果在制件内部残留有未固化的树脂，则残留的液态树脂会在二次固化处理或制件储存的过程中发生暗反应，使残留树脂固化收缩引起制件变形，因此，从制件中排出残留树脂很重要。必须在设计 CAD 三维模型时预开一些排液的小孔，或者在成型后用钻头在制件适当的位置钻几个小孔，将液态树脂排出。

3. 表面清洗

可以将制件浸入酒精、丙酮等溶剂或者超声波清洗槽中清洗掉表面的液态树脂。如果用的是水溶性溶剂，应先用清水洗掉制件表面的溶剂，再用压缩空气将水吹掉，最后用沾上溶剂的棉签除去留在表面的液态树脂。

4. 支撑去除

用剪刀和镊子先将支撑去除，然后用锉刀和砂纸进行光整。

5. 二次固化

当用激光照射成型的制件还不能使其硬度满足要求时，有必要再用紫外灯照射的光固化方式或加热的热固化方式对制件进行二次固化处理。用光固化方式进行二次固化时，建议使用能透射到制件内部的长波长光源，且使用强度较弱的光源进行照射，以避免由于急剧反应引起内部温度上升。要注意的是，随着固化会产生内应力，温度上升将导致软化，这些因素会使制件产生变形或者出现裂纹。

6. 表面处理

制件的曲面上存在因分层制造引起的阶梯效应或者因 STL 格式的三角面片化而可能造成的小缺陷；制件的薄壁和某些小特征结构的强度、刚度不足；制件的某些形状尺寸精度不够；制件表面硬度不够，制件表面的颜色不符合用户要求等，以上这些问题都需要进行适当的后处理。当制件表面有明显的小缺陷需要修补时，可用热熔塑料、乳胶以细料调和而成的泥子或湿石膏予以填补，然后打磨、抛光后喷漆。打磨、抛光的常用工具有各种目数的砂纸、小型电动或气动打磨机以及喷砂打磨机。

任务四　了解光固化成型工艺的适用材料

光固化成型加工涉及机械、光学、材料等多学科领域，材料作为最为重要的一环是光固化成型加工的核心。加工材料的发展能推动光固化成型工艺的推广，反之，加工材料的发展滞后也必然阻碍光固化成型工艺的广泛应用。

一、光固化成型加工材料的基本要求

为了适应光固化成型的加工方式，获得质量较高的产品以及具备良好的加工工艺性，光固化成型加工材料应符合以下几点要求：

1）光敏性好，受到加工光照迅速固化。当激光光源选择性照射到加工材料上时，就会产生固化，这是加工能够实现的基础。对于光固化成型加工，光源的移动速度越快其效率就越高，因此，必须保证加工材料在被光源照射到之后尽可能地快速固化。若凝固时间过长，材料长时间处于半固体状态会产生软黏效果，影响对后续层片的支撑，从而使加工精度降低。

2）加工固化后质量高。光固化成型加工的产品通常作为最终产品，因此，要求加工材料成型后具有较高的表面质量。光固化成型材料在加工后应当具备良好的力学性能、热稳定性以及耐蚀性。

3）非加工状态下稳定性好。目前主流光固化成型加工设备都是采用激光束作为加工光源，其加工材料对自然光敏感性不能过强。如果在自然光下发生聚合，产生变质甚至固化，必然会增大材料的储存难度，提高对加工环境的要求。加工材料的稳定性还体现在其不易挥发，以降低材料的非必要损耗。

4）较小的收缩率和较小的黏度。特别是后固化过程中，收缩率要小，否则制件容易产生翘曲变形。分层制造需要短时间内在前一固化层上流平，同时考虑到加料和清洗难度，因此材料的黏度要小。

5）环境友好性。加工材料应当是无毒、无污染的，以避免对操作人员和环境造成危害。

6）较低的成本。为了能使光固化成型加工更易推广，加工材料需要具有较低的成本。

二、光敏树脂的成分

基于光固化成型加工方式的要求，光敏树脂类材料成了目前应用最为广泛的主流光固化成型3D打印材料。光敏树脂又被称为UV（Ultraviolet Rays）树脂，是一种对紫外线敏感的正常（加工之前）形态为液态的树脂。目前应用的光敏树脂有多种，其成分也不尽相同。典型光固化成型用光敏树脂均由以下几种基本成分组成：

1. 低聚物

低聚物是光敏树脂最基本也是最主要的组成物质。低聚物中含有大量的不饱和官能团以及对紫外线敏感的活性基团，因而可以使光敏树脂在受到紫外线照射时发生聚合反应，完成

由液态向固态的转变。光敏树脂的很多性能如凝固速度、凝固收缩率、挥发性、力学性能等都是由低聚物决定的。低聚物的种类决定了光敏树脂的种类，目前应用较多的有丙烯酸酯类和不饱和聚酯类等。

2. 活性单体

所谓活性单体是指光敏树脂中的反应性稀释剂，它在光敏树脂中的含量虽不如低聚物，但在光固化成型加工过程中发挥着不可或缺的作用，是光敏树脂的基本成分之一。它的主要作用是调节光敏树脂的黏度，黏度过小对快速固化不利，黏度过大则会影响刮平器在层间加工时的涂覆效果。根据固化加工系统不同，采用的反应性稀释剂也不尽相同，常用的有乙烯基类和丙烯酸酯类。

3. 光引发剂

光引发剂相比于上面两种成分在光敏树脂中的含量更少，一般不到5%。但它在加工的过程中扮演着最为重要的角色，是光源和低聚物之间能量的传递者。光引发剂可以吸收紫外线中的能量而转变为自由基体并具备一定的活性，促进低聚物聚合反应的发生。由于光固化成型工艺中所用光源多为紫外线，因此，光敏树脂的主流引发剂为紫外线光引发剂。其他类型的光引发剂的研发及应用均较少。

4. 填料和助剂

填料可以提高光敏树脂的力学性能，降低树脂的收缩率，但不可加入过多，否则会增大树脂的黏度。常用的填料有无机填料和高分子填料。助剂包括光敏剂、流平剂、消泡剂、阻聚剂等。光敏剂的作用是增加光引发剂对光的吸收作用，提高光的吸收效率；流平剂的作用是增加树脂的流动性；消泡剂可以防止光敏树脂在加工过程中产生过多气泡，影响加工质量；阻聚剂特别重要，因为它可以保证液态树脂在容器中保持较长的存放时间。助剂使用量比较少，一般在光敏树脂含量的1%以内。

三、光敏树脂的分类

根据光引发剂的引发机理，光固化树脂可以分为三类：自由基光固化树脂、阳离子光固化树脂和混杂型光固化树脂。

自由基光固化树脂主要有三类：第一类为环氧树脂丙烯酸酯，该类材料聚合快，生成的原型强度高，但脆性大且易泛黄；第二类为聚酯丙烯酸酯，该类材料流平性和固化好，性能可调节；第三类材料为聚氨酯丙烯酸酯，该类材料生成的原型塑性和耐磨性好，但聚合速度慢。

阳离子光固化树脂的主要成分为环氧化合物。用于光固化工艺的阳离子型低聚物和反应性稀释剂通常为环氧树脂和乙烯基醚。环氧树脂是最常用的阳离子型低聚物，其优点如下：

1）固化收缩小。低聚物环氧树脂的固化收缩率为2%~3%，而自由基光固化树脂的预聚物丙烯酸酯的固化收缩率为5%~7%。

2）产品精度高。

3）阳离子聚合物是活性聚合，在光消失后可继续引发聚合。

4）氧气对自由基聚合有阻聚作用，而对阳离子光固化树脂则无影响。

5）黏度小。

6）生坯件强度高。

7）产品可以直接用于注塑模。

混杂型光固化树脂与自由基光固化树脂和阳离子光固化树脂相比，具有许多优点，目前的趋势是使用混杂型光固化树脂。其主要优点如下：

1）环状聚合物进行阳离子开环聚合时，体积收缩很小，甚至会产生膨胀，而自由基体系总有明显的收缩。因此，混杂型体系可以设计成无收缩的聚合物。

2）当系统中有碱性杂质时，阳离子聚合的诱导期较长，而自由基聚合的诱导期较短，混杂型体系可以提供诱导期短而聚合速度稳定的聚合系统。

3）在光消失后阳离子仍可引发聚合，故混杂型体系能克服光消失后自由基迅速失活而使聚合终结的缺点。

四、光敏树脂研究现状

发达国家对光敏树脂的研究起步较早，在材料产业化方面处于领先地位。目前主流的产品有美国 3D Systerms 公司生产的 ACCURA 系列、荷兰 DSM 集团下属的 DSM Desotech 公司生产的 SOMOS 系列、美国 Vantico 公司生产的 SL 系列等。除此之外，以色列的 Object、德国的 EOS 等公司也有各自的产品系列。

随着光引发剂等系列技术难题的攻克，我国的光敏树脂产业也得到了飞速发展。西安交通大学自主研发的 SPR、CPR 光敏树脂系列，占有一定的国内市场份额。青岛中科新材料公司研发出了低收缩率、适用于高精度 3D 打印的光敏树脂等。

任务五　熟识光固化成型工艺的精度

光固化成型工艺的精度一直是设备研制和用户制作原型过程中密切关注的问题。光固化成型技术发展到今天，其原型的精度一直是一个难题。控制原型的翘曲变形和提高原型的尺寸精度及表面精度一直是该研究领域的核心问题。原型的精度一般包括形状精度、尺寸精度和表面精度，即光固化成型制件在形状、尺寸和表面质量三个方面与设计要求的符合程度。形状误差主要有：翘曲、扭曲变形、圆度误差及局部缺陷等；尺寸误差是指制件与 CAD 模型相比，在 X、Y、Z 三个方向上的尺寸相差值；表面精度主要包括由叠层累加产生的台阶误差及表面粗糙度等。

影响光固化原型精度的因素有很多，包括成型前和成型过程中的数据处理、成型过程中光敏树脂的固化收缩、光学系统及激光扫描方式等。按照成型工艺过程，可以将产生成型误差的因素按图 4-10 所示进行分类。

一、前期数据处理误差

1. STL 格式文件转换误差

产品的三维 CAD 模型需要进行 STL 格式转换及切片分层处理，以便得到加工所需的一系列截面轮廓信息。但是，STL 格式的数字模型是一种用无数三角面片逼近三维曲面的曲面模型，通常在近似曲面时可能会产生近似误差，如图 4-11 所示。为减小几何数据处理造成的误差，较好的办法是开发对 CAD 实体模型进行直接分层的功能，在商用软件中，Creo 具有直接分层的功能。

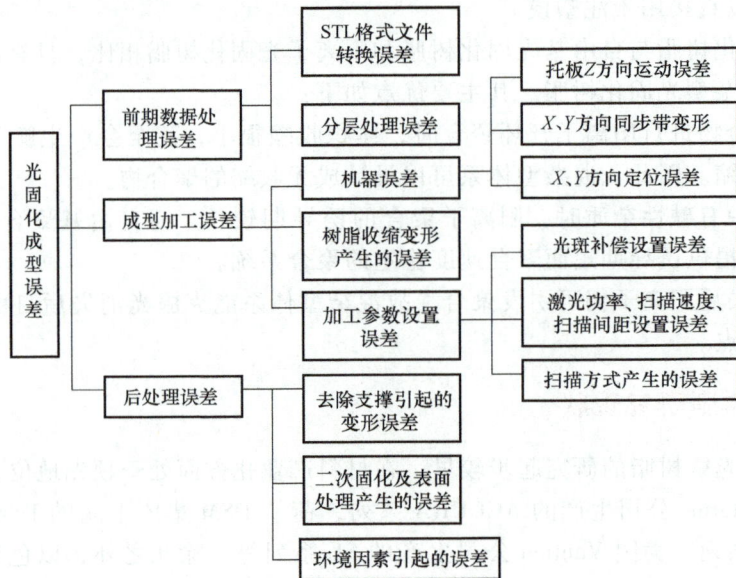

图 4-10 光固化成型误差

2. 分层处理误差

成型前模型需要沿 Z 轴方向进行切片分层，因为切片厚度不可能太小，相邻的层片必然是存在距离的，故而在制件表面会形成台阶效应，层层叠加的成型过程中，台阶效应是肯定会发生的，这是不可避免的原理性误差。且层厚越大，曲面的粗糙程度肯定也会越大。成型方向倾斜角度较大也会同时体现在表面上，这样就会导致台阶效应更加显著，使曲面精度明显下降。层厚越大，台阶效应越明显，如图 4-12 所示。

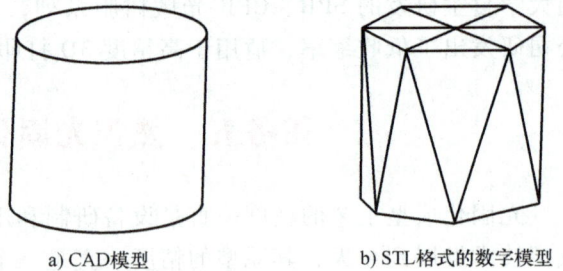

a) CAD模型   b) STL格式的数字模型

图 4-11 STL 格式文件转换误差

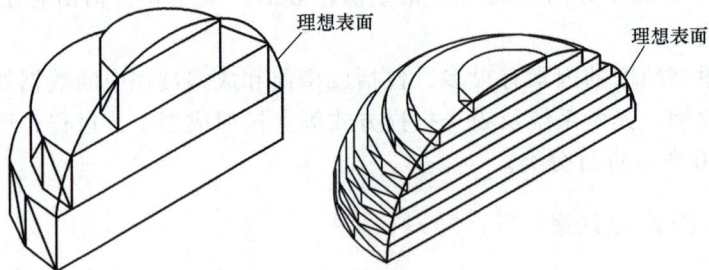

图 4-12 不同分层厚度产生的台阶效应

减小分层的厚度可以减小台阶效应造成的误差，目前最小的分层厚度可达 0.025mm。但层厚过小会增加切片层的数量，致使数据处理量庞大，增加了数据处理的时间。

有关学者采用不同算法进行了自适应分层方法的研究，即在分层方向上，根据零件的表面形状，自动地改变分层厚度，以满足零件表面精度的要求。当零件表面倾斜度较大时，选取较小的分层厚度，以提高原型的成型精度；反之则选取较大的分层厚度，以提高加工效率。自适应分层厚度如图 4-13 所示。

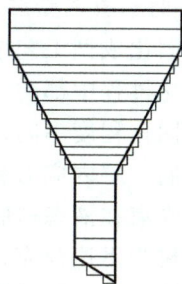

图 4-13　自适应分层厚度

二、成型加工误差

1. 机器误差

机器误差主要是成型机造成的，也就是所谓的设备误差。要从设计和硬件系统的控制，从设备出厂来提高设备的误差，进而提高制件的精度，提高成型机器的硬件系统质量。

由于控制设备误差是提高制件精度的基础，所以不容忽视。设备误差主要体现在三个方面。

1) 托板 Z 方向的运动误差。托板就是工作台，托板通过上下移动来使制件加工成型，托板的上下移动是通过丝杠来实现的。所以，工作台的运动误差直接决定着制件的层厚精度，从而影响轴方向的尺寸误差。同时，制件的形状误差、较大的表面粗糙度值和位置误差主要是由托板运动的直线度误差所导致的。

2) X、Y 方向同步带变形。市场上的 3D 打印设备一般采用步进电动机来驱动同步带运动的扫描系统，扫描镜头在每层进行二维扫描工作时，若工作很长时间，同步带必然会出现形变的情况。例如，同步带无韧性，就会影响到扫描部件寻找固定位置。而较多的被用来减少定位误差的方法是位置补偿系数修正。所以在成型设备出厂时会进行一定的位置补偿。

3) X、Y 方向定位误差。在成型的扫描工作中，还会存在另外两个问题。其一，制件精度会受系统运动惯性左右。控制系统是固化成型设备的核心部件，主要依靠配以开环控制系统的步进电动机驱动，而扫描工作区的动态性能不仅受步进电动机影响，还要受其余的机械部件左右。扫描部件在进行扫描转向时具有惯性，很容易就会使得扫描仪扫描的制件边缘尺寸大于模型尺寸。而且，扫描仪在工作时，总是一会儿加速一会儿减速，可想而知，在制件的外沿部分的速度肯定会比中间低，导致激光在制件边沿停留的时间要相对长一点儿，照射多一点儿。与此同时，扫描仪还要在此处改变方向，对于本身惯性力较大的扫描系统，速度的转换过程缓慢，自然会造成制件受光照时边缘会获得较多的能量，这样固化不均匀的现象就必然会出现。其二，扫描机构振动对成型制件精度的影响。光固化成型过程中扫描机构连续的往复填充扫描运动会对制件的层截面产生作用。步进电动机控制扫描部件时，扫描部件会自带一个固有频率，加上扫描过程中的扫描线长短不一，很可能在某扫描范围内包括了各种各样的频率，因此，如果扫描部件发生谐振，振动程度会非常明显，最终致使成型制件产生较大的误差。图 4-14 所示为扫描机构的往复填充运动。

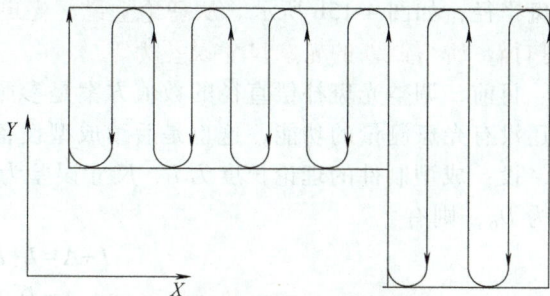

图 4-14　扫描机构的往复填充运动

如果激光器功率不稳定，使被照射的树脂接受的光量不均匀，光斑的质量不好、光直径不够小等，都会影响制件的质量。

2. 树脂收缩变形产生的误差

光固化成型工艺中，影响制件质量的主要因素是光敏树脂固、液态的转化。液态光敏树脂在固化过程中都会产生收缩，收缩会在制件内产生内应力，沿层厚从正在固化的层表面向下，随固化程度不同，层内应力呈梯度分布。在层与层之间，新固化层收缩时要受到层间黏结力限制。层内应力和层间应力的合力作用致使制件产生翘曲变形。

激光束在液态树脂表面扫描，当扫描第一层时，液态树脂发生固化反应并收缩，其周围的液态树脂迅速补充，此时固化的树脂不会发生翘曲变形。然后升降台下降一个层厚的距离，使已固化成型的部分沉入液面以下，其上表面被涂覆一层薄树脂（厚度与下降的距离一致），然后激光束扫描上表面这层液态树脂，使这层树脂发生固化反应，并与下面一层已固化的树脂粘结在一起，此时上层新固化的树脂收缩，拉动下层已固化的树脂，结果导致制件发生翘曲变形。如此一层一层固化成型，已固化部分不断增厚使刚度增大，上面一层树脂固化的微弱收缩力已拉不动下层，翘曲变形渐渐停止，但下表面的变形部分已经定型。因此，最好采用高强度、小黏度、小收缩率的树脂。目前常用的是阳离子型光固化树脂，它与自由基光固化树脂相比，固化收缩率小，成型精度高。

3. 加工参数设置误差

1）光斑补偿设置误差。在光固化成型过程中，成型用的光点是一个具有一定直径的光斑，因此实际得到的制件是光斑运行路径上一系列固化点的包络线形状。如果光斑直径过大，有时会丢失较小尺寸的制件细微特征，如在进行轮廓拐角扫描时，拐角特征很难成型出来。聚焦到液面的光斑直径大小以及光斑形状会直接影响加工分辨率和成型精度。如果未采用光斑补偿方法，光斑扫描路径如图 4-15a 所示。成型的制件实体部分外轮廓尺寸大了一个光斑半径，而内轮廓尺寸小了一个光斑半径，结果导致制件的实体尺寸大了一个光斑直径，使制件尺寸出现正偏差。为了减

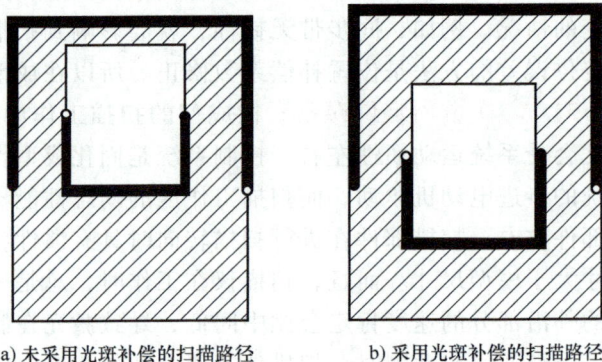

a) 未采用光斑补偿的扫描路径　　　b) 采用光斑补偿的扫描路径

图 4-15　光斑直径对制件轮廓尺寸的影响

小或消除实体尺寸的正偏差，通常采用光斑补偿方法，使光斑扫描路径向实体内部缩进一个光斑半径，如图 4-15b 所示。从理论上说，光斑扫描按照向实体内部缩进一个光斑半径的路径扫描，所得制件的轮廓尺寸误差为零。

目前，调整光斑补偿直径的数值方案是参照成型制件的误差来确定的。但是现有成型设备还没有光斑测量的功能，这也是后续成型设备需要改进的问题。

设：成型制件的理论长度为 L，尺寸误差为 Δ，光斑直径补偿量为 Δd，实际光斑直径大小为 D_0，则有

$$L+\Delta = L+D_0-\Delta d$$

$$\Delta = D_0-\Delta d$$

可得实际光斑直径为

$$D_0 = \Delta+\Delta d$$

由上式可知，实际光斑直径是制件尺寸误差值和光斑直径补偿量之和。

2）激光功率、扫描方式带来的误差。光固化成型就是由线构成面，再由面构成体的过程。在光固化成型加工时，液体成型材料需要接受光束的照射才能变成固体，而且凝固的程度与光束的能量多少有关，也可以说是和曝光量 E 有关系。树脂种类不同，使得树脂的临界曝光量 E_C 也不同，但相同的是，只有当 $E \geqslant E_C$ 时，树脂才会凝固。成型材料接收到的光束能量多少与光束照射深浅的关系，呈负指数递减，如图 4-16 所示。

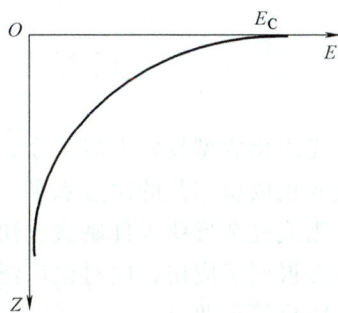

图 4-16　激光垂直照射能量衰减图

由于扫描镜头在扫描时，始终处于反复加、减速的过程，在换向阶段，存在一定的惯性，使得工作台在制件边缘部分超出设计尺寸的范围，导致制件的尺寸有所增加。不同的扫描线长，扫描速度变化曲线分为两种，一种是如图 4-17a 所示的三角形扫描方式，当扫描线长很小、扫描速度未达到最大时，就要突然减速来完成扫描，造成过冲量过大，而产生较大的尺寸偏差；另一种是如图 4-17b 所示的梯形扫描方式，当扫描线长足够大时，扫描速度达到最大值，进入匀速扫描，而后再减速，完成扫描，虽然存在一定的惯性力，但未出现加速度的突然转向，不会产生较大的过冲，所以尺寸偏差较小。因此，应使用较

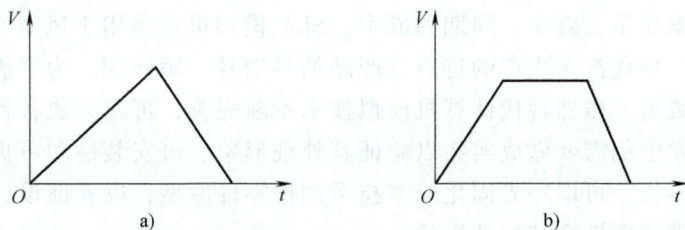

图 4-17　扫描速度和扫描时间的变化曲线

细的激光束。比如，可采用单模激光器代替多模激光器。单模激光器光束成像质量好，光斑直径小，可聚焦到 0.01mm。

三、后处理误差

光固化成型过程完成后，要从成型机上将已成型的制件取出，将支撑结构剥离。如果制件内有未凝固充分的树脂，还需进行二次固化处理，之后还要对制件进行后处理，即抛光、上色和打磨等，依然会影响制件精度。现将其主要影响分为以下三种：

1）去除支撑引起的变形误差。当制件制作完毕后，将制件取出，同时要将制件的支撑部分去除。成型过程中，支撑是与制件的底部牢牢粘结在一起的，所以进行支撑剥离处理必然会对制件质量产生影响。综合考虑，支撑件无论是在形状方面还是面积方面，一定要设计得合理、易拆。

2）受到湿度、温度以及自然光等环境因素的影响，成型制件很可能会出现不断的形变进而产生缺陷。同时由于自身结构或者成型工艺等方面的影响，有些残余应力会存在于成型后的制件内部，这也会对其质量产生影响。综上所述，消除或是尽可能地减小制件内部残存的应力是提高制件精度和表面质量的一种很好的途径。

3）二次固化及表面处理产生的误差。一般在成型加工过程结束后，如果存在制件的部分结构强度不够，制件表面过于粗糙，制件外观存在纹路、缺陷，或者制件的细微部分硬度、精度不够的情况，便要对制件进行打磨、上色、抛光和修补等处理。但在此过程中如果处理得不好，则会降低制件的尺寸和形状精度，从而产生后处理误差。

任务六 了解光固化成型工艺的应用

光固化成型技术发展至今，除了传统的成型工艺，又出现了一些新方法和新工艺，提高了光固化成型工艺的制造水平，扩展了应用领域和应用范围。光固化成型在新产品的开发、不规则或复杂形状零件制造、快速模具设计与制造、单件小批量精密铸造、逆向工程与复制等方面得到了应用，同时被广泛应用在航空航天、汽车等制造领域，以及电器、消费品、玩具、医疗等行业。

一、光固化成型技术在制造领域的应用

在机械制造领域，SLA 模型可用于进行可制造性、可装配性检验，还可以进行可制造性评估，以确定最佳的制造工艺。风洞模型实验是航空航天飞行器研制过程中了解飞行器的性能、降低飞行器研制风险和成本的重要手段之一。风洞模型的设计制造直接影响风洞实验的数据质量、效率、周期和成本。SLA 模型可直接用于风洞实验。

现代汽车生产的特点是产品的多型号、短周期。为了满足不同的生产需求，就需要不断地改型。虽然现代计算机模拟技术不断完善，可以完成各种动力、强度、刚度分析，但研究开发中仍需要做成实物以验证其外观形象、可安装性和可拆卸性。对于形状、结构十分复杂的零件，可以用光固化成型技术制作零件原型，以验证设计人员的设计思想，并利用零件原型做功能性和装配性检验。

光固化成型技术还可以在发动机的试验研究中用于流动分析。流动分析技术用来在复杂零件内确定液体或气体的流动模式。将透明的模型安装在简单的试验台上，中间循环某种液体，在液体内加一些细小粒子或细小气泡，以显示液体在流道内的流动情况。该技术已成功地用于发动机冷却系统（气缸盖、散热器）、进排气管等的研究。问题的关键是透明模型，用传统方法制造时间长、花费大且精度低，而用 SLA 技术结合 CAD 造型仅仅需要 4~5 周的时间，且花费只为之前的 1/3，制作出的透明模型能完全符合 CAD 数据要求，模型的表面质量也能满足要求。除了上述用途外，SLA 技术还可以与逆向工程技术、快速模具制造技术相结合，用于汽车车身设计、前后保险杠总成试制、内饰门板等结构样件和功能样件试制等。

在铸造生产中，模板、芯盒、压蜡型、压铸型等的制造往往是采用机械加工方法，有时还需要钳工进行修整，费时、耗资，而且精度不高。特别是对于一些形状复杂的铸件（如飞机发动机的叶片，船用螺旋桨，汽车、拖拉机的缸体、缸盖等），模具的制造更是一个巨大的难题。虽然一些大型企业的铸造厂也备有一些数控机床、仿形铣床等高级设备，但除了设备价格昂贵外，模具加工的周期也很长，而且由于没有很好的软件系统支持，机床的编程也很困难。光固化成型技术的出现，为压铸型生产提供了速度更快、精度更高、结构更复杂的保障。图 4-18 所示为光固化成型技术在制造领域的部分应用。

二、光固化成型技术在消费品领域的应用

由于技术的发展，在珠宝首饰、个性服装、食品等消费品制造过程中，光固化成型越来越受到重视。这对珠宝首饰行业来说是一个重要的技术革新，设计师不仅利用光固化成型技术做出硅胶模后再批量生产，还简化了很多传统珠宝首饰制作的过程，因为克服了一定的技

图 4-18 光固化成型技术在制造领域的部分应用

术难度，设计师的想法有了很大的施展空间，为设计的实现提供了更多可能性。图 4-19 所示为利用光固化成型制作的珠宝首饰。

图 4-19 利用光固化成型制作的珠宝首饰

三、光固化成型技术在医疗领域的应用

光固化成型技术为不能制作或难以用传统方法制作的人体器官模型提供了一种新的制作方法。基于 CT 图像的光固化成型技术是假体制作、复杂外科手术规划、口腔颌面修复的有效方法，如图 4-20a 所示。光固化模型还可用于教学和病例讨论、模拟手术、整形手术效果比较等。目前已有公司基于扫描的牙齿数据，使用 3D 打印机打印牙齿矫正工具。和传统的戴金属牙箍不同，这种方式是打印出一系列稍微不同的透明牙箍，而且解决了以往微笑时会露出金属牙箍的问题，如图 4-20b 所示。如果在胎儿还没有出生之前就想看到孩子的模样，还可以利用 B 超获得的数据，将胎儿模型用 3D 打印机打印出来，如图 4-20c 所示。

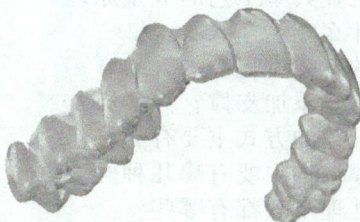

a) 医学模型制作　　　　　b) 3D打印的透明牙箍　　　　　c) 3D打印的B超胎儿模型

图 4-20 利用光固化成型制作的医疗产品

小　结

　　光固化成型技术是最早发展起来的 3D 打印技术，也是目前研究最深入、技术最成熟、应用最广泛的 3D 打印技术之一。光固化成型技术以光敏树脂为原料，根据光照的方式，主要分为激光扫描式光固化成型技术（激光从上向下照射）和面扫描式光固化成型技术（激光从下向上照射）两种方式。

　　光固化成型尺寸精度高，成型过程自动化程度高，系统非常稳定，表面质量较好，可以制作结构十分复杂的模型。但是其缺点有制件易变形，需要设计制件的支撑结构，设备运转及维护成本较高等。

　　典型光敏树脂由低聚物、活性单体、光引发剂、填料和助剂四种基本成分组成。

　　影响光固化原型精度的因素很多，包括成型前和成型过程中的数据处理、成型过程中光敏树脂的固化收缩、光学系统及激光扫描方式等。

　　光固化成型技术在航空航天、汽车、机械、生物医学、珠宝首饰、创意设计等领域有着广泛的应用。

素 养 提 升

　　3D 打印技术（亦称增材制造）已发展成为融合材料设计、制造工艺、应用开发为一体的功能化制造技术。聚酰亚胺作为一种 3D 打印成型的特种工程材料，已广泛应用于航空、航天、微电子、纳米、液晶等领域。然而，对于聚酰亚胺开展复杂成型与数字加工极为困难，造成其应用受限。2019 年，中国科学院兰州化学物理研究所固体润滑国家重点实验室研究员王晓龙团队和江南大学机械学院教授刘禹团队合作，成功开发了一种适用于高性能聚酰亚胺增材制造的紫外光辅助直书写工艺，完成高性能聚酰亚胺的直接三维复杂成型，实现了相关的材料制造与装备工艺技术专利创新。只有创新才有发展，只有发展才有出路。创新是一个民族进步的灵魂，是一个国家兴旺发达的不竭动力，新时代青年要具备创新的意识，发扬创新的精神，不断开拓，实现新发展。

课后练习与思考

1. 光固化成型有哪几种类型？
2. 试述光固化成型两种典型工艺的成型原理。
3. 刮平器的作用是什么？
4. 试述光固化成型的工艺过程。
5. 光固化成型是否需要添加支撑？为什么？
6. 光固化成型添加支撑的方式主要有哪些？
7. 光固化成型的支撑结构主要有哪几种？
8. 光固化成型的后处理步骤都有哪些？
9. 光固化成型对材料的要求有哪些？
10. 什么是光敏树脂？
11. 光敏树脂的组成成分有哪些？各成分的作用是什么？
12. 影响光固化原型精度的因素有哪些？为提高原型精度，是如何控制各因素的？

项目五

认知叠层实体制造工艺

【项目导入】

　　叠层实体制造（Laminated Object Manufacturing，LOM）技术是最成熟的3D打印制造技术之一。这种制造方法和设备自1991年问世以来，得到迅速发展。叠层实体制造技术多使用纸材，成本低廉，制件精度高，而且制造出来的木质原型具有外在的美感和一些特殊的品质，因此受到了较为广泛的关注，在产品概念设计可视化、造型设计评估、装配检验、熔模铸造型芯、砂型铸造木模、快速制造母模以及直接制模等方面得到了快速应用。

【学习导航】

　　1）掌握叠层实体制造工艺的原理。

　　2）了解叠层实体制造工艺的特点。

　　3）熟识叠层实体制造工艺的流程。

　　4）了解叠层实体制造工艺的适用材料。

　　5）熟识叠层实体制造工艺的精度。

　　6）了解叠层实体制造工艺的应用。

【项目实施】

7. LOM
技术

任务一　掌握叠层实体制造工艺的原理

　　叠层实体制造成型结构由计算机、材料存储及送进机构、热粘压机构、激光切割系统、可升降工作台、数控系统和机架等组成，如图5-1所示。

　　用CO_2激光器在刚粘结的新层上切割出制件截面轮廓和制件外框，并在截面轮廓与外框之间的区域内切割出上下对齐的网格；激光切割完成后，工作台带动已成型的制件下降，与带状片材（料带）分离；供料机构转动收料轴和供料轴，带动料带移动，使新层移到加工区域；工作台上升到加工平面；热压辊热压，制件的层数增加一层，高度增加一个料厚；再在新层上切割出截面轮廓。

55

叠层实体制造中的成型材料为涂有热熔胶的薄层材料，层与层之间的粘结是靠热熔胶保证的。LOM 材料一般由薄片材料和热熔胶两部分组成。根据对制件性能要求的不同，薄片材料可分为纸片材、金属片材、陶瓷片材、塑料薄膜和复合材料片材，其中纸片材应用最多。用于 LOM 纸基的热熔胶按基体树脂划分，主要有乙烯-醋酸乙烯酯共聚物型热熔胶、聚酯类热熔胶、尼龙类热熔胶或其混合物。

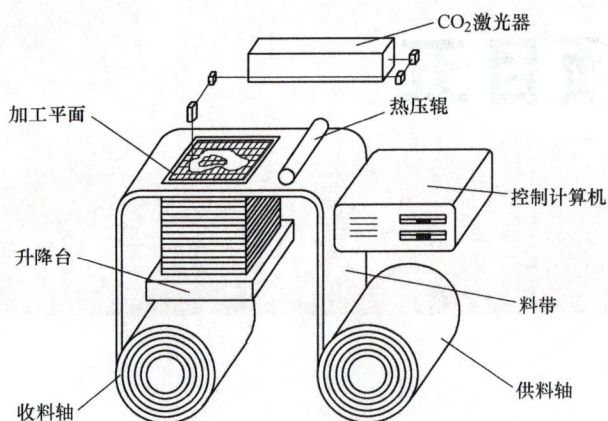

图 5-1　叠层实体制造系统结构

在快速成型机上，截面轮廓被切割和叠合后所成的制件如图 5-2 所示。其中，所需的制件被废料小方格包围，剔除这些小方格之后，便可得到三维制件。

图 5-2　叠层实体制造成型制件

任务二　了解叠层实体制造工艺的特点

一、叠层实体制造的优点

1）制件精度高，翘曲变形较小。这是因为在薄层材料选择性切割成型时，在原材料中，只有极薄的一层胶发生状态变化，即由固态变为熔融态，而主要的基底（纸）仍保持固态不变，因此翘曲变形较小，制件的精度较高。目前通过叠层实体制造工艺成型的制件在 X 和 Y 方向的精度可达 $\pm(0.1\sim0.2)$ mm，Z 方向的精度可达 $\pm(0.2\sim0.3)$ mm。

2）成型速度较快，易于制造大型零件。该工艺只需在片材上切割出制件截面的轮廓，而不用扫描整个截面，因此，常用于加工内部结构简单的大型制件。

3）原材料价格便宜，原型制作成本低。

4）成型时无须设计支撑，前期处理的工作量小。

5）原型具有较高的硬度和较好的力学性能，可进行切削加工。

二、叠层实体制造的缺点

1）材料利用率低，并且废料不能重复利用。

2）制件表面有台阶纹，其高度为材料的厚度（通常为 0.1mm），因此，表面质量相对较差，成型后需进行表面打磨。

3）制件易吸湿膨胀变形，成型后应尽快进行表面防潮处理。

4）制件特别是薄壁件的抗拉强度和弹性不够好。

5）去除废料的工作比较费时，并且有些废料剥离比较困难。

6）叠层方向和垂直于叠层方向上的机械特性差异非常大。

任务三　熟识叠层实体制造工艺的流程

叠层实体制造技术成型全过程可以归纳为前处理、分层叠加、后处理，如图5-3所示。

一、前处理阶段

首先通过三维造型软件，进行产品的三维模型构造，然后将得到的三维模型转换为 STL 格式，再将 STL 格式的模型导入到专用的切片软件中进行切片。

二、分层叠加阶段

1）设置工艺参数。工艺参数的选择与原型制作的精度、速度以及质量有关，这其中重要的参数有激光切割速度、加热辊温度、切片软件精度、切碎网格尺寸等。

2）基底制作。由于工作台的频繁起降，必须将 LOM 原型的叠层与工作台牢固连接，这就需要制作基底，通常设置3~5层的叠层作为基底。为了使基底更牢固，可以在制作基底前给工作台预热。

3）原型制作。制作完基底后，快速成型机就可以根据事先设定好的加工工艺参数自动完成原型的加工制作。LOM 原型制作工艺过程如图5-4所示。

三、后处理阶段

1）余料去除。余料去除是将成型过程中产生的废料、支撑结构与制件分离。LOM 不需专门的支撑结构，但是网格状废料通常需要采用手工的方法剥离。

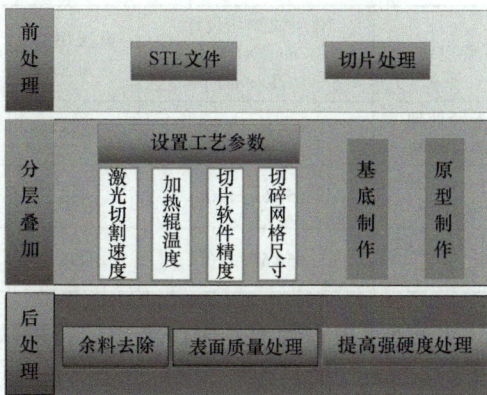

图5-3　叠层实体制造工艺流程

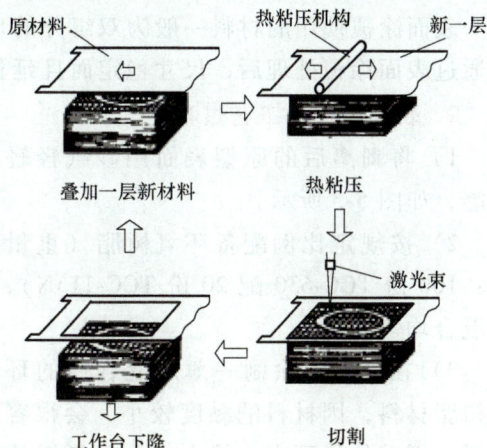

图5-4　LOM 原型制作工艺过程图

2）表面质量处理。为了使原型表面状况或机械强度等方面完全满足最终需要，保证其尺寸的稳定性和精度等，还要对原型表面进行修补、打磨、涂漆防潮处理等。

四、叠层实体制造工艺后处理中的表面涂覆

1. 表面涂覆的必要性

LOM 原型经过余料去除后，为了提高原型的性能和便于表面打磨，经常需要对原型进行表面涂覆处理。表面涂覆的好处有：提高强度；提高耐热性；改进抗湿性，延长原型的寿命；易于表面打磨等处理；原型可更好地用于装配和功能检验。

纸材最显著的缺点是对湿度极其敏感，LOM 原型吸湿后叠层方向尺寸增大，严重时叠层之间会相互脱离。为避免因吸湿而引起的这些后果，在原型剥离后短期内应迅速进行密封处理。表面涂覆可以实现良好的密封，而且同时可以提高原型的强度和抗热、抗湿性。

叠层块的湿变形引起的尺寸和重量的变化情况见表5-1。

表5-1　叠层块的湿变形引起的尺寸和重量变化

叠层块	叠层块初始尺寸 [（长/mm）×（宽/mm） ×（高/mm）]	叠层块初始重量/g	置入水中后的尺寸 [（长/mm）×（宽/mm） ×（高/mm）]	叠层方向增长高度/mm	置入水中后的重量/g	吸入水分的重量/g
未经处理的叠层块	65×65×110	436	67×67×155	45	590	154
刷一层漆的叠层块	65×65×110	436	65×65×113	3	440	4
刷两层漆的叠层块	65×65×110	438	65×65×110	0	440	2

从表5-1可以看出，未经处理的叠层块对水分十分敏感，在水中浸泡 10min，叠层方向便涨高 45mm，增长 41%，而且水平方向的尺寸也略有增长，吸入水分的重量达 154g，说明未经处理的 LOM 原型是无法在水中使用的，或者在潮湿环境中不宜存放太久。为此，需要将叠层块涂上薄层油漆进行防湿处理。从实验结果看，涂漆起到了明显的防湿效果。在相同浸水时间内，叠层块的叠层方向仅增长 3mm，吸水重量仅为 4g。当涂刷两层漆后，原型尺寸已得到稳定控制，防湿效果已十分理想。

表面涂覆使用的材料一般为双组分的环氧树脂，如 TCC-630 和 TCC-115N 硬化剂等。原型通过表面涂覆处理后，尺寸稳定而且延长了使用寿命。

2. 表面涂覆的工艺过程

1）将剥离后的原型表面用砂纸轻轻打磨，如图 5-5 所示。

2）按规定比例配备环氧树脂（重量比：100 份 TCC-630 配 20 份 TCC-115N），并混合均匀。

3）在原型上涂刷一薄层混合后的环氧树脂材料，因材料的黏度较小，会很容易浸入纸基的原型中，浸入的深度可以达到 1.2~1.5mm。

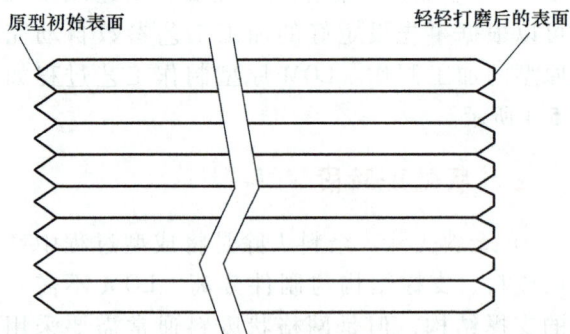

图 5-5　打磨成型表面

4）再次涂覆同样的混合后的环氧树脂材料，以填充表面的沟痕并长时间固化，如图5-6所示。

5）对表面已经涂覆了坚硬的环氧树脂材料的原型再次用砂纸进行打磨，打磨之前和打磨过程中应注意测量原型的尺寸，以确保原型尺寸在要求的公差范围之内。

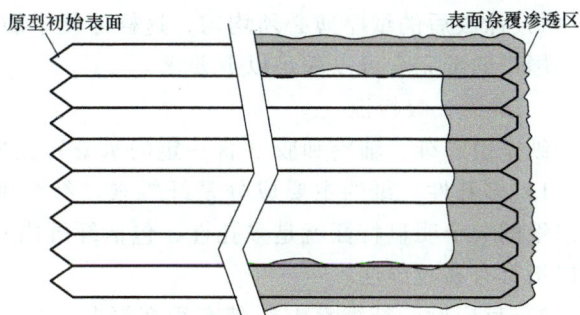

图 5-6　表面涂覆渗透

6）对原型表面进行抛光，达到所需表面质量之后进行透明涂层的喷涂，以达到美化原型外观的效果，如图5-7所示。

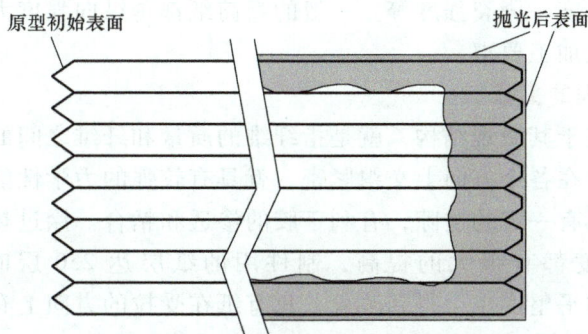

图 5-7　抛光后的表面

通过上述表面涂覆处理后，原型的强度和耐热、防湿性能得到了显著提高，将处理完毕的原型浸入水中，进行尺寸稳定性的检测，观察实验结果是否符合要求。

任务四　了解叠层实体制造工艺的适用材料

叠层实体制造工艺材料一般由薄片材料和热熔胶两部分组成，薄片材料根据对原型性能要求的不同可分为纸片材、金属片材、陶瓷片材、塑料薄膜和复合材料片材。目前的LOM成型材料中的薄片材料多为纸材，而黏结剂一般为热熔胶。

一、叠层实体制造工艺材料中的纸

1. 纸的要求

叠层实体制造工艺的基本材料是纸，我国的纸有几百个品种，但LOM对纸有特殊的要求。

1）纸纤维的组织结构要好。纤维长且粗大，分布均匀，纤维之间有一定空隙，有利于涂胶，也有利于力学性能的提高。

2）纸的厚薄要适中。在精度要求高时应选择薄纸，纸越薄越均匀，LOM制件的精度就越高。在能满足精度要求的前提下，尽量选择厚度大的纸，可以提高生产率。

3）要满足一定的力学性能要求，能承受一定的拉力，以便实现自动传输和收卷。纸耐折度和撕裂强度也严重影响制件的力学性能。

4）涂胶后的纸厚薄必须均匀，这样才便于加工和保证制件的精度。

国产的纸完全可以满足以上要求。

2. 纸的一般特性

纸是由纤维、辅料和胶（含一定的水分）组成的。普通的纸具有以下特点。

1）多孔性。纸的主要成分是纤维素。纤维细胞中心具有空腔，纤维之间是交织结构，所以纸的一个明显特征就是多孔性，包括纤维内孔和纤维间孔，都可以吸收空气中的水分，所以纸具有易吸湿性。

2）反应性。纤维素上还带有很多羟基，它们可以和其他的活性官能团如醛基、羧基、氨基等反应。

3）化学特性和机械特性。在 LOM 的应用方面，纸的化学特性和力学特性表现为和热熔胶的粘结能力、抗拉强度、撕裂强度等。一般的卷筒纸都是纵向强度大于横向强度，稍加处理，卷筒纸就可以满足加工要求。

3. 纸的性能与结构的关系

纸的力学性能对应于其微观结构，就是指纤维的质量和纤维之间的交织结构。首先，纤维结构较长、较粗大，在各个方向上交织紧密，就具有较强的力学性能，可有效改善剥离分层。其次，表面纤维具有一定的空隙，有利于胶的渗透和粘合。涂过热熔胶的纸，其抗拉强度、耐折度、撕裂强度都有很大的提高，制件用的纸层达 250 层时纵向抗拉强度可达 6250N/mm^2，并且纸的平整度也会得到改善。只有纸在受拉的方向上有足够的抗拉强度，才有利于自动化作业的连续性，提高生产率。

二、叠层实体制造工艺材料中的热熔胶

1. 叠层实体制造工艺用胶的基本要求

由叠层实体制造工艺的加工过程可知，LOM 原型的性能不仅取决于纸的性能，还取决于黏结剂的性能。LOM 原型在存放的过程中，尺寸精度会发生变化，在数天后达到稳定，其变化的程度与所用的胶也有关系。LOM 用黏结剂通常为加有添加组分的热熔胶，对其基本性能的要求如下：

1）熔点不太高（70～1200℃），室温固化比较快，有利于涂布。在熔融和固化过程中，具有较好的物理、化学稳定性。

2）熔融状态下与纸具有较好的涂挂性和涂匀性。

3）在纸纤维中有一定的渗透能力，和纸有较好的润湿性和亲和性，粘结牢固。

4）吸湿性较小，在制件保存过程中不会引起较大的形变。

5）有利于废料的剥离，后处理方便。

2. 热熔胶的一般性能

常用的国产热熔胶主要有乙烯-醋酸乙烯共聚物、聚乙烯类、无规聚丙烯类、聚酰氨类等。热熔胶在熔融和固化的过程中，会经历由玻璃态至熔融态再到黏流态的变化。热熔胶在一定温度范围内熔融，具有一定的流动性，然后在十几秒内迅速冷却固化，能够均匀附着在纸上。在 LOM 机的加热辊下，经历又一次的熔融、固化，把纸层层牢固粘合。切割时如果在激光的能量范围内，热熔胶能够发生分解或炭化，将有利于废料剥离。

为了保证热熔胶熔融后能均匀地涂覆在纸面上，并能使纸与纸之间牢固地粘合在一起，

热熔胶受热软化的起始温度、在一定温度下的流动性能，以及与纸粘结在一起的粘结能力是需要控制的重要指标。如 EVA（乙烯-醋酸乙烯共聚物）胶，熔点适宜，通过调节 VA（醋酸乙烯酯）的含量（18%～33%为宜）和黏度（通过分子量调节），改变粘结能力和流动性能，使加工起来很方便，还可以采用多种涂胶工艺。

任务五　熟识叠层实体制造工艺的精度

一、分层切片产生误差

1. 分层产生的台阶误差分析

由于叠层实体制造工艺采用逐层叠加制造方法，通常用一组平行于水平面的平面对模型进行分层，将三维模型分解为一系列具有一定厚度和二维轮廓的层片，并且激光的特性使得它只能沿垂直于工作台的方向对每一层片进行平面加工，因而实际加工的每一层面都为一个柱体，于是在垂直方向上就会产生台阶效应，这是不可避免的原理误差。

2. 减小台阶误差的方法

为了减小台阶效应对原型精度和表面质量的影响，可采用以下方法：

1）减小层厚。薄片材料厚度一般在 0.05～0.3mm，若采用非常小的分层厚度，则会影响制件的生产率。然而若为提高效率而加厚层片则会加大台阶效应，还可能遗失两相邻切片层之间的微小特征结构，从而造成误差。

2）控制激光头的方向可以减小台阶效应。由于分层而产生台阶效应的主要原因是激光只能沿垂直于工作台的方向对每一层片进行平面加工，而没有考虑模型在分层方向上的曲率变化，因而实际加工的每一层面都为一个柱体。所以通过控制激光的切割方向，使激光的切割方向能够随着轮廓斜率的改变而改变，使其切割方向与轮廓的斜率方向一致。

二、粘胶厚度对精度的影响

1. 粘胶厚度产生的误差分析

在成型过程中，原材料的基底纸的厚度虽然占有很大的比例，但是几乎不发生塑性变形。粘胶的厚度所占比例小，每层胶的厚度仅有 0.02mm 左右，但塑性变形大，当成百上千层累积起来后，若胶厚不均匀，将严重影响叠层厚度的均匀性。

2. 使粘胶厚度均匀的措施

1）将长热压辊分成几段。工作台倾斜及叠层块上表面不平都会引起热压辊的压力变化，从而影响粘胶压应力的稳定。当热压辊较长时，上述影响更为显著。因此，将长热压辊分成几段，有助于改善粘胶压应力分布的均匀性。

2）调整热压辊与胶纸的接触弧长。影响胶温的三个重要参数是热源发热强度、热压辊运动速度和热压辊与胶纸的接触弧长。其中，热源发热强度主要由热压辊内部发热源的功率决定，所以热压辊运行过程中，热源发热强度可视为基本稳定。当制件的尺寸比较大时，可以调节热压辊增速、匀速、减速的过程，使得热压辊在热压胶纸时基本为匀速运动，促成胶温均匀分布；当制件的尺寸比较小时，由于热压辊的行程较短，热压胶纸时热压辊不可能完全匀速，在此情况下，可以在热压时使工作台微量浮动，促使胶温尽量均匀分布。使工作台微量浮动的方法是：当热压辊增速热压时，工作台向上微微移动，增加热压辊的压力，增大热压辊与胶纸的接触弧长，补偿因辊速提高引起的胶温下降；当热压辊匀速运动时，工作台不动；当热压辊减速运动时，工作台微微下降，减少热压辊的压力，从而减小热压辊与胶纸的接触弧长，缓和因辊速下降引起的胶温上升。热压辊和工作台的这种联动控制能使热压过程中的胶温基本稳定。

3）**选用流动活化能较小的粘胶**。热压时辊速分布不均匀，以及热压辊与胶纸接触弧长的变化会引起胶温分布不均匀，不同粘胶热压时的形变根据胶温的变化也相应有所不同。流动活化能大的粘胶的黏温曲线斜率大，胶温变化引起的粘胶塑性形变大，因此，制件中粘胶厚度不均匀程度大。所以应该选用流动活化能较小的粘胶，它的变形随胶温的改变而变化的幅度较小，胶厚分布比较均匀。

三、制件的热变形引起翘曲

1. 制件的热变形分析

在成型过程中，叠层块不断被热压和冷却，成型后制件逐步冷却至室温，在这两个过程中，制件内部存在复杂变化的内应力，会使制件产生不可恢复的热翘曲变形。这是因为，在成型过程中，由于粘胶的热膨胀系数与纸的热膨胀系数一般相差很大，所以粘胶和纸受热时的膨胀量相差大。在热压辊热压和激光切割传递给制件热量时，热熔胶在受热后迅速熔化膨胀，而纸的变形相对较小，会导致成型中的制件翘曲。在热压后的冷却过程中，已切割成型的粘胶和纸层的收缩受到相邻层结构的限制，会造成纸和胶的不均匀收缩，也会使制件产生热翘曲、扭曲变形，从而不能恢复到膨胀前的状态，最终产生不可恢复的热翘曲变形。

从快速成型机上取下叠层块并剥离废料后，由于制件内部有残余应力，制件仍会发生变形，这种变形称为残余变形。残余变形与制件的结构、刚度有关。制件刚度越小，如薄板件，残余变形越大；刚度越大，如有筋支撑，残余变形越小。同一制件各部分的刚度可能不一致，特别是薄壁、薄筋部分，从而产生复杂的内应力，导致制件翘曲、扭曲，严重时还会引起制件开裂。

翘曲变形经常发生在制造工艺的开始阶段，这时加热温度较低，薄层材料较冷，或者是制作尺寸较大的制件时，翘曲经常发生在制件的两端和转角处，制件向上翘曲，如图5-8所示。

翘曲变形的主要原因是在层的叠加方向上温度分布不均匀，在层的分界处产生了内部热应力。在成型过程中叠层块不断被热压和冷却，当热压辊热压时，叠层块的温度升高，当热压辊移走后，在激光切割或进纸的过程中，叠层块的温度下降。在工艺过程中，

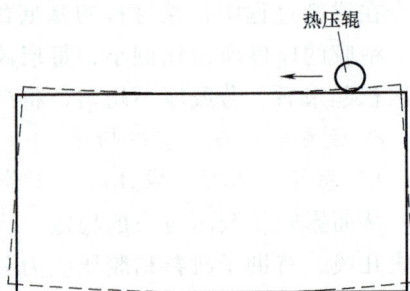

图5-8　简单翘曲变形现象

薄层随着工作循环中的温度变化而膨胀或收缩。粘胶的热应力是引发翘曲变形的主要因素之一。黏结剂的性质与工艺过程中温度的关系对内部热应力的产生起着重要作用。黏结剂通常是热敏、热塑性材料，其黏性决定了其粘结强度。典型黏结剂的黏性随温度的变化关系如图5-9所示。在高温阶段，黏结剂的黏性大幅降低，只有非常小的粘结作用；在低温阶段，

黏结剂的黏性增大，粘结强度增强。总之，温度对黏结剂的黏性有较大的影响。

总之，在较高的温度时，层间的粘结强度弱并且易膨胀；在较低的温度时，粘结强度强，层的热膨胀变小。在层的叠加方向上，温度分布不均衡，导致层间的粘胶黏性不一致，层间的粘结强度也不同。所以在膨胀层的内部就会产生不均匀热应力。在工艺过程中，热压辊加热叠层块的上层，热量是通过上层向下扩散的，上层的温度总是比下层的温度高。

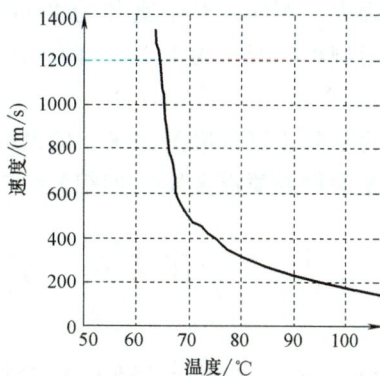

图 5-9　黏结剂的黏性随温度的变化关系

2. 改善热变形的措施

1）制件热变形的根本原因是纸、胶的热膨胀系数差别大，所以，采用两种热膨胀系数相近的复合材料将有助于减小热变形。

2）粘胶的共混改性。选择不同种类的聚合物，并采用物理或化学方法进行共混，以便改进粘胶的性能。其中，减小热膨胀系数有助于减小制件的热变形和防止开裂。

3）改进粘胶的涂覆方法。涂覆在纸上的粘胶可以为薄膜状或颗粒状，薄膜状的粘胶在降温时整体收缩，热应力大，从而使制件翘曲变形较大；颗粒状的粘胶在降温收缩时，相互影响较小，热应力较小，所以制件翘曲变形较小，不易开裂。采用高压静电喷涂法，可以获得高品质的颗粒状粘胶。

4）优化组合工艺参数。热压辊的温度、速度、接触压力都会影响叠层块的成型和翘曲变形。优化组合工艺参数，可以减小翘曲变形。模拟真实的加工，实验一，热压辊的温度是160℃，移动速度是100mm/s；实验二，热压辊的温度是190℃，移动速度是50mm/s。在这两个实验中，除了热压辊的温度和速度之外，原型的几何形状和工艺参数是相同的。结果显示实验一产生的残余热应力非常大，叠层块发生翘曲变形，实验二产生的残余热应力非常小，叠层块没有发生翘曲变形。这两个实验结果说明了热应力是与工艺参数有关的。如果热压辊的温度高，移动速度慢，则热应力小，叠层原型不会发生变形；如果热压辊的温度低，移动速度快，层内的热应力就会变大，可能引起翘曲变形。

5）改进后处理方法。

① 加压下冷却叠层块。制件成型后，对叠层块施加一定的压力，待其充分冷却后再撤除压力。这样做可以控制叠层冷却时产生的热翘曲变形。在成型过程中，如果间断时间过长，也应对叠层块加压，使其上表面始终保持平整，有助于预防继续成型时的开裂。

② 充分冷却后剥离废料。制件成型后，不要立即剥离废料，让制件在叠层内冷却，使废料可以支撑制件，减少因制件局部刚度不足和结构复杂引起的较大变形。

四、制件的吸湿变形引起翘曲

1. 制件的吸湿变形分析

叠层实体制造的制件是由复合材料叠加而成的，在空气中容易吸湿变形。实验研究表明，当水分在叠层复合材料的侧向开放表面聚集之后，将立即以较大的扩散速度通过胶层界面，由较疏松的纤维组织进入胶层，使制件产生湿胀，降低刚度和内聚强度，损害连接层的结合强度。例如，对于直径为 8mm、沿高度方向叠加成型的圆柱体，未经表面防水处理，一天后测得吸湿率为 1.2%，两天后的吸湿率为 2.2%，由此可见吸湿对制件的影响。

2. 改善吸湿变形的措施

为了防止制件吸湿膨胀，应及时对刚剥离的制件进行表面处理。表面处理的方法有涂覆环氧基涂料或喷镀金属（如铝）。

任务六　了解叠层实体制造工艺的应用

一、新产品开发中的外观评价、结构设计验证

叠层实体制造成型系统可以在几小时或几天内将三维模型转变成实物原型，可用来进行外观评价和广泛征求各方面的意见，同时可以及时发现产品结构设计中存在的各种缺陷和错误，减少和避免由此造成的损失，并且可以大大缩短新产品设计开发周期，提高开发的成功率。图 5-10 所示为应用叠层实体制造工艺开发的探测仪。

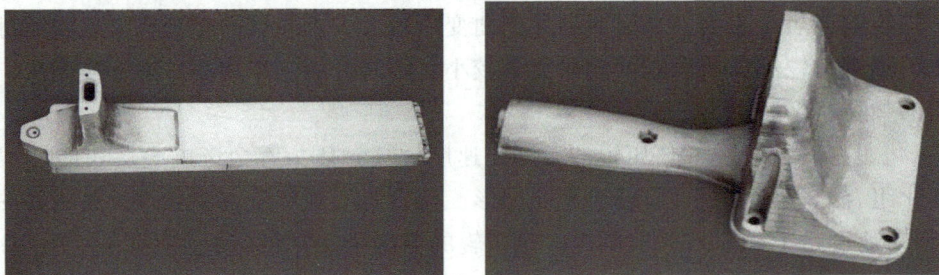

图 5-10　探测仪

二、原型件转制塑料件，通过软模试制少量新产品

在新产品试制过程中，利用叠层实体制造技术加工原型件，可用于试制少批量新产品。通过真空注塑机制造硅橡胶模具，其过程如下：LOM 原型经过表面处理，可作为硅橡胶模具的母模，在真空注塑机中制成硅橡胶软模。用硅橡胶软模，在真空注塑机中可以浇注出高分子材料制件，供新产品试制使用。轿车车灯罩的 LOM 原型件如图 5-11 所示。

三、原型件代替铸造用木模

在铸造行业中，传统制造木模的方法不仅周期长、精度低，而且对于一些复杂的铸件，如叶片、发动机缸体、缸盖等制造木模困难。铸造木模工需要经过多年培养。近年来一些大型铸造厂引进了数控机床，除了设备价格昂贵外，模具加工的周期也较长。用 LOM 制作的原型件，表面平整光滑、硬度高、防水耐潮、力学性能好，完全可以满足铸造中对木模的要求。图 5-12 所示为采用 LOM 工艺制造的某型汽车制动钳体。与传统的制模方法相比较，用 LOM 制模速度快，成本低，可完成复杂模具的整体制造。

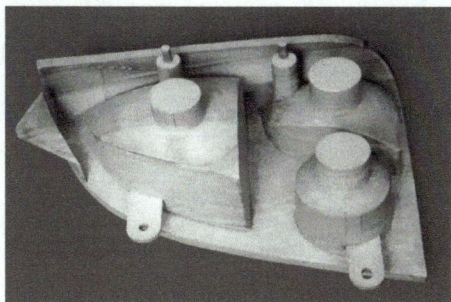

图 5-11 轿车车灯罩的 LOM 原型

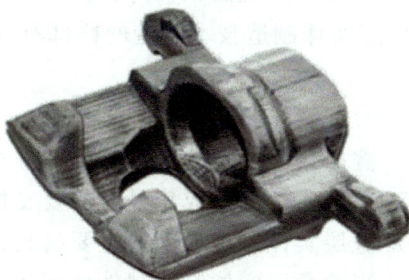

图 5-12 某型汽车制动钳体的 LOM 工艺制造

小　结

作为 3D 打印技术之一的 LOM 技术自 20 世纪 80 年代末出现以来，一直以成型速度快、生产率高、原料成本低、精度高等特点在各个领域中得到广泛应用。LOM 技术制造零件的过程是使单面涂有热熔胶的卷筒纸通过热压装置层层粘合，位于上方的激光器按照分层 CAD 模型的数据，将一层纸切割成零件的截面轮廓，然后新的一层纸叠加在上面，由激光束再次进行切割。切割时工作台连续下降，直至完成零件的制作。切割掉的纸仍然留在原处，起支撑和固定作用。

LOM 技术对材料的要求是能够承受一定的高温，与成型材料不浸润，具有水溶性或者酸溶性，具有较低的熔融温度，流动性要特别好。

LOM 成型中粘胶厚度的均匀性会影响制件的精度，可以采用以下方法使胶厚分布均匀，如将长热压辊分成几段，调节热压辊与胶纸的接触弧长以及选用流动活化能较小的粘胶。为了减小制件的热变形和湿变形，防止开裂，可采用新材料和使用新涂胶方法，优化组合工艺参数以及改进后处理方法。

素养提升

目前我国的高端 3D 打印技术，主要是应用在航空航天、工业机械以及航空发动机等领域关键部件的制造上。应用 3D 打印技术，几乎能制造出任何复杂结构的零件，且能实现减重，这是传统技术无法相提并论的。同时，我国是第一个掌握了大型构件激光立体成形技术的国家，复杂精密金属结构件的增材制造装备与应用已达到世界先进水平，并且第一个将其应用在了战斗机和民航客机上。

课后练习与思考

1. 下列选项中不是叠层实体制造技术优势的是（　　　）。

A. 制件表面有台阶纹　　　　　　B. 原型精度高

C. 不需后固化处理　　　　　　　D. 制件尺寸大

2. 判断以下说法正确与否。

叠层实体制造技术制造的样件有较高的硬度和较好的力学性能，可进行各种切削加工。

(　　)

3. 叠层实体制造的原理是什么？

4. 叠层实体制造的工艺流程是什么？

5. 叠层实体制造成型是否需要支撑？请说明原因。

6. 叠层实体制造成型的主要材料是什么？有什么要求？

7. 影响叠层实体制造制件精度的主要因素有哪些？解决措施是什么？

项目六

认知熔融沉积成型工艺

【项目导入】

熔融沉积成型（Fused Deposition Modeling，FDM）是继光固化成型（SLA）和叠层实体制造（LOM）后的另一种应用比较广泛的3D打印技术。1992年，Stratasys公司推出世界上第一款基于FDM技术的3D打印机——3D造型者（3D Modeler），标志着FDM技术步入商用阶段。2009年，各种基于FDM技术的3D打印公司开始大量出现，行业迎来快速发展期，相关设备的成本和售价也大幅降低。该技术专利到期之后，桌面级FDM打印机价格从超过1万美元下降至几百美元，销售数量也从几千台上升至几万台。

【学习导航】

1）掌握熔融沉积成型工艺的原理。
2）了解熔融沉积成型工艺的特点。
3）熟识熔融沉积成型工艺的流程。
4）了解熔融沉积成型工艺的适用材料。
5）熟识熔融沉积成型工艺的精度。
6）了解熔融沉积成型设备及软件的发展。
7）了解熔融沉积成型工艺的应用。

【项目实施】

8. 熔融沉积
成型技术

任务一 掌握熔融沉积成型工艺的原理

一、熔融沉积成型原理

熔融沉积又叫熔丝沉积，采用丝状材料作为加工材料，成型设备主要由送丝机构、喷头、工作台、运动机构以及控制系统组成。喷头装置在计算机的控制下，可根据制件截面轮廓的信息做 X、Y 方向的平面运动，而工作台做 Z 方向（垂直方向）的运动。丝状热塑性材料（如塑料丝、蜡丝、聚烯树脂丝、尼龙丝、聚酰胺丝）由送丝机构送至喷头，并在喷头中加热至熔融态，然后被选择性地涂覆在工作台上，快速冷却后形成制件截面轮廓。当一层成型后，工作台下降一个截面层的高度，喷头再进行下一层的涂覆，如此循环，最终成型为三维实体。图6-1所示为熔融沉积成型系统。

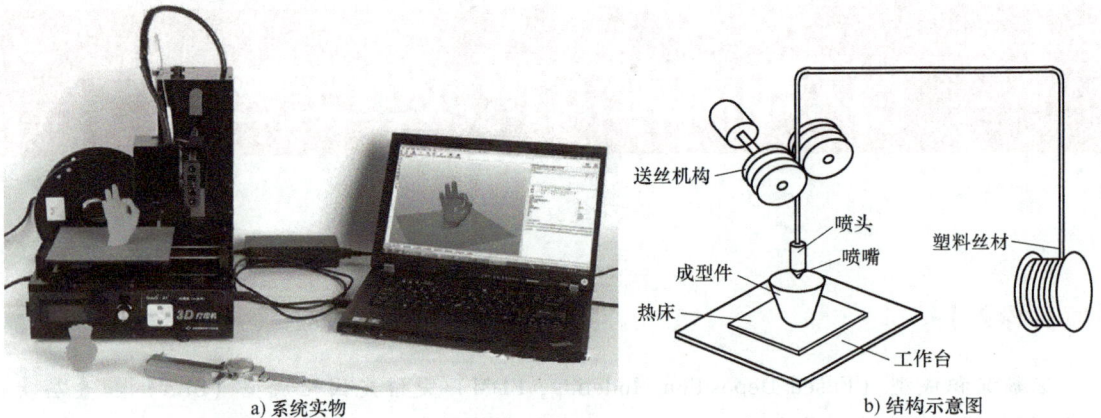

a) 系统实物   b) 结构示意图

图 6-1　熔融沉积成型系统

二、熔融沉积成型挤出过程

熔融沉积成型挤出过程如下：通过控制 FDM 喷头加热器，直接将丝状的热熔性材料加热熔化，如图6-2所示，FDM 的加料系统采用一对夹持轮将直径约为 1.75mm 的料丝插入加热腔入口，控制信号使电动机带动驱动轮，送丝机构工作，依靠两个驱动轮旋转时产生的摩擦力将料丝送往喷头内，在温度达到料丝的软化点之前，料丝与加热腔之间有一段间隙不变的区域，称为加料段。在加料段中，刚插入的料丝和已熔融的物料共存。尽管料丝已开始被加热，但仍能保持固体特性，已熔融的物料则呈流体特性。由于间隙较小，已熔融的物料只有薄薄的一层，包裹在料丝外。此处的熔融的物料不断受到机筒的加热，能够及时将热量传递给料丝，熔融物料的温度可视为不随时间变化；又因为熔体层厚度较薄，因此，熔体内各点的温度基本相等。随着料丝表面温度升高，料丝直径逐渐变细，直到完全熔融而形成的区域，称为熔化段。在物料被挤出口模之前，有一段完全由熔融物料充满的区域，称为熔融段。在这个过程中，料丝本身既是原料，又起到活塞的作用，从而把熔融态的材料从喷嘴中挤出。

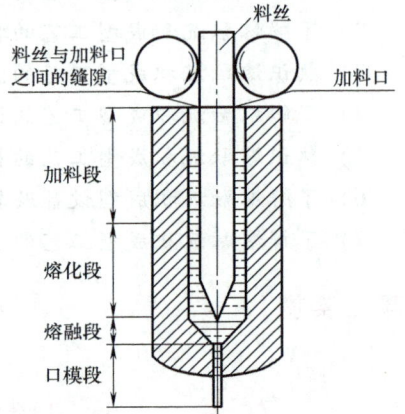

图 6-2　熔融沉积成型挤出过程示意图

三、熔融沉积成型出丝系统

出丝系统是整个 FDM 成型设备的关键部件，其机械结构设计得是否合理，将直接关系到成型过程是否能够正常进行，并对制件表面质量有较大影响。目前常见的挤出方式一般分为两种：柱塞式挤出方式和螺杆式挤出方式。

1. 柱塞式挤出方式

柱塞式挤出方式即通过两个摩擦轮将料丝夹紧，然后依靠摩擦轮运动将料丝送入加热器内，使固态料丝加热到熔融态，再靠料丝的活塞推进作用将熔融态料丝由喷嘴挤出，完成料丝的堆积成型，如图 6-3 所示。

2. 螺杆式挤出方式

螺杆式挤出方式是通过一个驱动螺杆协同同步带传动与送丝机构，将料丝送入成型头内，再通过加热棒将料丝加热到熔融态，并在螺杆的运动下将熔融态料丝从喷嘴中挤出，最后完成料丝的堆积成型，如图 6-4 所示。

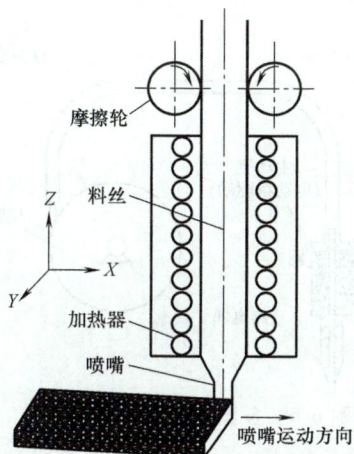

图 6-3　柱塞式挤出方式工作原理图

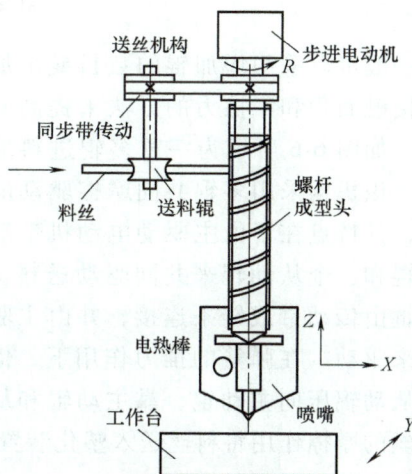

图 6-4　螺杆式挤出方式工作原理图

柱塞式挤出方式结构简单，易于实现，在目前 FDM 成型设备中应用较为广泛。相比之下，螺杆式挤出方式结构复杂，对机械加工精度要求也较高，但是因其出丝过程是依靠螺杆作用将熔融态料丝挤出的，可在一定程度上保证出丝系统的挤出压力，从而保证出丝的稳定性，这也是该挤出方式的一大优势。另外，螺杆式挤出方式送料时需对料丝进行弯折，即对料丝的韧性要求较高，但是目前 FDM 成型设备常用的一些料丝不能达到该使用要求。

3. 料丝的送丝方式

当原料为料丝时，送丝机构的基本方式是利用由两个或多个电动机驱动的摩擦轮或传动带提供驱动力，将料丝送入塑化装置熔化。图 6-5 所示为两种送丝机构，图 6-5a 所示机构为美国 Stratasys 公司开发，该送丝机构结构简单，料丝在两个驱动轮的摩擦推动作用下向前运动，其中一个驱动轮由电动机驱动。由于两个驱动轮间距一定，这就对料丝的直径非常敏感，若料丝直径大，则夹紧驱动力就大；反之，驱动力就小，并可能导致不能进料的现象。图 6-5b 所示机构为清华大学开发的弹簧挤压摩擦轮送丝机构。该机构采用可调直流电动机来带动摩擦轮，并通过压力弹簧将料丝压紧在两个摩擦轮之间，两个摩擦轮是活动结构，其间距可调，压紧力可通过螺母调节，这就解决了图 6-5a 所示送丝机构的缺点。该送丝机构的优点是结构简单、轻巧，可实现连续稳定地进料，可靠性高。进料速度由电动机控制，并利用电动机的起停来实现进料的起停。但由于两个摩擦轮与料丝之间的接触面积有限，使其产生的摩擦驱动力有限，从而使得进料速度不快。

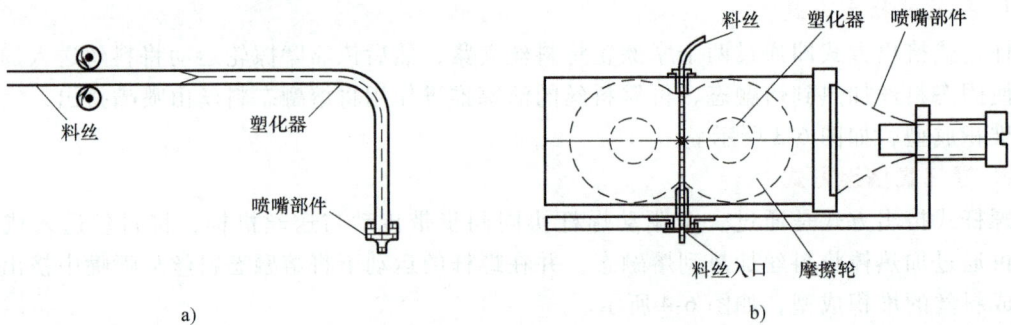

图 6-5　送丝机构示意图

一般可以采用增加辊的数目或增加与料丝的接触面积和摩擦力的方法来提高摩擦驱动力，如图 6-6 所示为一款多辊进料的送丝机构。该机构采用多辊共同摩擦驱动的进料方式，其特点在于由主驱动电动机带动三个主动辊和三个从动辊来共同驱动送料。三个主动辊由传动带或链条连接，并由主驱动电动机来驱动。在弹簧的推力作用下，依靠压板将从动辊压向主动辊，靠主动辊和从动辊与料丝的摩擦作用将料丝送入塑化装置。

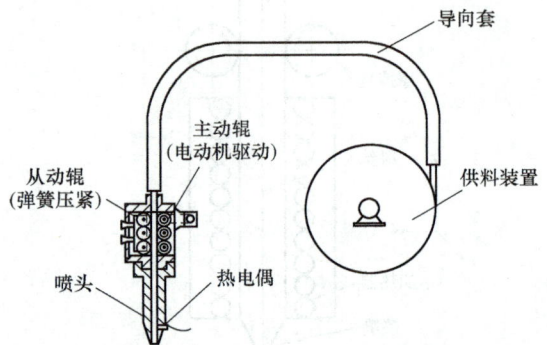

图 6-6　多辊进料送丝机构

任务二　了解熔融沉积成型工艺的特点

一、优点

1）成本低。FDM 技术不需激光系统，因而价格低廉。现在市场上的桌面级 3D 打印机大多采用 FDM 技术，最便宜的已经降至 1 千元以下。

2）原材料的利用率高。没有废弃的成型材料，支撑材料可以回收。

3）设备、材料体积较小，原材料以材料卷的形式提供，易于搬运和快速更换。

4）成型材料范围较广。如各种色彩的工程塑料 ABS、PC（聚碳酸酯）、工业级的石蜡、金属、低熔点合金丝等热塑性材料均可作为 FDM 技术的成型材料。

5）原材料在成型过程中无化学变化，制件的翘曲变形小。

6）环境污染较小。在整个打印过程中不涉及高温、高压，没有有毒物质排放，操作环境干净、安全，可在办公室环境下进行操作。

二、缺点

1）精度低。温度对于 FDM 成型效果影响非常大，而桌面级 FDM 3D 打印机通常都缺乏恒温设备，另外，出料部分缺少控制部件，致使难以精确地控制出料形态和成型效果。这些原因导致 FDM 的桌面级 3D 打印机的成品精度通常为 0.1~0.3mm。制件的边缘容易出现由于分层沉积而产生的台阶效应，导致很难达到所见即所得的 3D 打印效果，如图 6-7 所示。

图 6-7　熔融沉积成型的台阶效应

2）强度低。受工艺和材料限制，成型制件的强度低，尤其是沿 Z 轴方向的材料强度比较低，达不到工业标准。

3）打印时间长。需按横截面形状逐步打印，成型过程中受到一定的限制，制作时间长，不适于制造大型制件。喷嘴直径不可无限小，一般为 0.4mm 左右。

4）需要支撑材料。在成型过程中需要加入支撑材料，在打印完成后要进行剥离。随着技术的进步，市面上已经有水溶性支撑材料，该缺点正在被逐步克服。

任务三　熟识熔融沉积成型工艺的流程

熔融沉积成型的工艺流程如图 6-8 所示，包括 CAD 模型构建、模型分层处理、分层叠加成型和后处理环节。

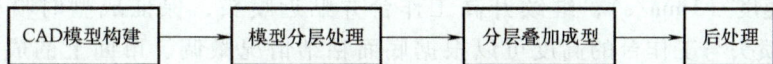

CAD模型构建 → 模型分层处理 → 分层叠加成型 → 后处理

图 6-8　熔融沉积成型工艺流程图

一、CAD 模型构建

STL 文件是 3D 打印机通用数据格式，大部分 CAD 建模系统都支持该格式，如专业级建模软件 NX、Creo、AutoCAD、SolidWorks 等；也有面向普通用户的建模软件，可以通过简单的操作编辑 3D 模型，如 Autodesk123D、3D One 等。在 CAD 系统或反求系统中获得零件的三维模型后，就可以将其以 STL 格式输出，供 3D 打印成型系统使用。

二、模型分层处理

完成 STL 文件格式的检查和修复后，选择成型的方向就可以方便、准确地制造模型。利用分层程序选择参数并将模型分层，得到每一薄层的平面信息及其有关的三角形面片数据。分层后的层片包括三个部分，分别为原型的轮廓部分、内部填充部分和支撑部分。目前使用比较多的切片软件主要有 Slic3r 和 Cura 两种，也有公司针对自己机器的特点开发了专用的切片软件。在切片软件中需要设置层厚、壁厚、填充密度、打印速度、打印温度、底座支撑方式和模型内部支撑方式等信息。

在 FDM 成型中，每一个层片都是在上一层上堆积而成的，上一层对当前层起到定位和支撑的作用。随着高度的增加，层片轮廓的面积和形状都会发生变化，当形状发生较大的变化时，上一层轮廓就不能给当前层提供充分的定位和支撑作用，这就需要设计一些辅助结构来支撑，以保证成型过程的顺利实现，如图 6-9 所示。

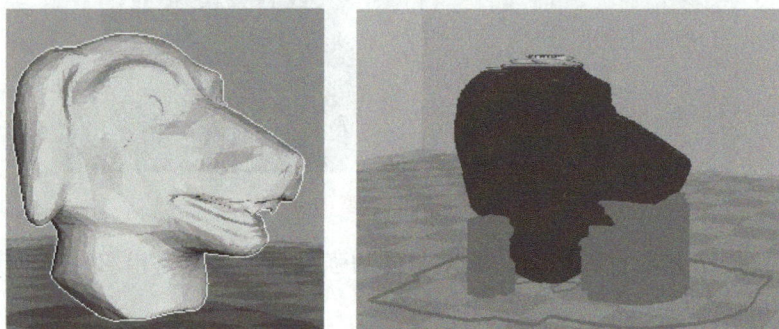

图 6-9　熔融沉积成型的支撑形式

FDM 支撑材料强度不能太高，且应易与本体成型材料分离，具有成型后易于去除的特点。FDM 支撑材料有水溶性和剥离性两种类型。水溶性支撑材料可以通过碱性溶液水洗去除，存放时应注意防潮。剥离性支撑材料可以直接剥离去除。水溶性支撑材料因为可以不用考虑机械式的移除，所以可以接近细小的特征，因而应用更广泛。

三、分层叠加成型

成型机按照控制系统指令，首先升高工作台并靠近喷头，到较近距离（10mm）时，改用较小的升降速度（1mm/s），继续升高工作台并贴近喷头，保证成型时喷头距离工作台0.1~0.3mm，喷头与工作台的高度可以根据底面粘结情况微调。市面上的成型机一般具有自动调平的功能，若成型机无此功能，一般在正式打印前需要进行调平工作。

四、后处理

FDM 加工过程结束后，从工作台上取出模型，然后进行检验及后续处理。熔融沉积成型的后处理主要包括去除支撑、打磨、抛光、喷涂上色等过程。

去除支撑结构是 FDM 技术必要的后处理工艺，复杂模型一般采用双喷头打印，其中一个喷头挤出的材料就是支撑材料。FDM 的支撑材料有较好的水溶性，也可在超声波清洗机中用碱性温水（NaOH 溶液）浸泡后将其溶解剥落。

打磨的目的是去除制件的台阶效应、各种毛刺、加工纹路，目的是达到制件表面和装配尺寸的精度要求，常使用的工具是锉刀和砂纸，一般手工完成。普通制件一般用 800 目水砂纸打磨两次以上即可。使用的砂纸目数越高，表面打磨越细腻。但由于成型材料 ABS 较硬，会花费较长时间。某些情况下需要使用打磨机、砂轮机、喷砂机等设备打磨，也可采用天那水（香蕉水）浸泡涂刷使成型表面溶解平滑的方法，但需控制好浸泡时间和涂刷量，一般浸泡时间为 2~5s，或用毛笔刷蘸天那水多次涂刷。

抛光的目的是在打磨工序后进一步使制件表面更加光亮、平整，产生近似于镜面的效果。目前常用的抛光方法有：机械抛光、化学抛光、电解抛光、流体抛光、超声波抛光、磁研磨抛光。熔融沉积成型中常用的方法是机械抛光，常用工具是砂纸、纱绸布、打磨膏，也可使用抛光机配合帆布轮、羊绒轮等设备进行抛光。

喷涂上色是指将涂料涂覆于原型表面，形成具有防护、装饰或特定功能涂层的过程，是产品制造工艺中的一个重要环节。产品外观质量不仅反映了产品的防护、装饰性能，而且也是体现产品价值的主要因素。

任务四　了解熔融沉积成型工艺的适用材料

一、熔融沉积成型工艺对材料的要求

熔融沉积成型工艺成型材料的相关特性也是该工艺应用过程中的关键。对支撑材料的要求是能够承受一定的高温，与成型材料不浸润，具有水溶性或者酸溶性，具有较低的熔融温度，流动性要特别好等，具体要求如下：

1）能承受一定的高温。由于支撑材料要与成型材料在支撑面上接触，所以支撑材料必须能够承受成型材料的高温，在该温度下不产生分解与熔化。由 FDM 工艺挤出的丝比较细，在空气中能够比较快速地冷却，所以支撑材料能承受 100℃ 的温度即可。

2）与成型材料不浸润，便于后处理。支撑是加工中的辅助结构，在加工完毕后必须去除，所以支撑材料与成型材料的亲和性不应太好。

3）具有水溶性或者酸溶性。由于 FDM 工艺的一大优点是可以成型任意复杂程度的制件，经常用于成型具有很复杂的内腔、孔等结构的制件，为了便于后处理，最好是支撑材料能在某种液体里溶解。这种液体不能产生污染或有难闻气味。由于现在 FDM 工艺使用的成型材料一般是 ABS 工程塑料，该材料一般可以溶解在有机溶剂中，所以不能使用有机溶剂溶解支撑材料。目前已开发出水溶性支撑材料。

4）具有较低的熔融温度。较低的熔融温度可以使材料在较低的温度下挤出，延长喷头的使用寿命。

5）流动性要好。由于支撑材料的成型精度要求不高，为了提高机器的扫描速度，要求支撑材料具有很好的流动性，相对而言，黏性可以差一些。

在进行模型的成型材料选择时，需要考虑以下几点因素：

1）黏度小。黏度小、流动性好，阻力就小，有助于材料顺利挤出，不容易堵塞喷头。

2）熔点低。熔点低，打印功耗小，有利于延长机器的使用寿命。

3）黏结性高。黏结性决定了实体各层之间的黏结强度，黏结性过低，在成型过程中因热应力可能会造成层与层之间的开裂。

4）收缩率小。从喷头挤出的料丝会膨胀，收缩率越小，打印出来的制件精度越有保证。如果材料收缩率对压力比较敏感，会造成喷头挤出的料丝直径与喷嘴的名义直径相差太大，影响制件的成型精度。

二、熔融沉积成型材料

目前市场上主要的 FDM 材料包括 ABS、PLA、PC、PP、合成橡胶等。

1）ABS 材料。ABS（Acrylonitrile Butadiene Styrene）是丙烯腈-丁二烯-苯乙烯的三元共聚物，A 代表丙烯腈，B 代表丁二烯，S 代表苯乙烯。ABS 塑料具有优良的综合性能，其强度、柔韧性、可加工性能都很优异，并具有更好的耐温性，是 FDM 成型工程机械零部件的优选塑料。

2）PLA 材料。PLA（聚乳酸）是一种新型的生物降解材料，使用可再生的植物资源（玉米）所提取出的淀粉原料制备而成。除了具有良好的生物降解能力外，其光泽度、透明性、手感和耐热性也很不错，目前主要用于服装、工业和医疗等领域，如图 6-10 所示。

3）PC 材料。PC（聚碳酸酯）是一种 20 世纪 50 年代末期发展起来的无色高透明度的热塑性工程塑料，具有耐冲击、韧性高、耐热性好且透光性好的特点，悬挂的 PC 材料板甚至可以抵挡一定距离的子弹冲击。PC 材料的

图 6-10　PLA 材料

热变形温度为 138℃，颜色比较单一，只有白色，但其强度比 ABS 材料高 60% 左右。

4）PP 材料。PP（聚丙烯）是由丙烯聚合而制得的一种热塑性树脂，其无毒、无味，强度、刚度、硬度、耐热性均优于低压聚乙烯，可在 100℃ 左右的环境中使用，具有良好的介电性能和高频绝缘性且不受湿度影响。其缺点是不耐磨、易老化。PP 适于制作一般机械零件、耐腐蚀零件和绝缘零件。常见的酸、碱等有机溶剂对它几乎不起作用，可用于餐具。

5）合成橡胶材料。将用化学方法人工合成的橡胶统一称为合成橡胶，它能够有效弥补天然橡胶产量不足的问题。合成橡胶一般在性能上不如天然橡胶全面，但它具有高弹性、绝缘性、气密性、耐高温等优势，因而广泛应用于工业、农业、国防、交通及日常生活中。

任务五　熟识熔融沉积成型工艺的精度

一、材料特性对精度的影响

材料性能的变化直接影响成型过程及成型精度。在熔融沉积成型过程中，材料状态发生变化，即材料由喷嘴处的熔融状态挤出至成型平台上逐渐冷却至固态，这个变化过程中材料的物理性能会发生变化，如密度增大，相应的体积会减小，这是材料的特性无法克服的，一旦材料确定则变化规律也确定。成型过程中还受到工艺参数的影响，要合理设置各个工艺参数，尽量避免材料收缩引起的误差被放大。

表 6-1 中列出了 FDM 工艺中常用的几种加工材料的特性。这几种材料基本都存在收缩变形现象，只是大小不同，故要完全消除材料特性产生的误差非常困难。在设计模型时，要

合理选择材料与成型温度，防止产生不必要的误差。

表 6-1　FDM 工艺常用材料的特性

名称	打印温度/℃	耐热温度/℃	收缩率	材料性能
PLA	190~210	70~90	0.3%左右	可降解,强度较好,耐热性一般
ABS	200~240	70~110	0.4%~0.7%	强度、硬度、韧性、耐热性都较好
蜡	120~150	130左右	0.3%左右	成型后有较好的质感,表面精度较好,耐热性较差
PC	230~320	70左右	0.5%~0.8%	具有很高的强度和抗冲击能力,耐高温,材料稳定性差

二、层厚与喷头内径

层厚的几何意义是指在对 STL 模型文件进行切片时相邻层的间距，其工艺意义是指打印机喷头走完每一层的厚度。FDM 打印方式会导致层与层间有明显不连续现象，即台阶效应。层厚值越小，台阶效应越小，打印时间越长，但是可获得相对好的表面精度。打印时间短，台阶效应明显，表面精度低，表面会有明显的粗糙感。

层厚参数取决于喷头内径的大小，喷头内径大小会直接影响喷头出丝的粗细。成型工艺过程中，为了保证层与层之间能够形成一定的挤压，使得两层之间粘合形成牢固的一体式结构，就要在设置工艺参数时要求层厚参数小于喷头内径值。例如，喷头内径为 0.4mm，则层厚值被限制为小于 0.4mm。一般普通精度选择 0.2mm，较高精度选择 0.1mm。

三、挤出速度和打印速度的关系

挤出速度是指在挤出步进电动机的控制下，通过一对挤出轮从喷头输出料丝的速度。打印速度是指打印喷头在运动机构的带动下，按照规划好的轮廓轨迹和内部填充路径成型整个层面的速度。在确保成型过程中运动平稳的条件下，打印速度越快越好。送样就能缩短模型的成型时间，提高打印效率。但是，为了确保挤出的料丝均匀一致、不间断、不堆积，那么就需要使挤出速度和打印速度相互协调，保证挤出料丝的体积等于模型设计体积（还需要考虑成型材料的收缩率问题）。如果挤出速度和打印速度合成完之后，导致出丝体积小于成型所需材料体积，那么就会产生断丝或者欠填充的问题，最终可能会无法成型；反之，如果挤出速度和打印速度合成完后，导致出丝体积大于成型所需材料体积，那么在成型过程中挤出的多余材料就会集聚在打印喷头上，由于喷头的高温，这些熔融的材料会对已成型表面造成严重影响，使得已成型表面凹凸不平，甚至会将边缘结构粘结撕裂。

图 6-11a 所示为 FDM 工艺在成型时，喷头处的局部示意图。如图 6-11b 所示，单位时间内挤出速度应该与打印速度成正比，打印速度上升时，挤出材料量也随之增多，在图中体现为挤出材料的体积增大，使挤出速度始终和打印速度保持恒定的关系，同时还能提升打印效率。但是，当挤出速度很快并且没有和打印速度形成正确且恒定的关系时，就会产生如图 6-11c 所示的问题，即挤出的材料向喷头上方运动并且附着于喷头外侧壁上，无法继续成型加工。

对于 FDM 工艺而言，在机械结构和软件性能允许的条件下，打印速度可为 0~200mm/s，但是对于主流的 FDM 成型设备而言，实际的打印速度参数不可能随意地在这个范围内取值，因为打印速度太低，成型的效率会降低，并且高温的喷头在低速下会使得小面积的加工区域过热变软，使得成型表面的形状精度不高，严重时会造成局部瘤，而打印速度太快时，整个

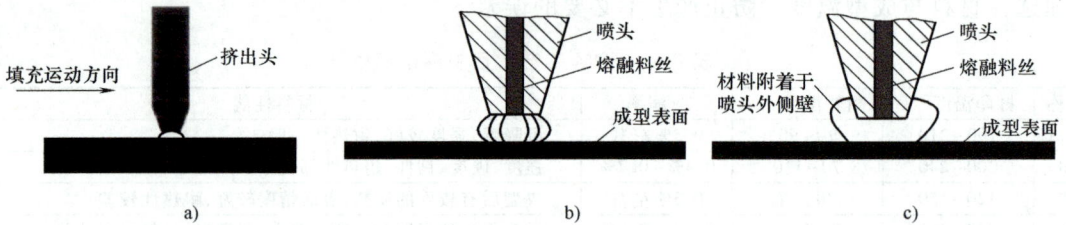

图 6-11　挤出速度和打印速度的关系

成型运动部件可能会产生振动，造成成型精度降低。若是打印速度远远大于挤出速度，挤出来的材料会被过分拉伸成很细的丝线，无法保证制件的质量，甚至是直接被拉扯断，无法继续加工。

因此，单位时间内挤出材料的体积与挤出速度成正比，当打印速度一定时，随着挤出速度增大，挤出材料的截面宽度逐渐增加，当挤出速度增大到一定值，挤出的材料黏附于喷头外侧壁，就不能正常继续加工。若打印速度比挤出速度快，则材料填充不足，就会出现断丝现象，难以成型。挤出速度应与打印速度在一个合理的范围内相匹配，即满足

$$\frac{v_{\mathrm{j}}}{v_{\mathrm{t}}} \in [a_1, a_2]$$

式中　a_1——出现断丝现象的临界值；

　　　a_2——出现黏附现象的临界值；

　　　v_{j}——挤出速度；

　　　v_{t}——打印速度。

四、喷头温度和热床温度

在 FDM 工艺中，喷头温度是对零件成型效果有重要影响的工艺参数。喷头温度要保持在一个恒定且合适的范围内，确保挤出的料丝呈塑性流体状态，即保持材料的黏性系数在一个合理的范围内。喷头温度设置过高时，会使得挤出材料的黏性系数变低，液态属性增强，喷头处会产生"漏丝"现象，同时材料内部分子会出现破裂，使得成型后表面精度降低，粘结的强度也会相应降低；喷头温度过低时，挤出材料呈现固态特性，黏性系数变大，使得挤出阻力变大，挤出速度不变的情况下，出丝会变少，同时喷头工作在过大的挤出力下，会缩短其使用寿命。

热床在 FDM 工艺中起到固定底层的作用，其温度的高低会影响制件热应力。热床温度太低时，冷却太快，热应力较大，制件底部容易发生翘曲变形，制件和底面粘接不牢固，容易发生制件和热床脱离的现象，另外制件内部层与层之间的强度也不够；热床温度太高时，成型过程中制件热应力较小，但是制件会处于过"软"的状态，在喷头的挤压作用下会变形甚至塌陷。为了使制件能够正常成型且达到精度要求，热床温度要设置在合理范围内，热床温度稍高于料丝的玻璃化转变温度，同时远离料丝的熔点温度即可，一般 PLA 材料玻璃化转变温度为 60~65℃，那么热床温度设置为稍大于 65℃ 即为合理。

五、打印速度对精度的影响

打印速度不仅在机械结构和运动稳定性上影响制件的精度，而且由于打印速度和材料的

挤出速度有一定的映射关系，因此，还会影响材料离开挤出喷头时的初速度。打印速度不同，材料被挤出后，从熔融状态变为固态的过程中，冷却时间也不尽相同，从而导致挤出材料在每一条出丝直线上的收缩条件都不一样，造成一定的误差。可见，在其他工艺参数都不变的条件下，打印速度不同，挤出材料的固化时间也不相同，最终导致材料的收缩变形量不同而产生变形。当打印速度较快时，材料的固化时间变短，收缩变形的幅度较小；当打印速度较慢时，材料的固化时间变长，收缩变形幅度较大。

六、打印温度对精度的影响

打印温度主要指喷头的设置温度。由于 FDM 工艺用的成型材料大多为高分子聚合物，其物理特性实际上与混合物相类似，材料的熔点不是一个确定温度而是一个温度范围。如 PLA 材料的熔点在 155~185℃ 范围内，若温度参数设置过低，则 PLA 材料非完全熔化，仍有少量玻璃态材料存在，在挤出时会影响打印精度和喷头寿命；若温度设置过高，材料呈现液态属性，同时材料中有部分聚合物由于温度高于熔点很多而出现过烧现象，也会对成型精度造成影响，且不同分子量的聚合物在冷却为固态时的热应力也有所差异，故会产生一定的热变形。

任务六　了解熔融沉积成型设备及软件的发展

一、FDM 设备发展概况

作为当前研发 FDM 设备最主要的公司之一，美国 Stratasys 公司自 1990 年成立以来先后推出了多种不同类型的 FDM 设备。该公司于 1993 年推出第一台 FDM 成型设备 FDM-1650 型后，又推出了 FDM-2000、FDM-3000 和 FDM-8000 等成型设备。1998 年，该公司推出了采用挤出喷头磁浮定位方式的 FDM-Quanhun 型成型设备，该设备能同时控制两个挤出喷头，使 FDM 成型设备的发展达到了一个新的高度。1999 年，该公司又推出可使用聚酯热塑性塑料的 GenisysX 型成型设备。该公司推出的 FDM 成型设备的型号较多，包括 Dimension、FDM Prodigy Plus、FDM Vantage、FDM Titan 和 FDM Maxum 等。Stratasys 公司更是在 2002 年的 3D 打印设备销售总数上超过了美国 3D Systems 公司，从此成为全球最大的 3D 打印设备公司。目前，Stratasys 公司在全球市场上的占有率已达到了 50% 左右。

我国 FDM 技术的发展相对较晚，起初在 1992 年前后由几所高校开始展开了相关研发，包括清华大学、华中科技大学和西安交通大学等。北京殷华激光快速成型与模具技术有限公司以清华大学为依托，在 2000 年左右推出了采用螺杆式挤出喷头的 MEM-25 型 FDM 成型设备，又在此基础上推出了 MEM-200 型小型设备、MEM-350 型工业设备及基于光固化成型工艺的 AURO-350 型设备，其中最大成型设备的成型尺寸达到了 400mm×400mm×450mm，成型精度也达到了 ±0.2mm，在当时国内的 FDM 成型设备中处于领先水平。华中科技大学与四川大学共同研发了以粒料、粉料为原料的螺杆式挤出双喷头 FDM 成型设备。上海富力奇机电科技有限公司也推出了采用螺杆式挤出方式的单喷头 FDM 成型设备和其增强型设备，这两种 FDM 成型设备不仅外形尺寸小、整机重量轻，而且设备与耗材的价格都相当便宜，因而得到了非常好的市场反响。北京太尔时代科技有限公司成功研发了工业级 3D 打印机和

UP 系列的桌面级 3D 打印机，均采用 FDM 技术。

FDM 打印技术经历了多年的发展，技术逐渐成熟，打印设备不断完善。目前，有关打印设备的研究主要集中在降低设备成本，提高打印精度和效率方面。采用 FDM 技术的 3D 打印设备价格由几千元到几十万元不等，价格与打印精度和效率成正比，只有在保证精度和效率的情况下降低成本，才能被更多人接受。FDM 打印技术的主要发展趋势将体现在便捷化、通用化、集成化与智能化发展等方面。

1）直接面向产品的便捷化制造：提升打印的效率和精度，制订连续、大件、多材料的工艺方法，提升产品的质量与性能。

2）通用化：减小机器体型，降低成本，操作简单化，使之更适应设计与制造一体化和家庭应用的需求。

3）集成化与智能化发展：使 CAD/RP 等相关软件一体化，工件设计与制造无缝对接，设计人员通过网络控制远程制造。

二、3D 打印软件研究现状

软件系统是 3D 打印系统的重要组成部分，作为将 CAD 模型转化为成型加工代码的 3D 打印数据处理软件是软件系统的核心。目前，全世界研究和专业生产 3D 打印系统软件的厂商有好几千家，其中绝大多数为欧美和日本企业。国外 3D 打印厂商一般都有自主研发的 3D 打印软件系统，如 Stratasys 公司的 ACES、Quick Cast、Quick Slice，Helisys 公司的 LOM Slice，DMT 公司的 Rapid Tool，Cubital 公司的 Solider DFE，Sanders prototype 公司的 Protobulid。

国外厂商都是基于自家 3D 打印设备开发的 3D 打印系统软件，这类软件的基本原理都是根据模型分层切片分离再逐层添加材料。但是，由于各个厂商使用的原始模型数据不同，软件开发者对数据格式的处理方式不同，甚至对软件进行加密处理，导致同种工艺生成的加工程序无法通用，对于不同成型工艺更是千差万别。由于这些软件系统具有高度的封闭性，与其相配套的数控设备可相互调用，但对于不同的成型控制系统而言，无法实现格式标准的统一。

基于上述原因，有很多第三方机构开始开发一些通用的 CAD 软件与 3D 打印成型系统之间的接口软件，通过制定标准将系统之间的传输文件格式进行统一。例如，输入通用格式为 STL、IGES 等的输出数据文件一般为 CLI。国外无论是 RP 还是 3D 打印软件设计与开发技术都比较成熟，人机界面设计也比较完善。缺点是各个软件都只是针对某一种工艺，不同成型方式和不同设备之间软件一般不通用，缺乏通用的操作性。

我国自主研发 3D 打印的几所高校和企业都在研究 3D 成型设备的基础上开发了相应的软件系统。但是这些软件除了内核上的差异，还存在可视化与人机交互上的差异，并且这些专业定制的软件只针对企业自家产品，并不具备通用性。

目前，在桌面级 3D 打印机中应用最广的分层切片内核，都是由国外团体或公司开发的，主要有以下几种：

Slic3r：采用 C++语言开发，特点是可调参数多，如填充图案，支持可变层高设定，切片速度较快，容错性较高，但是打印质量较差。知名的 MakerBot 公司的 MakerWare 用的就是该内核，Repeiter-Host 默认也是该内核。

Skeinforge：采用 Python 语言开发，优点是对切片不同的拓扑结构判断及处理最佳，打印质量较好。缺点是填充样式单一，仅有线性填充，切片速度慢，容错性较差，零件中的破面或洞结构有可能造成切片失败。我国杭州先临三维科技股份有限公司的 Einstart 即采用该内核开发。

Cura：采用 C++语言开发，特点是开源，可应用于多种 3D 打印机，对计算机配置要求低，切片速度快。Ultimaker 公司的 3D 打印机使用的就是自家的 Cura 内核。

其他还有 KISSlicer、XBuider 等切片内核，以及爱好者自己开发的内核等。

任务七　了解熔融沉积成型工艺的应用

熔融沉积成型工艺应用领域包括概念建模、功能性原型制作、制造加工、最终产品制造、修整等方面，涉及汽车、医疗、建筑、娱乐、电子、教育等多个行业。

一、概念建模

传统建筑建模的做法是使用木材或者泡沫制作模型，而 3D 打印能够有效降低设计成本和开发时间，建筑师可以通过 3D 打印的建筑模型对设计进行改良，大大提高了设计的效率和合理性，如图 6-12 所示。

图 6-12　FDM 概念建模

二、人体工程学设计

3D 打印的模型在开发期间就可以对其进行基于人体工程学的性能测试，在测试期间可以对模型进行不断修改，从而实现在产品全面投入市场前进行基于人体工程学的优化，如图 6-13 所示。

三、市场营销和设计

利用 FDM 技术制作的模型可以进行打磨、上漆等处理，从而达到与最终产品外观一致。FDM 使用生产级的热塑性塑料（如 ABS），可以获得与最终产品一样的耐用性和使用感受。

四、功能性原型制作

利用 FDM 技术获得的原型具有耐高温、耐腐蚀等性能，在产品设计初期就能够通过原型进行各种性能测试，以改进产品设计参数，如图 6-14 所示。

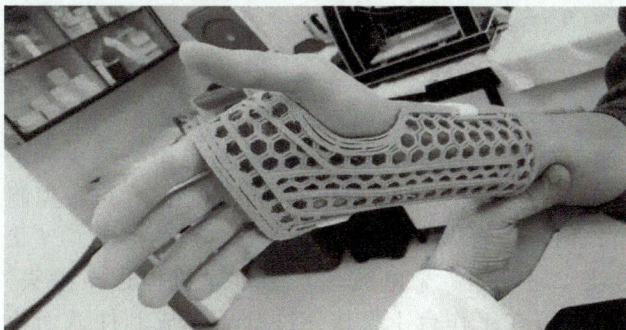

图 6-13　基于人体工程学设计的医疗康复辅具

图 6-14　利用 FDM 技术制作的功能性原型零件

五、制造加工

由于 FDM 技术可以采用高性能的生产级材料，不仅可以制造标准工具，还可进行小批量生产，小批量生产中可以使用与最终产品相同的流程和材料，如图 6-15 所示。

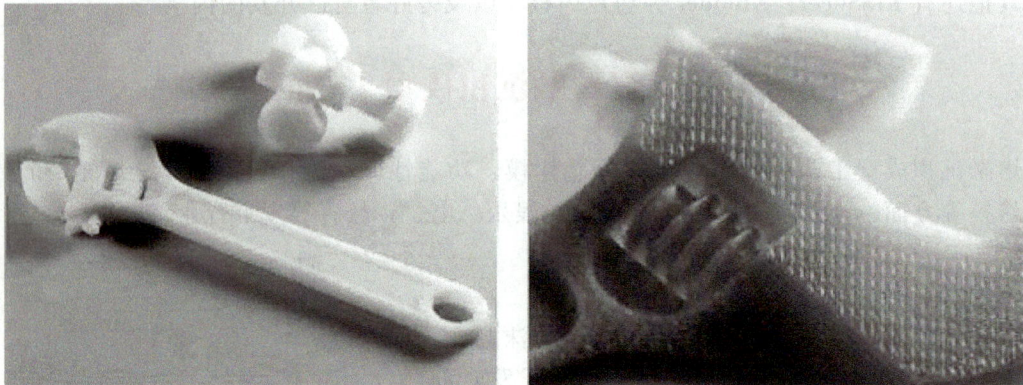

图 6-15　利用 FDM 技术制作的标准工具

六、最终产品

FDM 技术可以制造能够直接使用的产品，如图 6-16、图 6-17 所示，其精度可以媲美注射成型。不过因为受材料和工艺限制，打印产品的强度低，主要用于民用消费市场，在工业市场上的应用还不广泛。

图 6-16　利用 FDM 技术制作的镜架

图 6-17　利用 FDM 技术制作的游戏手柄外壳

小　　结

熔融沉积（FDM）采用丝状材料作为加工材料，成型设备主要由送丝机构、喷头、工作台、运动机构以及控制系统组成。其工艺原理为：喷头装置在计算机的控制下，可根据制件截面轮廓的信息做 X、Y 方向的平面运动，而工作台做 Z 方向（垂直方向）的运动。丝状热塑性材料（如塑料丝、蜡丝、聚烯树脂丝、尼龙丝、聚酰胺丝）由供丝机构送至喷头，并在喷头中加热至熔融态，然后被选择性地涂覆在工作台上，快速冷却后形成制件截面轮廓。当一层成型后，工作台下降一个截面层的高度，喷头再进行下一层的涂覆，如此循环，最终成型为三维实体。

熔融挤出过程主要包括加料段、熔化段、熔融段和口模段四个部分，常见的挤出方式一般分为两种：柱塞式挤出方式和螺杆式挤出方式。熔融沉积成型的工艺流程包括 CAD 模型构建、模型分层处理、分层叠加成型和后处理等环节。

FDM 工艺对材料的要求主要是黏度小、熔点低、黏结性高、收缩率小。目前市场上主要的 FDM 材料包括 ABS、PLA、PC、PP、合成橡胶等。其中 PLA 材料具有环保性，被广泛使用。

材料性能的变化会直接影响成型精度，成型过程中要合理设置各个工艺参数，尽量避免材料收缩引起的误差被放大；层厚与喷头内径直接影响喷头出丝的粗细，在设置工艺参数时要求层厚参数小于喷头内径值；为了确保挤出的料丝均匀一致、不间断、不堆积，需要使挤出速度和打印速度相互协调，保证挤出料丝的体积等于模型设计体积；喷头温度要保持在一个恒定且合适的范围内，确保挤出的料丝呈塑性流体状态；热床温度要设置在合理范围内，一般 PLA 材料玻璃化转变温度为 $60 \sim 65 \, ^\circ\!C$，那么热床温度设置为稍大于 $65 \, ^\circ\!C$ 即为合理。

熔融沉积成型工艺应用领域包括概念建模、功能性原型制作、制造加工、最终产品制造、修整等方面，涉及汽车、医疗、建筑、娱乐、电子、教育等多个行业。

素养提升

文创作品是熔融沉积成型工艺的重要应用之一，包括品牌标志、品牌吉祥物、动漫角色等。文创产品承载着中国传统美学、情感体验等文化，而制作 3D 打印文创作品不仅要有专业的技术技能，还要有自觉传承、传播与发展中国传统文化、红色文化、社会主义核心价值观的责任感和使命感。要立足时代，加强新材料、新工艺研究，具有较强的以 3D 打印技术技能服务中华民族伟大复兴、实现中国梦的理想信念。

课后练习与思考

1. 熔融沉积成型的工艺原理是什么？
2. 熔融沉积成型的出丝系统主要有哪两种方式？成型原理是什么？
3. 熔融沉积成型的优点和缺点分别是什么？
4. 熔融沉积成型对主要成型材料的要求是什么？
5. 简述熔融沉积成型技术的工艺流程。
6. 影响熔融沉积成型精度的因素有哪些？
7. 熔融沉积成型技术主要应用在哪些领域？举例说明。
8. 搜集查阅资料，谈一谈你对熔融沉积成型技术未来发展趋势的看法。

项目七

认知选择性激光烧结工艺

【项目导入】

　　选择性激光烧结（SLS）工艺是利用粉末材料（金属粉末或非金属粉末）在激光照射下烧结的原理，在计算机控制下层层堆积成型。SLS 的原理与 SLA 十分相像，主要区别在于所使用的材料及其形状不同。SLA 所用的材料是液态的紫外线光敏树脂，而 SLS 则使用粉末材料。

【学习导航】

　　1）掌握选择性激光烧结工艺的原理。
　　2）了解选择性激光烧结工艺的特点。
　　3）熟识选择性激光烧结工艺的流程。
　　4）了解选择性激光烧结工艺的适用材料。
　　5）熟识选择性激光烧结工艺的精度。
　　6）了解选择性激光烧结工艺的应用。

【项目实施】

9. 金属烧结
工艺原理

任务一　掌握选择性激光烧结工艺的原理

　　选择性激光烧结 SLS 工艺的工作原理如图 7-1 所示。采用铺粉辊将一层粉末材料平铺在已成型零件的上表面，并加热至恰好低于该粉末烧结点的某一温度，控制系统控制激光束按照该层的截面轮廓在粉层上扫描，使粉末的温度升至熔点，进行烧结并与下面已成型的部分实现粘接。当一层截面烧结完后，工作台下降一个层的厚度，铺粉辊又在上面铺上一层均匀密实的粉末，进行新一层截面的烧结，直至完成整个模型。在成型过程中，未经烧结的粉末对模型的空腔和悬臂部分起着支撑作用，不必像 SLA 和 FDM 工艺那样另行生成支撑工艺结构。

　　当实体构建完成并在原型部分充分冷却后，粉末块会上升到初始的位置，将其拿出并放置到工作台上，用刷子小心刷去表面粉末，露出制件部分，其余残留的粉末可用压缩空气吹除。

扫描控制

激光开关、功率控制

激光器

温度控制

加热系统

工作台

振镜

铺粉辊

成型件

计算机

10. 选择性激光烧结技术特点及应用

铺粉辊、粉缸移动控制

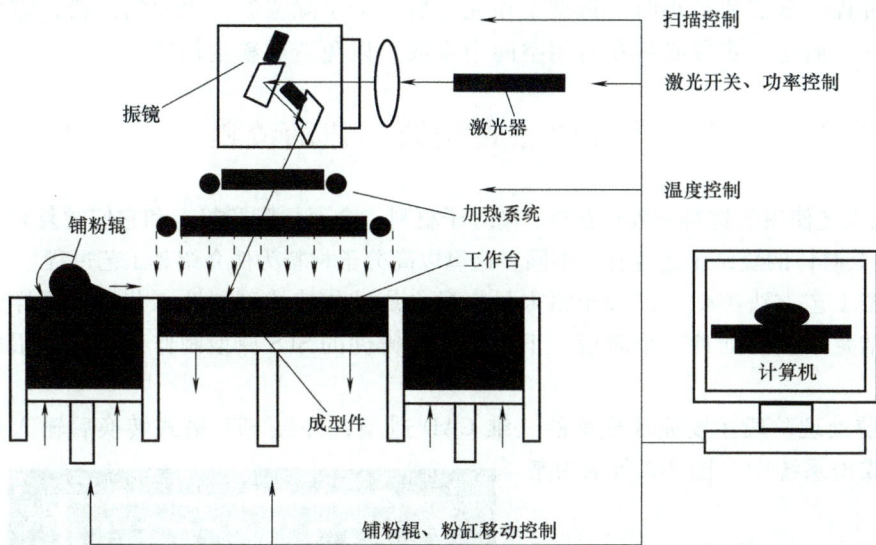

图 7-1　SLS 工艺工作原理图

任务二　了解选择性激光烧结工艺的特点

选择性激光烧结快速成型工艺和其他快速成型工艺相比，其最大的特点是能够直接制作金属制品，同时该工艺还具有如下一些优点：

1）可采用多种材料。从原理上说，这种方法可采用加热时黏度较小的任何粉末材料，通过材料或各类含黏结剂的涂层颗粒制造出任何造型，适应不同的需要。

2）可直接制作金属制品。例如，可以制造概念原型、金属注射模、蜡模铸造模型及其他少量母模等。

3）不需支撑结构。和 LOM 工艺一样，SLS 工艺也不需设计支撑结构，叠层过程中出现的悬空层可直接由未烧结的粉末来实现支撑。

4）材料利用率高。由于 SLS 工艺过程不需要支撑结构，不像 LOM 工艺那样会出现许多工艺废料，也不需要制作基底支撑，所以该工艺方法在常见的几种 3D 打印成型工艺中，材料利用率是最高的（可以认为是 100%）。SLS 工艺中多数粉末的价格较便宜，所以 SLS 模型的成本相比较来看也是较低的。

但是，选择性激光烧结工艺的缺点也比较突出，具体如下：

1）制件表面粗糙。由于 SLS 工艺的原材料是粉状的，制件是由材料粉层经过加热熔化而逐层粘结而成的，因此其表面是粉粒状的，表面质量不高。

2）烧结过程中会散发异味。SLS 工艺中的粉层需要由激光加热而达到熔化状态，高分子材料或者粉粒在激光烧结熔化时，一般会散发异味。

3）有时需要比较复杂的辅助工艺。SLS 技术视所用的材料不同，有时需要比较复杂的辅助工艺过程。以聚酰胺粉末烧结为例，为避免激光扫描烧结过程中材料因高温起火燃烧，必须在机器的工作空间充入阻燃气体，一般为氮气。为了使粉状材料可靠地烧结，必须将机器的整个工作空间内，直接参与造型工作的所有机件以及所使用的粉状材料预先加热到规定的温度，这个预热过程常常需要数小时。造型工作完成后，为了除去制件表面的浮粉，需要使用软刷和压缩空气，而这一步骤必须在封闭空间中完成，以免造成粉尘污染。

任务三　熟识选择性激光烧结工艺的流程

选择性激光烧结工艺使用的材料一般有石蜡、高分子材料、金属、陶瓷粉末和它们的复合粉末材料。材料不同，其具体的烧结工艺也有所不同。这里以高分子材料为例介绍其工艺过程。

和其他快速成型工艺方法类似，高分子粉末材料激光烧结快速成型制造工艺过程同样分为前处理、分层烧结叠加和后处理三个阶段。下面以某一铸件的 SLS 原型制作为例，介绍具体的工艺过程。

（1）前处理　前处理阶段主要完成模型的三维 CAD 造型，并经 STL 格式转换后输入到粉末激光烧结快速成型系统中。图 7-2 所示为某铸件的 CAD 模型。

（2）分层烧结叠加　在叠层加工阶段，设备根据原型的结构特点，在设定的建造参数下，自动完成原型的逐层粉末烧结叠加过程。与 LOM 和 SLA 工艺相比较而言，SLS 工艺中成型区域温度的控制是比较重要的。

首先需要对成型空间进行预热，对于 PS 高分子材料，一般需要预热到 100℃ 左右。在预热阶段，根据原型结构特点进行摆放方位的确定。当摆放方位确定后，将状态设置为加工状态，如图 7-3 所示。然后设定工艺参数，如层厚、激

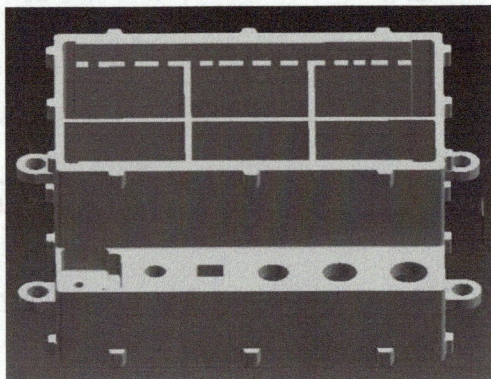

图 7-2　某铸件的 CAD 模型

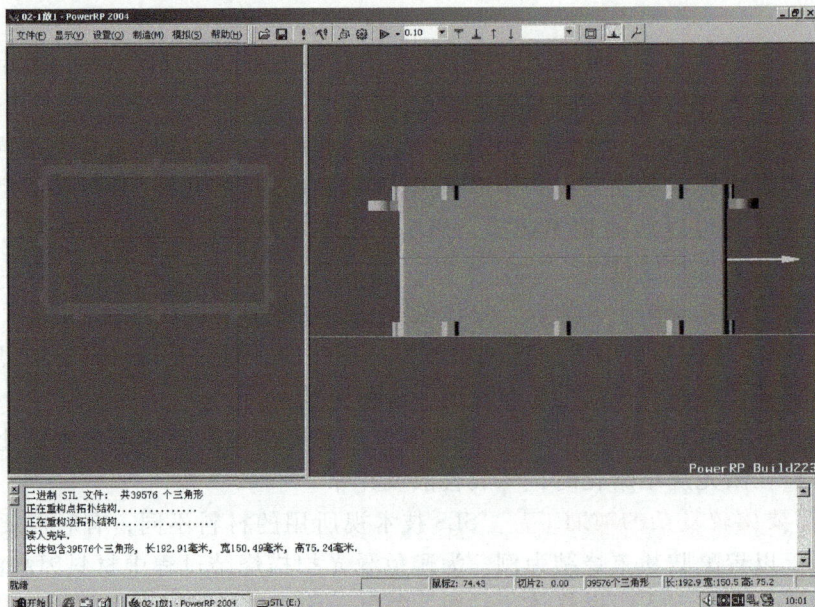

图 7-3　原型摆放方位确定后的加工状态

光扫描速度和扫描方式、激光功率、烧结间距等。当成型区域的温度达到预定值时，便可以制作了。在制作过程中，为确保制件烧结质量，减少翘曲变形，应根据截面变化，相应地调整粉料的预热温度。当所有叠层自动烧结叠加完毕，需要将原型在成型缸中缓慢冷却至 40℃ 以下，取出原型并进行后处理。

（3）后处理　激光烧结成型的 PS 原型强度很低，需要根据使用要求进行浸蜡或浸渗树脂等补强处理。由于该原型用于熔模铸造，所以进行渗蜡处理。浸蜡后的铸件的 SLS 原型如图 7-4 所示。

图 7-4　某铸件经过浸蜡处理的 SLS 原型

任务四　了解选择性激光烧结工艺的适用材料

选择性激光烧结工艺材料适应面广，不仅能制造塑料零件，还能制造陶瓷、石蜡等材料的零件，特别是可以直接制造金属零件，这使 SLS 工艺颇具吸引力。用于 SLS 工艺的材料有各类粉末，包括金属、陶瓷、石蜡以及聚合物的粉末，如尼龙粉、覆裹尼龙的玻璃粉、聚碳酸酯粉、聚酰胺粉、蜡粉、金属粉（成型后常需进行再烧结及渗铜处理）、覆裹热凝树脂的细砂、覆蜡陶瓷粉和覆蜡金属粉等，其中投入研究比较多的烧结材料有聚合物粉末材料、金属粉末材料、陶瓷粉末材料、纳米复合材料等。

一、聚合物粉末材料

对于聚合物的研究主要集中在聚苯乙烯（PS）、聚碳酸酯（PC）、尼龙（PA）以及工程塑料（ABS）、聚丙烯（PP）、覆膜砂等方面。由于用纯的 PS 粉末进行烧结得到的原型变形率较大，因此，现在所使用的均为 PS 的混合粉末（PS、滑石粉、氧化铝、碳酸钙），其成型试样在长、宽、高方向的收缩率分别为 0、0、0.1%，翘曲率为 0.1%，孔隙率为 2.8%，可达到所需要的质量。尼龙因具有固定的熔点、适当的分子量并且有较高的强度，已成为国际上研究的热点之一。

1. 聚苯乙烯（PS）

聚苯乙烯是一种非结晶性热塑性树脂，自 1998 年首次被 EOS 公司应用于 SLS 技术以来，发展至今已成为了应用最广泛的激光烧结成型材料。与其他高分子材料相比，聚苯乙烯在激光烧结中具有如下优点：

1）聚苯乙烯为非结晶性材料，在选择性激光烧结中成型精度较好。

2）无定型聚合物，没有明显熔点，适宜操作窗口宽。

3）吸湿率较小，在烧结前不需经干燥处理。

4）来源广泛。

5）烧结温度较低，不需加热至较高温度即可成型，节省了能源。

目前针对聚苯乙烯，SLS 制件主要有两种后处理方法，即浸蜡处理与浸渗树脂处理。经浸蜡处理的制件需要经过后期打磨，成型误差可达 0.1% 以下，常用于模具制造领域。而经浸渗环氧树脂的聚苯乙烯制件在一定程度上可用作塑料功能件。

2. 聚碳酸酯（PC）

聚碳酸酯（PC）是一种性能优良的非结晶性工程塑料，冲击韧性、力学性能十分突出，使用温度范围较宽，无毒，耐候性好，成型收缩率低，尺寸稳定性好，是最早应用于 SLS 技术领域的高分子材料之一，在快速制造薄壁和精密零件上有较大优势。

为确定合适的工艺参数，国内外诸多学者对成型温度场进行了分析研究。美国德克萨斯大学的 Nelson、克莱姆森大学的 Williams、北京航空航天大学的赵保军等提出了不同的热传导模型来预测工艺参数和模拟能量的传递。香港大学学者研究了激光能量密度对制件性能和精度的影响，并发现添加少许石墨会提高 PC 粉床温度。沈以赴、黎世冲等人采用渗入环氧树脂或其他热固性树脂来增强 PC 制件，经后处理的制件密度与力学性能有了很大提高，可应用于塑料功能件与模型。

3. 尼龙（PA）

尼龙（Polyamid，PA）是一种结晶态聚合物，具有耐磨、强韧、轻量、耐热、易成型等优点，使用 PA 经选择性激光烧结成型的功能性零件在很多方面得到了应用。

1）标准的 DTM 尼龙，可直接被制成零件且耐热性和耐蚀性都很好。

2）DTM 精细尼龙，在标准 DTM 的基础上精度得以提高，表面粗糙度值减小，更倾向于制造测试型和概念型的零件。

3）DTM 医用级的精细尼龙，制备时应在高温、高压下经过五个循环进行蒸汽消毒。

4）原型复合材料（Proto Form TM Composite）是 DuraForm GF 经过玻璃强化后形成的一种改性材料，与未被强化的 DTM 尼龙相比，提高了耐热性、耐蚀性并降低了表面粗糙度值，可加工性更加完善。

4. ABS

ABS 是丙烯腈-丁二烯-苯乙烯的三元共聚物，烧结性能与聚苯乙烯相近，力学性能（特别是引入了丁二烯后的冲击强度）较聚苯乙烯有明显提升，但烧结温度要比聚苯乙烯高出 20℃ 以上，因此，逐渐被聚苯乙烯所取代。

5. 聚丙烯（PP）

聚丙烯（PP）的耐高温、耐蚀性良好，密度较小且力学性能优良，是目前世界上发展较快、应用最广泛的热塑性树脂之一。由于聚丙烯材料具有结晶性，应用在 SLS 成型中常会导致制件翘曲、收缩变形。

6. 覆膜砂

覆膜砂是采用热固性树脂，其中加入锆砂和石英砂混合后所制，经过 SLS 技术成型的制件可直接用来制造金属零件。对于复杂件的制作，更多地选择锆砂，因其具有更好的铸造性能，采用 SLS 技术制得砂型（芯）尺寸精度高，表面质量好（表面粗糙度值达到 $Ra3.2 \sim 6.3\mu m$），水平接近金属型铸造。

二、金属粉末材料

金属粉末激光烧结成型已成为当前热点，可以直接用金属粉末烧结成理想模型。其按金属粉末的成分可分为以下三种类型：

1. 单一成分金属粉末

目前主要使用的单一成分金属粉末有 Sn、Zn、Fe 等，通常被用在低熔点金属粉末的激光烧结中，而高熔点金属粉末对操作环境的要求较高，需要在大功率激光器外加保护气氛下工作，但是所能达到的性能却非常单一，无法满足所需的各种性能指标。

2. 多组元混合金属粉末

多组元混合金属粉末是由主要成分为高、低熔点的两种金属和其他元素混合而成的。熔点较低的金属粉末相当于黏结剂，熔点较高的金属粉末被用作合金的基体。在 SLS 成型过程中，低熔点材料被激光能量熔化，浸润固相，冷却后低熔点的液相凝固后将高熔点的固相粘结在一起。

多组元混合金属粉末采用的低熔点材料以 Sn 为主，强度和熔点相对较低，导致性能较差。提高性能的主要方法为：提高其中低熔点金属的熔点，采用更高熔点的金属来提高合金基体强度。因此，人们越来越多地关注和研究高熔点金属粉末。

3. 金属和有机黏结剂的混合粉末

金属和有机黏结剂按一定比例均匀混合，烧结成型后的制件密度和强度都较低，所以必须经过后处理来提高其物理性能。

三、陶瓷粉末材料

由于陶瓷粉末材料自身的烧结温度极高的特性，同时在激光烧结过程中，激光对粉末的作用时间一般为 0.01~0.1s，在极短的时间内几乎不能实现粉末间的熔化粘结，因此只能通过混合于陶瓷颗粒中或覆膜于陶瓷颗粒之间的黏结剂熔化来实现陶瓷颗粒之间的粘结。目前在研究的陶瓷粉末材料主要有四类：直接混合黏结剂的陶瓷粉末、表面覆膜的陶瓷粉末、表面改性的陶瓷粉末、树脂砂。常用的陶瓷材料主要有 SiC 和 Al_2O_3。

四、纳米复合材料

由于纳米粉末有着巨大的比表面积和很高的烧结活性，烧结一段时间后，晶粒生长将显著加速，致使烧结后材料的纳米特性丧失、烧结密度降低。所以，在纳米材料零件激光烧结成型的过程中，既要使纳米粉末烧结致密，又要使纳米晶粒尽量不要粗化长大，失去纳米的特性。

国外的许多快速成型系统开发公司和使用单位都对快速成型材料进行了大量的研究工作，开发出了多种适合于快速成型工艺的材料。在 SLS 领域，以 DTM 公司所开发的成型材料类别居多，最具代表性。我国对快速成型材料的研究与开发相对于工艺设备的研究与开发比较滞后，目前还处在起步阶段，与国外相比存在较大差距。虽然国内有多家单位对 SLS 材料和工艺进行了研究开发工作，但还没有专门的成型材料的生产和销售单位。近年来开发的较为成熟的用于 SLS 工艺常用的材料及特性见表 7-1。

表 7-1　SLS 工艺常用的材料及其特性

材　料	特　性
石蜡	主要用于熔模铸造,制造熔点高、形状复杂及难以加工的小型金属铸件中的蜡模
聚碳酸酯	坚固耐热,可以制造微细轮廓及薄壳结构,也可以用于消失模铸造,正逐步取代石蜡

（续）

材　料	特　性
尼龙、纤细尼龙、合成尼龙（尼龙纤维）	能制造可测试功能的制件，其中合成尼龙制件具有最佳的力学性能
铁铜合金	具有较高的强度，可制造注塑模

任务五　熟识选择性激光烧结工艺的精度

SLS 技术涉及 CAD 制图、材料成型、激光加工、后处理等环节，任何一个环节误差过大，都会导致 SLS 成型制件精度不足。制件的精度问题一般由几个方面的因素造成，包括三维模型处理误差、机器误差、工艺参数、后处理误差等，如图 7-5 所示。

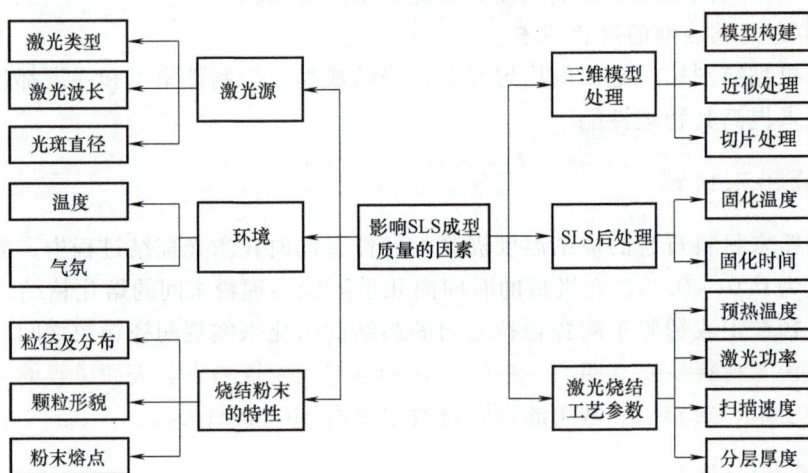

图 7-5　影响 SLS 工艺成型质量的因素

一、三维模型处理误差

三维模型进行离散化的过程会造成一些数据损失，导致模型误差与切片误差。模型误差包括了模型造型误差、STL 文件近似拟合曲线造成的误差。切片误差包括原理误差、边界描述不准确造成的误差、首层切片不当造成的误差。

三维模型处理误差的解决主要依靠计算机技术的发展，如采用更先进的造型软件，开发更精密的文件格式，优化运动轨迹运算方法，开发兼顾成型效率与成型精度的实时分层系统，智能选择烧结首层等。

二、机器误差

目前的 SLS 成型设备采用了精密导轨、伺服控制系统等先进技术，Z 轴的运动精度可达微米级，来自于机械系统的误差已大大降低。成型设备造成的误差主要来自于扫描系统的误差：激光扫描引起的误差，激光的延时造成扫描滞后导致的误差，光斑直径大小导致的误差，振镜扫描系统发生偏移导致的误差等。

三、工艺参数不当造成的误差

SLS 成型系统的主要误差是由工艺参数设置不当造成的。由于材料的特性不同，工艺流程的特殊性，误差难以避免。影响加工工艺精度的因素较多，有分层厚度、激光功率、扫描方式、保温时间、扫描速率、扫描间隔、预热温度等。预热温度接近高分子材料的熔点，可以减少制件的翘曲变形，但温度越高，就越容易导致"次级烧结"现象，使高分子粉末材料结块，清粉困难，同时使制件精度大大降低；激光功率小，制件无法成型，或者力学性能较差，而激光功率过大，则制件难以清粉，甚至能量密度过高，使粉末材料汽化、溅射，影响烧结进程。扫描速率、扫描方式与扫描间隔同样也影响制件的致密度与精度，各个因素之间互相关联、相互制约，分析较为困难。

在同一台设备上针对同一成型材料采用不同的成型参数进行粉末激光烧结实验，其制件的性能存在较大的差异。因此，国内外许多学者都将 SLS 工艺参数的研究作为一项重要工作。工艺参数的选取与设备操作者的实际经验有很大关系，因此，SLS 工艺在烧结成型过程中会出现各类缺陷，如图 7-6 所示，这严重影响了成型质量。

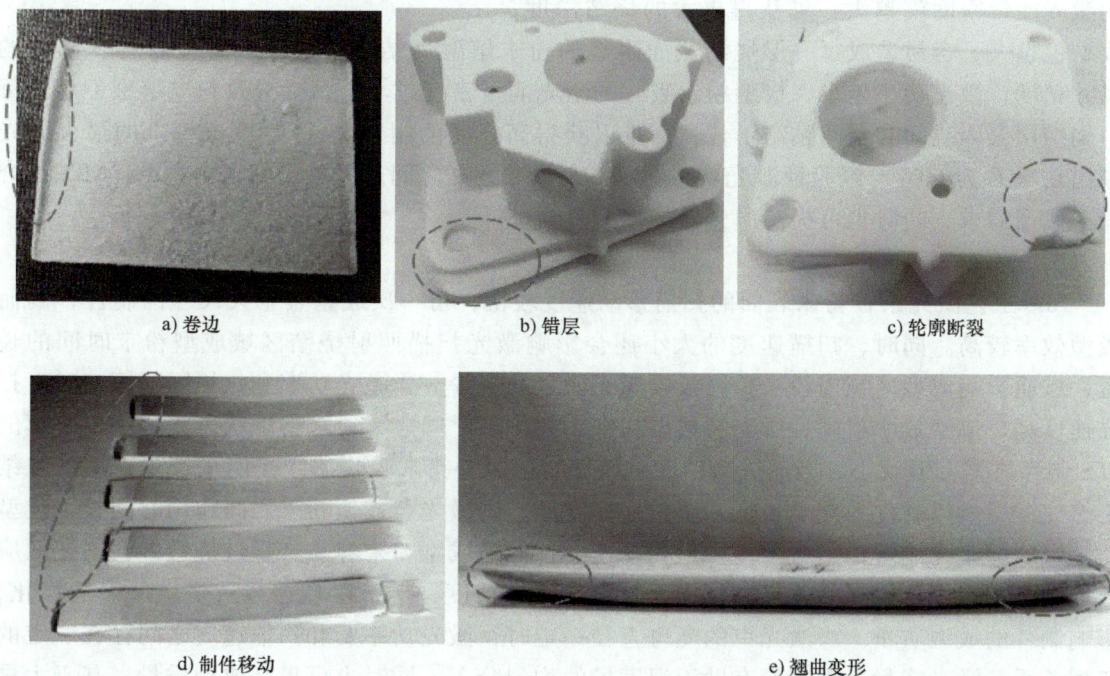

a) 卷边　　　　　　　　　b) 错层　　　　　　　　　c) 轮廓断裂

d) 制件移动　　　　　　　　　　　e) 翘曲变形

图 7-6　SLS 工艺成型过程中的常见缺陷

1. 预热温度

预热是粉末激光烧结前非常重要的一个环节。没有预热环节或粉末内部的预热温度过低，都会增加烧结成型的时间，导致 SLS 制件的性能不佳，甚至还会直接影响整个烧结过程能否顺利进行。烧结前对粉末材料进行合理的预热还可以有效地减小烧结成型过程中制件内部的热应力，进而防止翘曲和错层的产生，从而达到提高成型精度的目的。

材料的预热温度由材料性能决定。预热温度设置过低时，激光烧结区域和周围未烧结区之间的温度梯度就大，SLS 制件在加工过程中的翘曲倾向也会相应变大。预热温度设置过高时，有利于减小制件的翘曲变形，但会增加粉末结块的倾向。若粉末结块程度比较严重，还会导致粉床上表面出现裂缝现象，如图7-7所示。这会严重地影响铺粉辊的往复铺粉，甚至会使烧结过程无法进行。

粉末结块会导致SLS制件后处理时清粉困难。同时，粉末的烧结性能会有所下降，需要重新球磨筛分并加入一定比例的新粉进行混合补偿。因此，通过合理设置预热温度，可以减小制件的收缩和翘曲变形，提高成型精度和成型效率。对于非晶态聚合物而言，预热温度一般应稍低于材料的玻璃化转变温度。

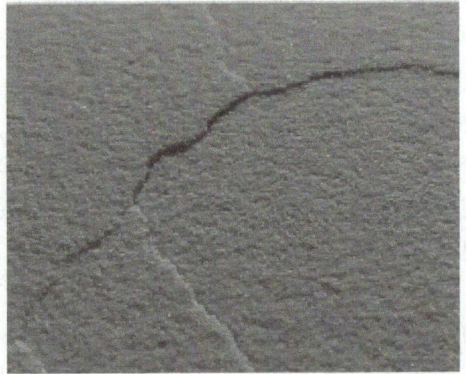

图7-7 粉床结块裂缝现象

2. 激光功率

激光功率是SLS工艺中最为重要的成型工艺参数之一，能实现连续可调。当其他工艺参数不变时，激光功率越大，作用在成型粉末材料表面的激光能量密度就越大，可获得更大的烧结深度，收缩也越大，容易造成每一层烧结截面附近的粉末熔融烧结在一起，从而影响SLS制件的尺寸精度；激光功率越小，成型粉末吸收的激光能量密度越小，从而导致粉末熔融不足，每一烧结层会因线间和层间粘结不佳，而难以获得高强度的制件。SLS 300成型机的最大激光输出功率P为60W，经验证激光功率在（$1/3 \sim 1/2$）P之间选择时，即可满足PS/ABS复合粉末成型需求，同时也可提高激光器的使用寿命。

3. 扫描速度

SLS工艺激光束在粉床表面的扫描移动速度较快，可一次成型多个大尺寸的制件，因而成型效率较高。同时，扫描速度的大小还会影响激光扫描照射烧结区域成型粉末时间的长短，进而影响成型区域内粉末材料吸收激光能量的多少。当激光功率和扫描间距恒定时，扫描速度高，成型效率就高，激光与成型粉末之间作用时间短，粉末熔融状态变化小，引起的SLS制件收缩变形就小，因而成型精度也较好，但因为粉末吸收的激光能量较少，熔融烧结不够充分，所以制件强度也较低；若扫描速度低，则激光与成型粉末之间作用时间长，成型粉末吸收的激光能量也相对增多，但扫描速度过低时成型粉末容易产生过烧结，会因热效应致使多余的未烧结粉末粘连在制件周围，降低尺寸精度，严重时还会导致烧结层表面炭化，影响制件的成型质量。当激光束的光斑直径一定时，激光功率要和扫描速度之间存在一定的匹配关系，激光能量合理匹配有助于温度场的均匀分布，同时也可提高成型质量。基于大量的PS/ABS复合粉末的成型烧结实验，为了兼顾成型效率和成型质量，扫描速度一般在1400～2600mm/s范围内选择。

4. 扫描间距

扫描间距是指两条相邻的激光束扫描线光斑中心点间的垂直距离，扫描间距的设置与光斑直径大小有关。如果扫描间距选择过大，相邻的两条激光束扫描线的重叠区域就会很小，导致"搭接率"较低，扫描线间存在部分粉末未被烧结，易造成SLS制件的线间连接强度不高甚至无法成型；随着扫描间距的减小，两条相邻的激光束扫描线之间会出现一个重叠的区域，激光束扫描线的能量分布较为均匀，可近似看成线性叠加，所获得SLS制件的性能也基本一致；随着扫描间距的进一步减小，相邻的两条激光束扫描线之间会出现更多的重叠部分，该区域内的粉末会多次重复烧结，容易产生热分解和炭化现象，进而导致制件表面凹凸不平。因此，为了确保成型区域内所有 PS/ABS 复合粉末都能实现良好的烧结，相邻两条激光扫描线要有一定的重叠部分。SLS 300 成型机的激光光斑直径为 0.30mm，经验证，扫描间距设置为 0.28mm 较为合适。

5. 分层厚度

分层厚度的大小影响 SLS 制件的成型效率和成型精度。理论上，三维 CAD 模型的分层厚度越小，制件 Z 向堆积的精度就越高，表面粗糙度值也越小，但这会使部分已烧结过的粉末重复烧结，SLS 制件表面易产生过烧现象，引起翘曲变形和制件的移动，同时，制件的加工时间也变长，降低生产率。分层厚度过大，虽然可以提高成型效率，缩短烧结时间，但是阶梯效应较严重，如图 7-8 所示。

分层厚度的选择要综合考虑粉末粒径、材料的热学性能与烧结的工艺参数。为了保证良好的铺粉性能，分层厚度应为粉末平均粒径的 2 倍以上。PS/ABS 复合粉末的平均粒径为 70.92μm，SLS 300 成型机的加工层厚为 0.15～0.35mm。为了提高成型加工的效率和降低台阶效应，一般分层厚度在 0.18～0.30mm 范围内选取。

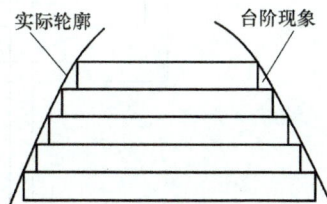

图 7-8　阶梯效应示意图

6. 扫描方式

扫描方式是指激光束在粉床表面上根据零件轮廓截面信息按照逐点、逐线的方式进行扫描烧结时所移动的路径。扫描方式选择得合适与否对于 SLS 工艺成型区域温度场的分布和成型效率有着直接的影响，通过选择合适的扫描方式来控制 SLS 制件翘曲变形是一个简单可行的办法。SLS 成型系统提供了多种扫描方式，如 X 向扫描，Y 向扫描，X、Y 向交替扫描以及螺旋线扫描等，如图 7-9 所示。

采用 X 向或 Y 向扫描方式时，激光扫描线都相互平行且分别平行于 X 轴或 Y 轴。如果 CAD 轮廓截面上存在孔洞特征，相邻的两条激光扫描线之间存在频繁的"空跳"，会造成成型区域上激光能量分布不均匀，这就加大了 SLS 制件产生翘曲变形的倾向，从而降低其成型精度。X、Y 向交替扫描方式是将 X 向扫描和 Y 向扫描结合起来的一种综合扫描方式，且第 $i+1$ 层截面扫描方向与第 i 层相比旋转 90°，这样既能保证扫描效率又能使每一烧结层内的体积收缩和热应力均匀分散在两个不同方向上，从而更好地改善制件的成型质量。螺旋线扫描方式是指按照螺旋的方式完成每一截面轮廓的扫描，此过程中相邻扫描线之间相互平行。根据激光束起始扫描位置的不同，可分为由轮廓边界向截面中心扫描的内循环和由截面中心逐步向轮廓边界扫描的外循环两种方式。与内循环螺旋线扫描方式相比，外循环螺旋线扫描方式是先对截面中心区域进行扫描，随后按照螺旋的方式由内向外逐步完成扫描烧结，如图 7-9d 所示，这样有助于温度场均匀分布，进而降低轮廓边界翘曲变形的可能性。由于该扫描方式在扫描过程中扫描线的方向经常发生变化，导致成型效率较低，因此，不适于截面尺寸较大制件的成型加工。

四、制件后处理造成的误差

完整的后处理工艺包括以下内容：将制件从烧结型腔中取出、清理表面粉末、浸渗固化

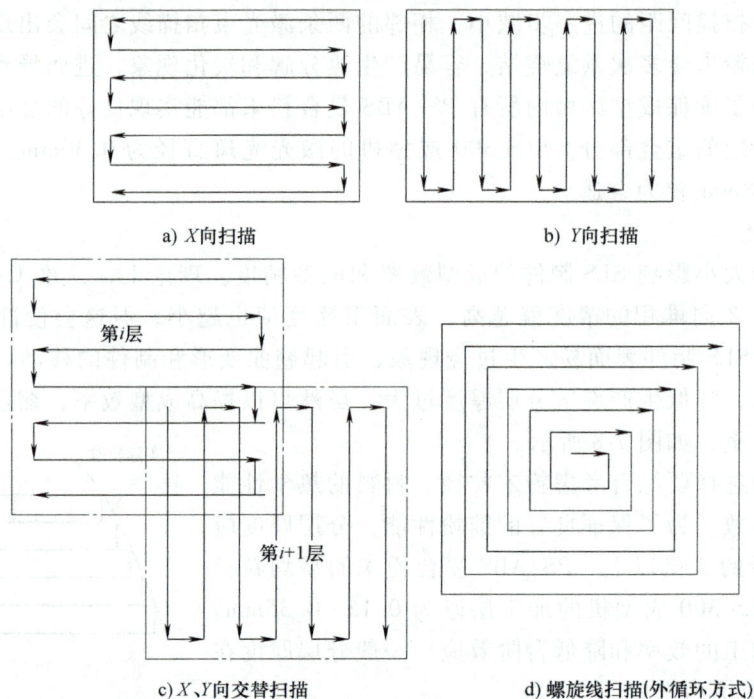

a) X向扫描 　　　　　　　　　　b) Y向扫描

c) X、Y向交替扫描 　　　　　　d) 螺旋线扫描(外循环方式)

图 7-9　扫描方式

处理、修补抛光。由于制件强度不高,在转移、清理过程中常会发生磕碰、损坏。对于高分子材料的 SLS 制件,通常采用的浸渗增强方法有两种。当作为消失模或样品展览时,一般采用浸蜡处理来降低其表面粗糙度值。而当作为功能件安装或使用时,一般采用树脂浸渗来提高其力学性能。蜡或树脂浸渗到高分子材料制件中的收缩凝固将导致制件尺寸变小。而在表面覆盖的蜡或树脂同时增加了制件的尺寸,两者相互弥合才能使制件尺寸保持其原有精度。若后处理材料选用不当,制件的精度便会受到影响,如相容性太好会使制件变软、弯曲,甚至溶解在后处理树脂中。

任务六　了解选择性激光烧结工艺的应用

SLS 工艺已经成功应用于汽车、造船、航空、航天、通信、建筑、医疗等诸多行业,为许多传统制造业注入了新的活力,也带来了信息化的气息。具体来说,SLS 工艺可以应用于以下场合:

1)快速原型制造。SLS 工艺可快速制造零件原型,及时进行评价、修正以提高设计质量;可使客户获得直观的零件模型;能制造教学、实验用的复杂模型。

2)新型材料的研发及制备。利用 SLS 工艺可以开发一些新型的颗粒,以增强复合材料和硬质合金所需的性能。

3)小批量、特殊零件的制造加工。在制造领域,经常遇到小批量及特殊零件的生产。这类零件加工周期长、成本高,对于某些形状复杂的零件,甚至无法用传统工艺方法制造。采用 SLS 技术可轻松地进行小批量和形状复杂的零件的制造,如图 7-10、图 7-11 所示。

4）**快速模具和工具制造**。通过SLS工艺制造的零件可直接作为模具使用，如熔模铸造、砂型铸造、注塑模、形状复杂的高精度金属型等，也可以经后处理后作为功能零件使用，如图7-12所示。

5）**在逆向工程中的应用**。SLS工艺可以在没有设计图样或者图样不完整以及没有CAD模型的情况下，按照现有的零件原型，利用各种数字技术和CAD技术重新构造出原型CAD模型。如图7-13所示为汽车后视镜，运用逆

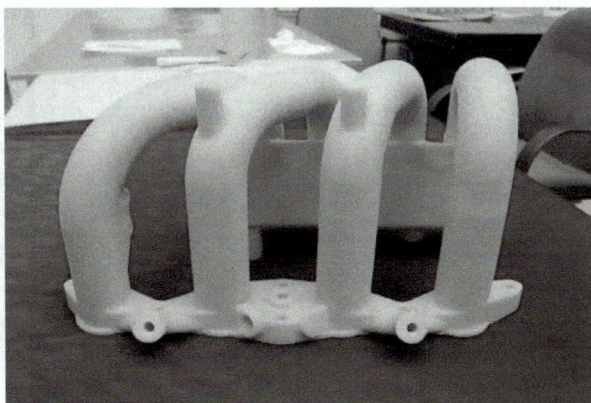

图7-10　内燃机进气管原型

向工程技术对实物进行扫描后，构建了产品的三维数字模型，用选择性激光烧结技术制造出模型实体。

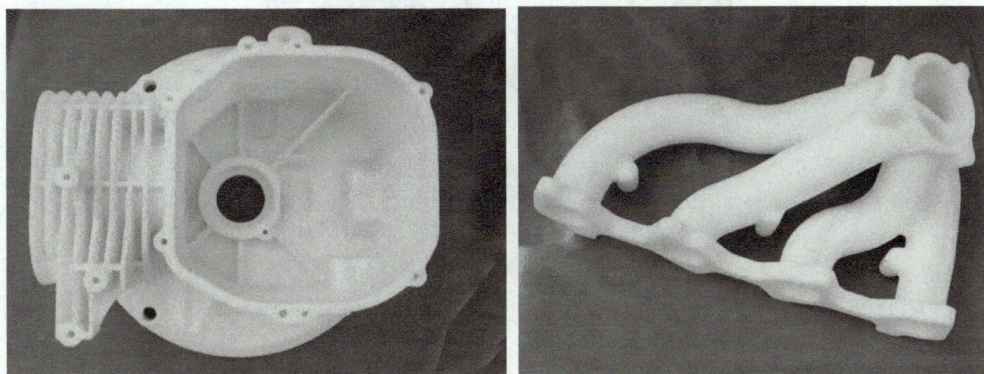

图7-11　SLS零件原型

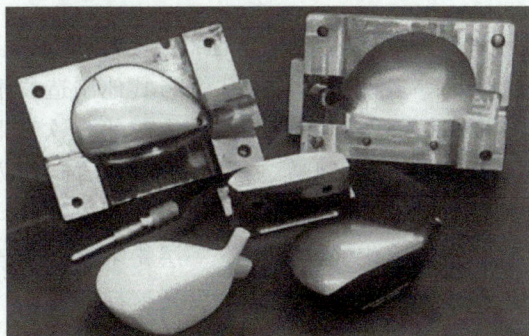

图7-12　SLS模具原型

6）**在医学上的应用**。通过SLS工艺烧结成型的零件由于具有很高的孔隙率，可用于人工骨的制造，如图7-14所示。国外利用SLS技术制备的人工骨制造进行的临床研究表明，人工骨的生物相容性良好。

a) 汽车后视镜实物　　　　　　　　　　　　b) 用选择性激光烧结技术制造的模型

图 7-13　SLS 的逆向工程应用

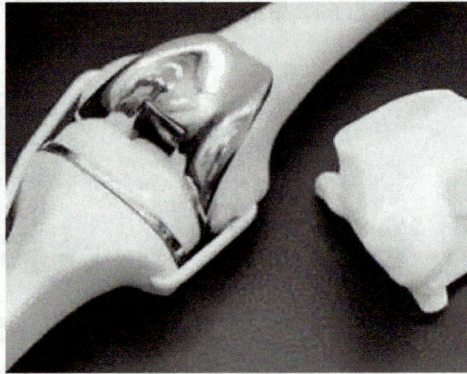

图 7-14　利用 SLS 技术进行人工骨制造

小　　结

选择性激光烧结技术是一种基于增材制造原理的 3D 打印技术。它集成了计算机技术、数控技术、激光技术和材料技术等多种技术及工艺，与其他制造技术相比具有适用性广、工艺简单、成型精度高、可直接烧结零件等特点，被誉为"第三次工业革命"的关键技术。

选择性激光烧结仍然是采用"分层制造、逐层累加"的制作方式来实现制件制作的，其原理是根据制件的三维数据模型，采用铺粉装置对原料粉末进行均匀铺粉后，使用激光对目标区域内的粉末进行扫描，使其熔化并粘结在下一层粉末上，在该层粉末烧结完成后，升降平台下降一个分层厚度，并开始下一层的烧结，重复这样的过程，直到制件最终成型。

与其他 3D 打印技术相比，SLS 技术具有选材丰富、材料无毒害性、便于储存且价格便宜的特点。此外，SLS 成型过程不需要设计支撑，工艺简单，生产周期短，特别适合外形与结构复杂零件的小批量、个性化定制。

影响 SLS 成型质量的因素较多，SLS 技术涉及 CAD 模型、材料成型特性、激光加工、后处理等环节，任何一个环节误差过大，都会导致 SLS 成型制件精度不足。制件的精度问题一般由以下几个方面的因素造成：CAD 模型误差、机器误差、加工工艺误差、后处理误差。

目前 SLS 成型已被广泛地应用于汽车、航空航天、建筑、造船、医学等领域。SLS 技术可快速制造出所需零件的原型，用于对产品的评价、修正，适合形状复杂零件的小批量、定制化制作、快速模具与工具的制作。此外，SLS 技术还可以用于开发新材料。近年来，由于选材丰富、不需要支撑、生产周期短，特别是便于个性化定制等特点，SLS 成型在医学领域发展迅速，有人采用 SLS 技术烧结出了头颅骨模型，制作了钛合金骨内移植物等医学模型，对医疗行业的发展起到了推动作用。

素 养 提 升

思变则达，固守则败。在传统铸造工艺中，大尺寸、薄壁结构一直是难以突破的技术壁垒，但金属 3D 打印技术则可实现"大"和"薄"，采用多光束无缝拼接技术，即可实现一次性整体快速成型。而长期以来，国际高端金属 3D 打印装备市场一直被美国、德国和英国的公司垄断。目前，我国自主研发的 3D 打印设备已打破国外垄断，实现了工业级高端金属增材制造装备的国产化，并且成功出口到法国、德国等欧洲国家。采用该项技术制造的 C919 大飞机的 3.07m 高的中央翼缘条，至今依然是国际上无拼接连续成型、尺寸最大的金属 3D 打印零部件。

课后练习与思考

1. 选择性激光烧结技术成型过程中，三维模型文件必须都转换成的格式是（　　　）。

A. DWG　　　　　　B. STL　　　　　　C. PRT　　　　　　D. IGS

2. 激光烧结工艺参数对成型精度有决定性的影响，其中包括（　　　）、（　　　）、粉末类型、（　　　）、单层铺粉厚度等。

3. 聚合物粉末材料中最常用的是（　　　）。

A. PC　　　　　　B. PA　　　　　　C. PP　　　　　　D. PS

4. 目前，投入研究比较多的烧结材料有（　　　）粉末材料、（　　　）粉末材料、（　　　）粉末材料、（　　　）粉末材料等。

5. 目前，选择性激光烧结技术用金属粉末材料，按其成分组成情况可分为三种：（　　　　　　　　）、（　　　　　　　　）、（　　　　　　　　）。

6. 简述选择性激光烧结成型技术的工艺原理。

7. 简述选择性激光烧结成型技术的工艺特点。

8. 简述选择性激光烧结成型技术的工艺流程。

9. 选择性激光烧结成型过程中需要添加支撑吗？为什么？

10. 选择性激光烧结成型技术为什么要预热？如何控制预热温度？有时为什么还需要氮气保护？

11. 影响激光烧结成型技术精度的主要因素有哪些？

项目八

认知三维喷涂粘结工艺

【项目导入】

三维喷涂粘结（Three Dimension Printing，3DP）工艺是非成型材料微滴喷射成型范畴的核心专利之一。3D 打印机使用标准喷墨打印技术，通过将黏结剂铺放在粉末薄层上，逐层创建各部件。与 2D 平面打印机在打印头下送纸不同，3D 打印机是在一层粉末的上方移动打印头，打印横截面数据。

【学习导航】

1）掌握三维喷涂粘结工艺的原理。
2）了解三维喷涂粘结工艺的特点。
3）熟识三维喷涂粘结工艺的流程。
4）了解三维喷涂粘结工艺的适用材料。
5）熟识三维喷涂粘结工艺的精度。
6）了解三维喷涂粘结工艺的应用。

【项目实施】

11. 三维喷涂
粘结技术

任务一　掌握三维喷涂粘结工艺的原理

一、三维喷涂粘结技术的分类

三维喷涂粘结成型工艺是 20 世纪 80 年代末由麻省理工学院开发的一种基于微滴喷射的快速成型技术，该技术简化了一般成型过程的程序，采用类似于喷墨打印机的独特的喷墨技术，只是将喷墨打印机墨盒中的墨水换成了液体黏结剂或者成型树脂。喷头根据之前设计的模型数据将黏结剂按照轮廓逐层喷射出来，将成型材料凝结成二维截面，重复此过程，并将各个截面堆积并重叠粘结在一起，最后得到所需的完整的三维模型。

三维喷涂粘结成型支持多种材料类型，可以制作出具有石膏、塑料、橡胶、陶瓷等属性的产品模型。不仅可以在设计时制作概念模型，还可以制作较大规格的产品模型。

在医疗领域，骨头或器官的成型也可通过三维喷涂粘结成型技术完成，不仅形状合适，选择适当的材料还能解决其生物相容性等问题，甚至能将细胞排序直接成型出所需要的人体器官。

目前，根据成型过程中使用的材料可将三维喷涂粘结技术分为三种：粘结材料三维喷涂粘结技术、光固化三维喷涂粘结技术和熔融材料三维喷涂粘结技术。

1. 粘结材料三维喷涂粘结技术

此类 3DP 技术是最早开发的一类三维快速成型打印技术，最初是由麻省理工学院于 20 世纪 80 年代开发的。其成型原理是由打印头按照计算机所设计的模型轮廓向粉末成型材料喷射液体黏结剂，使粉末逐层打印并重叠粘结成型制件，可通过对墨盒数量及颜色的控制打印出多色三维零件。此技术以 Z Corporation 公司制造的 Z 系列三维打印机为代表，能打印彩色原型件，可以更大限度地适应市场需求，应用更加广泛。

2. 光固化三维喷涂粘结技术

此类技术同样基于微滴喷射技术，但用液态光敏树脂代替粉末材料作为成型材料，原理是将光敏树脂按照计算机所设计的轮廓逐层喷出，并通过紫外光迅速固化成型。喷头沿平面运动的过程中，将光敏树脂材料和支撑材料同时喷出，形成所需要的截面，并通过紫外光固化。按此过程不断重复，层层叠加。该技术将喷射成型和光固化成型的优点结合在一起，大大提高了模具成型精度，并降低了成本。但此类技术最后还需要通过后处理过程去除多余的支撑材料。此技术以 OBJET Geometries 公司及 3D Systems 公司等生产的各系列三维打印机为代表。

3. 熔融材料三维喷涂粘结技术

此类技术与光固化成型打印技术过程比较类似，所使用的成型材料为熔融材料，通过加热熔融，使其按照所设计的轮廓从喷头喷出，并逐层堆积成型，同时喷出相应的支撑材料。其与光固化成型打印技术相比，只是少了紫外光固化过程，过程更简捷。此技术以 Solidscape 公司的 T 系列三维成型机为代表，3D Systems 公司也相继推出了熔融蜡的 3DP 成型机和喷射热塑性塑料的 3DP 成型机。

二、三维喷涂粘结技术的工作原理

三维喷涂粘结技术与 SLS 工艺类似，即采取粉末原料成型，如淀粉、石膏粉末、陶瓷粉末、金属粉末、复合材料粉末等，将用三维软件绘制好的模型，通过软件进行切片分层并生成加工代码文件，将这些加工代码文件通过计算机导入 3D 打印机内，控制喷头用黏结剂将切片分层好的模型的每一层截面"印刷"在基体粉末原料之上，层层叠加，从下至上，直到把一个模型的所有层打印完毕，并经过一定的后处理（如烧结等）而得到最终的打印制件。3DP 设备的工作原理类似于喷墨打印机，不过喷出的不是墨水，而是黏结剂。

3DP 采用粉末材料成型，如陶瓷粉末、金属粉末，与 SLS 工艺不同的是，材料粉末不是通过烧结连接起来的，而是通过喷头用黏结剂（如硅胶）将零件的截面"印刷"在材料粉末上，其工作原理如图 8-1 所示。用黏结剂粘结的零件强度较低，还需进行后处理，先烧掉黏结剂，然后在高温下渗入金属，使零件致密化，提高强度。

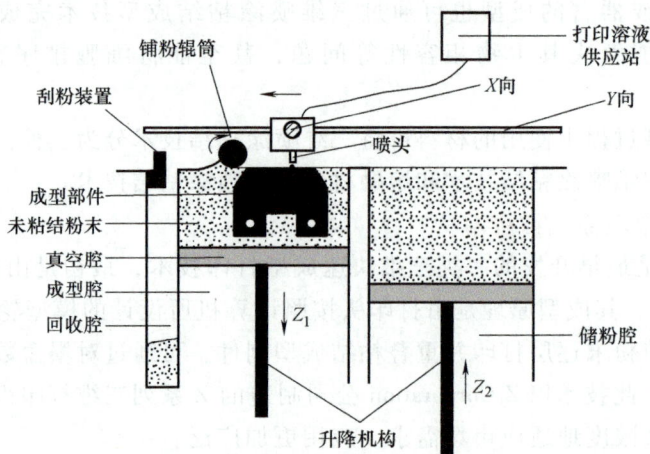

图 8-1　3DP 技术工作原理图

任务二　了解三维喷涂粘结工艺的特点

一、三维喷涂粘结工艺的优点

三维喷涂粘结快速成型制造技术在将固态粉末成型为三维零件的过程中，与传统方法相比具有很多优点。

1）成本低，体积小。由于 3DP 技术不需要复杂的激光系统，使得设备整体造价大大降低，喷射结构高度集成化，整个设备系统简单，结构紧凑，可以将以往只能在工厂进行的成型过程搬到普通的办公室中。

2）材料类型选择广泛。3DP 技术成型材料可以是热塑性材料、光敏材料，也可以是一些具备特殊性能的无机粉末，如陶瓷、金属、淀粉、石膏及其他各种复合材料，还可以是成型复杂的梯度材料。

3）打印过程无污染。3DP 工艺的打印过程中不会产生大量的热量，无毒、无污染，是环境友好型技术。

4）成型速度快。3DP 打印头一般具有多个喷嘴，成型速度比采用单个激光头逐点扫描要快得多。打印喷头的移动速度十分迅速，且成型之后的干燥硬化速度很快。

5）运行维护费用低，可靠性高。3DP 的打印喷头和设备维护简单，只需要简单地定期清理，每次使用的成型材料少，剩余材料可以继续重复使用，设备可靠性高，运行费用和维护费用低。

6）高度柔性。这种成型方式不受所打印模具的形状和结构的任何约束，理论上可打印任何形状的模型，可用于复杂模型的直接制造。

二、三维喷涂粘结工艺的缺点

三维喷涂粘结快速成型技术在制造模型时也存在许多缺点。

1）**成型精度不高**。3DP 的成型精度分为打印精度和后处理的精度。打印精度主要受喷头距粉末床的高度、喷头的定位精度以及铺粉情况影响。如果使用粉状材料，其制件精度和表面质量比较差，制件易变形甚至出现裂纹，这些都是该技术目前需要解决的问题。

2）**制件强度较差**。由于采用粉末粘结原理，初始打印坯强度不高，而经过后续烧结的打印制件强度也会受到烧结气氛、烧结温度、升温速率、保温时间等多方面因素的影响，因此，确定合适的烧结工艺也是决定打印制件强度的关键所在。

任务三 熟识三维喷涂粘结工艺的流程

一、成型前期数据准备

三维喷涂粘结成型前期准备不需要设计支撑，未成型的粉末即可作为支撑材料，只需要利用三维 CAD 系统完成所需零件的模型设计，将模型转化为 STL 文件，利用专用切片软件将其切成薄片。

二、分层叠加过程

三维喷涂粘结的分层叠加工艺流程如图 8-2 所示。首先按照设定的层厚由铺粉辊从右往左移动，将储粉腔中的粉末均匀地在成型腔上铺上一层；然后按照设计好的零件模型，利用喷嘴按指定路径将黏结剂喷在预先铺好的粉层特定区域；之后工作台下降一个层厚的距离，继续由铺粉辊平铺一层粉末到刚才打印完的粉末层上；再由打印头按照第二层截面的形状喷黏结剂，逐层粘结后去除多余底料便得到所需形状的制件。

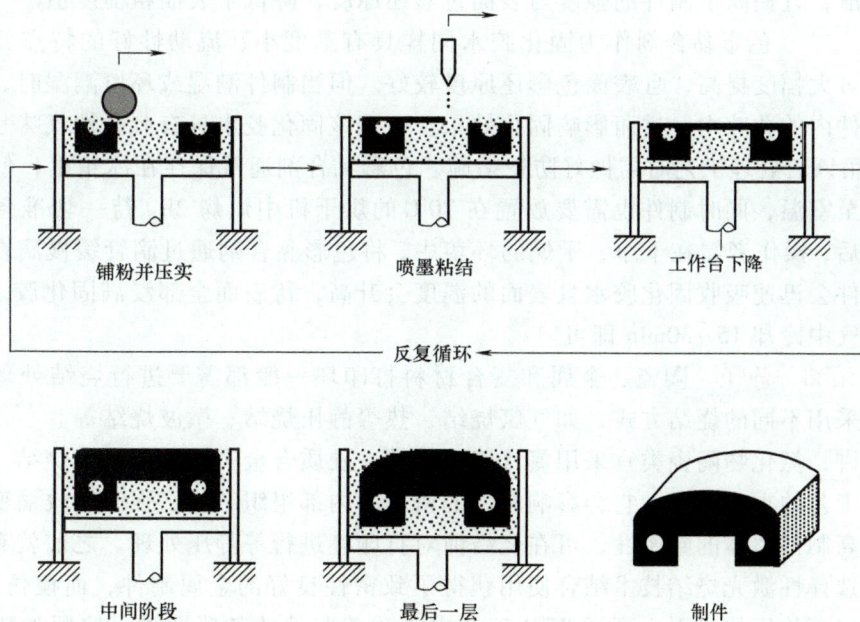

铺粉并压实　　　　　　喷墨粘结　　　　　　工作台下降

反复循环

中间阶段　　　　　　最后一层　　　　　　制件

图 8-2 三维喷涂粘结的分层叠加工艺流程

三、制件的后处理

3DP制件必须实施后处理，以提高制件的致密度、强度和表面色彩还原度。

1. 制件粉末的初步清理

由于3DP成型制件是和松散的粉末混合在一起的，它们之间不可避免地会存在一定的粘结残留，因此，取出制件时必须注意拿捏的位置和力度，特别是制件的薄壁处，强度较低，稍有不慎，容易坍塌。清理制件时应使用小刷子，刷去制件周围的粉末，但不需要强制性地进行细节特征的清理，只需将这些部位的附着粉末做初步清理即可。

打印坯如果强度较高，则可以直接从粉堆中取出，然后用刷子将周围大部分粉末刷去，剩余较少的粉末或内部孔道内无黏结剂粘结的粉末（干粉）可通过压缩空气吹散、机械振动、超声波振动等方法去除，特殊的也有采用浸入到特制溶剂中除去的方法。

如果打印坯强度很低，则可以用压缩空气将干粉小心吹散，然后对打印坯喷固化剂进行保形；对使用有些黏结剂得到的打印坯可以随粉堆一起先采用低温加热，固化得到较高的强度后再采用前述方法去粉。

2. 基于不同方法的后处理工艺

（1）浸蜡法　石蜡熔融后呈黏度较低的液态，其流动性好，容易渗透进多孔材料，可很好地填补制件内部与表面的孔隙，是3DP成型制件可选的后处理工艺之一。将石蜡隔水浴加热到60℃，使石蜡变为液体，并保持温度恒定。用托盘将成型制件缓慢放入蜡池中，液态石蜡便会快速渗透到制件内部的孔隙，浸泡处理时间可根据液面水泡的出现量来大致控制，待蜡液表面没有水泡渗出后，即可取出制件。由于浸蜡处理后的制件较软，需用托盘缓慢提出蜡池，为防止剧烈的温度变化影响制件精度与外观，应在40℃左右停留30～60min，然后在室温下冷却。随着温度降低，石蜡冷却凝固，制件内部与表面的孔隙会被填补，从而更加紧密光滑，且提高了制件的强度与表面色彩还原度，降低了表面粗糙度值。

（2）固化法　色彩黏合剂作为固化胶水同样具有黏度小、流动性好的特点，其粘结后制件的强度可大幅度提高，且表面色彩还原度较好。但当制件潮湿或环境潮湿时，它将无法进入石膏制件内的孔隙中，进而影响固化效果。由于该固化胶水具有刺激性气味且有一定的腐蚀性，选用该后处理工艺时需做好防护措施。色彩黏合剂通常保存在冰箱里，使用前需先取出并放置至室温，同时制件也需要放置在70℃的烘干机中烘烤2h。待一切准备就绪并做好防护措施后，操作者需在干净、干燥的环境中，将色彩黏合剂通过滴管缓慢滴在制件的表面，此时制件会迅速吸收固化胶水且表面的温度会升高，待表面全部浸满固化胶水后，将制件放置在空气中冷却15～30min即可。

（3）烧结和等静压　陶瓷、金属和复合材料打印坯一般都需要进行烧结处理，针对不同的材料可采用不同的烧结方式，如气氛烧结、热等静压烧结、微波烧结等。

通常来讲，氮化物陶瓷类宜采用氮气气氛烧结，硬质合金类宜采用微波烧结。烧结参数是整个烧结工艺的重中之重，它会影响制件的密度、内部组织结构、强度和收缩变形情况。

为了提高制件整体的致密性，可在烧结前对打印坯进行等静压处理。之前就有学者将等静压技术与选择性激光烧结技术结合使用获得了致密性良好的金属制件，而模仿这个过程，研究人员也将等静压技术引入到了3DP工艺中来改善制件的各项性能。按照加压成型时的温度高低，等静压分为冷等静压、温等静压、热等静压三种方式，每种方式都可针对不同的材料来加以应用。

（4）**表面喷涂法**　对于 3DP 打印成型的石膏制件，为提高其致密度，通常会采用高温煅烧的方法，先烧掉黏结剂，然后在高温下渗入金属，使制件致密化。黏结剂被高温煅烧后容易使彩色制件表面的颜色消失，因此，对于一些单色制件，通常可采取后期进行表面彩色喷涂的处理方法，以突出某些材质的色泽质感，如表面金属喷漆处理等。

3. 制件表面的后处理

根据制件的使用要求可以对浸蜡、固化、喷涂后的制件进行打磨、抛光等处理，以消除表面凹凸感，降低表面粗糙度值，以满足制件的应用功能要求。

任务四　了解三维喷涂粘结工艺的适用材料

三维喷涂粘结工艺成型所需的材料主要由粉末、黏结剂、添加剂组成。

一、粉末材料的特点及类型

粉末材料是三维喷涂粘结工艺的主体材料，其特性决定着是否能够成型以及成型制件的性能，主要影响制件的强度、致密度、精度和表面粗糙度以及制件的变形情况。

粉末材料的特性主要包括粒径及粒度分布、颗粒形状、密度等。粉末的粒径和粒度分布直接影响着粉末的物理性能以及与液滴的作用过程。粒径太小的颗粒会因范德瓦尔斯力或湿气容易产生团聚，影响铺粉效果，同时，粒径太小会导致粉末在打印过程中飞扬，堵塞打印头；粒径较大的粉末滚动性好，铺粉时不易形成裂纹状，但打印精度差，无法表达细节。理论上，球形的粉末流动性较好，且内摩擦较小，形状不规则的粉末滚动性较差，但填充效果好。

根据所使用打印机类型及操作条件的不同，粉末的粒径可为 $1\sim10\mu m$。研究表明，粉末颗粒的形状对打印效果的影响较小。3DP 工艺成型粉末需要具备如下特点：

1）颗粒小，最好成球状，均匀，无明显团聚。

2）粉末流动性好，使供粉系统不易堵塞，能铺成薄层。

3）在溶液喷射冲击下不产生凹陷、溅散和孔洞。

4）与粘结溶液作用后能很快固化。

可以使用的粉末材料主要有石膏粉末、金属粉末、陶瓷粉末、型砂粉末、淀粉或其他一些有合适粒径的粉末。

1. 石膏粉末

石膏的主要化学成分是硫酸钙（$CaSO_4$），是一种非常重要和常见的非金属矿产。石膏粉末具有成型速度快、精度高、价格低等优点。在石膏粉末中需要加入一定的添加剂，如黏结剂、速凝剂、分散剂、增强剂等。粉末材料的成分和比例对成型的精度、强度及可靠性有着重要的影响，常用的是半水硫酸钙。半水硫酸钙与水混合后，通过水化作用形成具有黏附力和内聚力的硫酸钙硬化体。黏结剂用作增强粉末黏附力的原材料，目前，聚乙烯醇是首选的黏结剂。而分散剂对粉末的流动性、粒径等都有利，由于石膏成型后硬度不是很高，而且密度相对较小，可以考虑加入廉价的二氧化硅粉末等加以调节。除此之外，考虑其快速固化等特点，还需要加入一些有特殊作用的试剂进行改性。

与其他快速成型技术相比，采用石膏粉末作为快速成型材料，不但可以大大降低模型制造的生产成本，通过采用合适的后处理方式，还可使制件强度高、不易变形，在某些场合替代现有的塑料和树脂模型，作为概念原型、功能测试原型、模具和实体零件使用，而且与其他类型的材料相比，石膏不受生产厂家的限制，产量大且价格相对便宜。

2. 金属粉末

金属材料的3DP打印近年来逐渐成为整个3D打印行业内的研究重点，尤其在航空航天、国防等一些重大领域。与传统的选择性激光烧结方法相比，3DP设备具有成本低和能耗低的优势。

因为金属零件一般需要较好的精度和强度，这就对材料特性和工艺流程提出了更高的要求。目前，金属粉末3DP成型的研究主要集中在成型工艺参数控制与优化、制件后处理强化工艺改进等方面。金属粉末3DP成型的制件通常需要采用致密化处理工艺，如浸渗、高温烧结和热等静压处理。经致密化处理后的制件线收缩率很大，使制件的最终尺寸产生较大偏差，难以得到近净产品，这是阻碍金属材料3DP快速制造工业化应用的关键所在。ExOne公司在金属材料的3DP成型方面做了很多的研究，目前已经商业化的材料包括316不锈钢、420不锈钢等。以316不锈钢为例，其采用的方法是首先利用3DP技术制备不锈钢坯件，再将坯件经绕结和渗铜处理，最终获得由60%不锈钢和40%青铜构成的制件，制件经致密化处理后，其致密度可达98%。此外，由于3DP成型制件孔隙率较大，多孔金属制件作为功能件使用也是目前金属材料3DP成型研究的方向。3DP工艺常用金属材料及应用见表8-1。

表8-1 3DP工艺常用的金属材料及应用

类型	牌号举例	应用
铁基合金	316L、GPI(17-4PH)、PHI(15-5PH)、18Ni300(MSI)	模具、刀具、管件、航空结构件
钛合金	CPTi、TC4、Ti6242、TA15、TC11	航空航天
镍基合金	IN625、IN718、IN738LC	密封件、炉辊
铝合金	AlSi10Mg、AlSi12、6061、7050、7075	飞机零部件、卫星

注：表中数据来自参考文献[20]。

3. 陶瓷粉末

陶瓷结构材料由于具有高强度、高硬度、耐腐蚀、耐高温等优异的性能而被广泛使用，但是高硬度的特性使其普通加工成形异常困难，3DP工艺的出现使陶瓷和陶瓷基材料的直接增材制造成为可能，相关的研究报道也较多。3DP成型陶瓷材料主要采用先成型陶瓷初始形坯，再通过脱脂脱去初始形坯中的有机物，最后进行高温烧结处理的工艺路线。也可采用冷等静压或熔浸的方式提高陶瓷件的致密度。有报道称，采用三维喷涂粘结技术制备用于浆料浇注的Al_2O_3陶瓷模具，与传统的石膏模具相比，具有强度高、干燥时间短等优点。而由于Ti_3SiC_2具有高的热导率和电导率，采用3DP工艺对覆膜Ti_3SiC_2陶瓷粉末成型后再进行熔浸处理的间接制备陶瓷基复合材料方式已成为该领域的研究热点。陶瓷材料也可用3DP做成具有内部微观孔的功能件，用来作为过滤器，应用于汽车尾气处理等，如堇青石陶瓷。利用3DP技术成型羟基磷灰石（HAP）、β-磷酸三钙（简称β-TCP）等生物陶瓷材料，也是目前研究的热点。

4. 型砂粉末

砂型铸造广泛应用于具有复杂空间结构的铸件，如发动机缸体和缸盖、叶轮、叶片、传动箱体、液压阀体等，具有生产工艺简单、成本低、应用合金种类广泛等特点。传统的铸造工艺，模样、芯盒等模具的设计和加工制造是一个多环节的复杂过程，其加工方式受制于模具的复杂程度，产品的研发和定型周期长且成本高。3DP技术的出现让砂型（芯）的无模制造成为可能。国内外对3DP成型铸造砂型（芯）的设备及材料进行了广泛的研究，德国Voxeljet公司将硅酸钠颗粒与硅砂混合作为成型材料，水基溶液作为黏结剂，通过黏结剂溶解粉末中的硅酸钠，在成型过程中通过加热使其物理脱水硬化从而固化。这种技术的优点是发气量低，绿色环保，其制件的弯曲强度可以达到2.2~2.8MPa。美国ExOne公司所用的材料有硅砂、陶粒砂（主要成分为硅铝酸盐）、铬砂、锆砂，其主要工艺是采用自硬呋喃树脂作为黏结剂，将固化剂混到原砂中，利用喷射的黏结剂与固化剂发生固化反应。这种方法无需后固化处理。

二、粘结材料

液体黏结剂分为几种类型：本身不起粘结作用、本身会与粉末反应及本身有部分粘结作用的液体黏结剂。本身不起粘结作用的黏结剂只起到为粉末相互结合提供介质的作用，在模具制作完毕之后会挥发到几乎没有任何残留，适用于本身就可以通过自反应硬化的粉末，如氯仿、乙醇等。对于本身会参与粉末成型的黏结剂，如粉末与液体黏结剂的酸碱性不同，可以通过液体黏结剂与粉末的反应达到凝固成型的目的。而目前最常用的是以水为主要成分的水基黏结剂，适用于可以利用水中氢键作用相互连接的石膏、水泥等粉末，黏结剂为粉末的相互结合提供介质和氢键作用力，成型之后挥发。或者是相互之间能反应的，如以氧化铝为主要成分的粉末，可通过酸性黏结剂的喷射反应固化。对于金属粉末，常常是在黏结剂中加入一些金属盐来诱发其反应。对于本身不与粉末反应的黏结剂，可以加入一些具有粘结作用的物质，通过液体挥发，剩下具有粘结作用的关键组分。其中可添加的粘结组分包括缩丁醛树脂、聚氯乙烯、聚碳硅烷、聚乙烯吡咯烷酮以及一些其他高分子树脂等，选择与这些黏结剂相溶的溶液作为主体介质，目前以水基黏结剂报道较多。3DP常用黏结剂、添加剂及其应用粉末类型见表8-2。

表8-2　3DP常用黏结剂、添加剂及其应用粉末类型

黏结剂		添加剂	应用粉末类型
液体黏结剂	不具备粘结作用，如去离子水	甲醇、乙醇、聚乙二醇、丙三醇、柠檬酸、硫酸铝钾、异丙酮等	淀粉、石膏粉末
	具有粘结作用，如UV胶		陶瓷粉末、金属粉末、砂子、复合材料粉末
	能与粉末反应，如酸性硫酸钙		陶瓷粉末、复合材料粉末
固体粉末黏结剂	聚乙烯醇粉末、糊精粉末、速溶泡花碱	柠檬酸、聚丙烯酸钠、聚乙烯吡咯烷酮	陶瓷粉末、金属粉末、复合材料粉末

三、添加材料

成型材料除了主体粉末和黏结剂外，还需要加入一些粉末助剂调节其性能，如保湿剂、快干剂、润滑剂、促凝剂、增流剂、pH调节剂及其他添加剂（如染料、消泡剂）等。加入

的保湿剂如聚乙二醇、丙三醇等可以起到很好地保持水分的作用，便于黏结剂的长期稳定储存。可加入一些沸点较低的溶液如乙醇、甲醇等来加快黏结剂多余部分的挥发速度，另外丙三醇的加入还可以起到润滑作用，减少打印头的堵塞。对于一些以胶体二氧化硅或类似物质为凝胶物质的粉末，可加入柠檬酸等促凝剂强化其凝固效果。添加少量其他溶剂（如甲醇等）或者加入分子量不同的有机物可调节其表面张力和黏度，以满足打印头所需条件。表面张力和黏度对打印时液滴成型有很大影响，液滴的形状和大小直接影响打印的成型精度。为提高液体黏结剂的流动性，可加入聚乙二醇、硫酸铝钾、异丙酮、聚丙烯酸钠等作为增流剂，加快打印速度。另外，对于那些对溶液 pH 有特殊要求的黏结剂，可通过加入三乙醇胺、四甲基氢氧化铵、柠檬酸等调节 pH。另外，出于打印过程美观或者产品需求，需要加入能分散均匀的染料等。可加入脂肪酸、磷酸酯、改性聚乙烯醇、聚硅氧烷和聚醚改性聚硅氧烷、硅烷、疏水性硅烷、脂肪酰胺、金属皂、三烷基磷酸酯和一些天然产物等作为黏结剂的消泡剂，还可以加入如山梨酸钾、苯甲酸钠等作为防腐剂。但要注意的是，添加助剂的用量不宜太多，一般小于材料总体质量分数的 10%，助剂太多会影响粉末打印后的效果及打印头的力学性能。

四、后处理材料

三维喷涂粘结工艺还需适宜的后处理工序，以增加打印制件的强度、硬度等，防止其掉粉末，以及因为长期放置吸水导致强度降低等，延长制件使用寿命。

后处理过程主要包括静置、强制固化、去粉、包覆等。打印过程结束之后，需要将打印的制件静置一段时间，使得成型的粉末和黏结剂之间通过交联反应、分子间作用力等作用固化完全，尤其是对于以石膏或者水泥为主要成分的粉末，成型的首要条件是粉末与水之间作用硬化，之后才是黏结剂部分的加强作用。当制件具有初步硬度时，可根据类别采取措施进一步强化作用力，如加热、真空干燥、紫外光照射等。此工序完成之后所制备的制件具备较高硬度，需要将表面多余的粉末除去。用刷子将周围大部分粉末刷去后，剩余较少粉末可通过机械振动、微波振动、不同方向风吹等方法除去。也可将制件浸入特制溶剂中，达到除去多余粉末的目的。对于去粉完毕的制件，特别是石膏基、陶瓷基等易吸水材料制成的制件，还需要考虑其长久保存的问题。常见的方法是在制件外面刷一层防水固化胶，或者以固化胶固定器连接关键部位，防止因吸水而减弱强度，或者将制件浸入能起保护作用的聚合物（如环氧树脂、氰基丙烯酸酯、熔融石蜡等）中。最后的制件可兼具防水、坚固、美观、不易变形等特点。

任务五 熟识三维喷涂粘结工艺的精度

一、三维喷涂粘结工艺精度分析

3DP 加工中有多个因素影响其精度。

1）将 CAD 模型通过软件数据接口转换成 STL 格式文件时产生误差。由于 STL 模型用大量小三角形面片来近似逼近 CAD 模型表面，使 STL 模型对原模型的描述存在误差，多个曲面进行三角化时，在曲面相交处会产生破损或重复等缺陷。由于 STL 三角形面片组合成的模型不包含拓扑信息，三角形面片的公用点、边线都被单独保存，使数据量非常大。

2）进行分层处理会产生误差。阶梯效应、切片分层厚度和角度都会使成型后的实体存在较明显的误差。

3）3DP 打印过程中制件的变形，成型后黏结剂中多余水分未经足够的干燥去除，以及由于温度和构造产生应力变化造成的变形等，都会影响 3DP 成型的精度。

二、三维喷涂粘结工艺误差的解决方案

1）减少分层带来的误差。尽量减小每层的厚度以降低尺寸误差，提高成品表面质量。例如，在 3DP 打印控制软件中使用精细打印功能以提高打印精度，但打印时间将会增加。

2）注意分层方向对成型后制件表面质量的影响。同一模型在不同角度不同轴线方向上分层将使成型后的误差有不确定性，较难确定误差的变化量，因此，要针对模型选择适合的分层角度和方向，以减少变动，降低误差。

3）寻求可将三维 CAD 模型直接分层的软件，无须进行 STL 格式转换，减少因采用三角片面近似逼近实体模型带来的误差。

4）寻求能按照三维模型的曲率和斜率自动调整分层厚度的软件，使制件有高品质表面。

5）研究新的成型方法、材料及制件表面处理方法，减少变形，提高制件的稳定性。

任务六　了解三维喷涂粘结工艺的应用

作为一种新兴技术，3DP 技术应用的边界还远远未被划定。无数研究人员正在通过无比的创造力和卓有成效的实践，在众多领域应用 3DP 技术。目前 3DP 技术迅速在工业造型、制造、建筑、教育、艺术、医学、航空航天、生物和电子等领域得到广泛的应用。

一、三维喷涂粘结工艺在模型制作领域的应用

3DP 成型可以用于产品模型的制作，不仅能提高设计速度，提高设计交流的便捷性，还能进行产品结构设计评估和样件功能测评。除了一般工业模型，3DP 还可以成型彩色模型，特别适用于建筑模型、概念模型、教育模型以及营销展示模型等。彩色模型的应用实例如图 8-3 所示。

此外，彩色原型制件可表现出三维空间内的温度、应力分布情况，这对于有限元分析尤其有用。基于有限元分析的数据，应用 3DP 技术可打印出几百万色的彩色应力分布模型，便于设计人员快速了解产品设计中的材料应力分布，发现产品的薄弱之处并及时修改。

二、三维喷涂粘结工艺在铸造领域的应用

3DP 技术无须制造模具，且成型的砂型不受形状的限制，因此，应用于铸造领域主要有以下优势：首件研制周期缩短，成本大大降低，尤其是可大幅度缩减复杂铸件的模具成本，同时还适用于单件、小批量铸件的生产；取消了模具制造的同时也取消了翻砂造型，不存在起模斜度，可在一定程度上减轻铸件重量；成型过程完全数控，砂型质量不受人为因素影响，铸件质量稳定性高。目前，航空航天、能源、汽车等行业均用到了 3DP 技术进行铸件生产，并取得了一定成效。图 8-4 所示为应用 3DP 技术打印的汽车发动机缸体。3DP 技术尤其适合于复杂特征零件的三维打印，图 8-5 所示为应用 3DP 技术打印的复杂管路砂型。

图 8-3 彩色模型

图 8-4 应用 3DP 技术打印的汽车发动机缸体

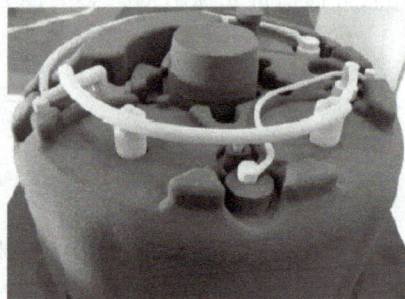

图 8-5 应用 3DP 技术打印的
复杂管路砂型

三、三维喷涂粘结技术在医学领域的应用

运用 3DP 技术可以快速精确地制造人体的器官模型。借助器官模型，医生可以对患者进行病情诊断，同时进行充分的术前讨论，以寻求最佳的手术治疗方案，从而有效缩短手术时间，降低手术风险。由于医用模型的应用易于推广，该市场在发达国家正迅速扩张。图 8-6 所示为上颌基托蜡型及实物，图 8-7 所示为应用 3DP 技术制作的脚指骨医用模型。

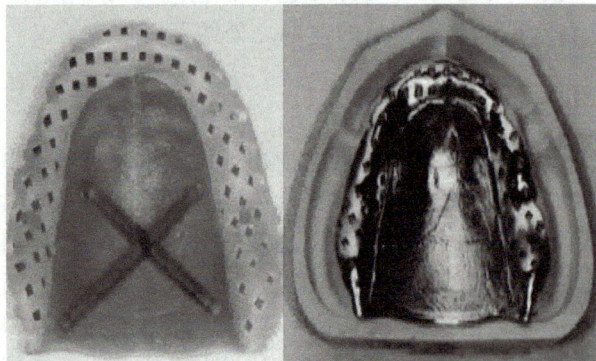

图 8-6 上颌基托蜡型及实物

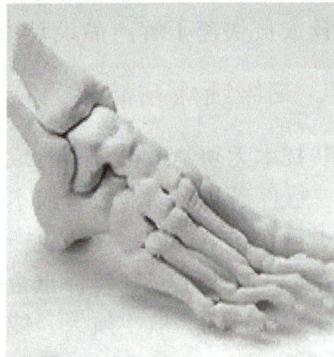

图 8-7 脚指骨医用模型

小　结

三维喷涂粘结技术分为三种：粘结材料三维喷涂粘结技术、光固化三维喷涂粘结技术和熔融材料三维喷涂粘结技术。三维喷涂粘结技术工作原理是将三维软件绘制好的模型，通过软件进行切片分层并生成加工代码文件，将这些加工代码文件通过计算机导入 3D 打印机内，控制喷头用黏结剂将切片分层好的模型的每一层截面"印刷"在基体粉末原料之上，层层叠加，从下至上，直到把一个模型的所有层打印完毕，并经过一定的后处理（如烧结等）而得到最终的打印制件。3DP 设备的工作原理类似于喷墨打印机，不过喷出的不是墨水，而是黏结剂。

三维喷涂粘结工艺成型所需的材料主要由粉末、黏结剂、添加剂组成。粉末材料是三维喷涂粘结工艺的主体材料，主要有石膏粉末、金属粉末、陶瓷粉末、型砂、淀粉或者是其他一些有合适粒径的粉末。液体黏结剂分为几种类型：本身不起粘结作用、本身会与粉末反应及本身有部分粘结作用的液体黏结剂。

三维喷涂粘结工艺广泛应用于模型制作、铸造、生物、医学等领域。未来，随着材料的多元化以及成本的降低，三维喷涂粘结工艺还将在更多的领域中得到应用。

素养提升

2020 年 5 月 8 日，由中国航天科技集团有限公司第五研究院研制的新一代载人飞船试验船返回舱，在东风着陆场预定区域成功着陆！此次试验船飞行任务的圆满成功，实现了我国超大尺寸整体钛框架 3D 打印制造件在航天领域的首次应用。载人飞船返回舱防热大底框架结构是气动力热作用下最主要的承力部件，由航天五院总体部主导研制的直径达 4m 的超大尺寸整体钛框架全部采用鑫精合公司的 3D 打印工艺制造，成功实现了减轻重量、缩短周期、降低成本的目标。新一代载人飞船试验船的成功返回标志着我国超大尺寸关键结构件整体 3D 打印技术通过大考。

课后练习与思考

1. 简述三维喷涂粘结工艺的主要类型。
2. 简述三维喷涂粘结工艺的主要原理。
3. 简述三维喷涂粘结技术的工艺特点。
4. 简述三维喷涂粘结成型技术的工艺流程。
5. 简述三维喷涂粘结技术的材料分类及典型材料特性。
6. 三维喷涂粘结技术主要应用在哪些领域？举例说明。
7. 搜集查阅资料，谈一谈你对三维喷涂粘结技术未来发展趋势的看法。

项目九

其他3D打印成型工艺

【项目导入】

本项目主要介绍金属3D直接打印成型技术。与传统的制造技术相比,金属3D直接打印成型技术不仅可以缩短产品研发周期、降低研发成本、快速应对市场需求,而且其设计自由度宽泛以及易于与其他制造技术进行集成的特点为制造业单件、小批量、个性化零件的生产提供了可能,使之成为21世纪最具潜力的制造技术之一。金属3D直接打印技术作为整个3D打印体系中最为前沿和最具潜力的技术,是目前先进制造技术的重要发展方向,而直接制造金属功能零件将会成为该技术的主要发展方向。

目前采用金属粉末添置方式的金属3D打印技术主要分为三类:激光选区熔化(Selective Laser Melting, SLM)成型技术、激光近净成型(Laser Engineered Net Shaping, LENS)技术、电子束选区熔化(Electron Beam Selective Melting, EBSM)成型技术。采用熔丝沉积方式的金属3D打印技术主要分为两类:电子束熔丝沉积成型技术和电弧熔丝沉积成型技术。

采用金属3D直接打印技术制造的零件具有较高的强度、尺寸精度、轻量性和水密性,因而该技术已经在航空航天、国防、汽车、医疗、电子等领域得到了应用,这些应用体现了直接由CAD数据向实体零件快速转化的制造技术的优越性。这一技术已经不止是对铸、锻、焊以及电火花加工等传统制造技术的补充,其对零件形状以及对加工材料无限制的制造特点使之更加优于传统技术。本项目将介绍几种金属3D直接打印成型技术。

【学习导航】

1) 认知激光选区熔化成型技术。
2) 认知激光近净成型技术。
3) 认知电子束选区熔化成型技术。
4) 认知电子束熔丝沉积成型技术。
5) 认知电弧熔丝沉积成型技术。

【项目实施】

任务一　认知激光选区熔化成型技术

一、SLM 成型技术的工艺原理

激光按给定路径扫描铺粉器预先铺放的一层金属粉末（厚度为 20~100mm），该层金属粉末熔敷于前一层之上形成冶金结合。此时，图 9-1 中左侧成型缸下降一个步长（一层厚度），同时右侧料缸上升一个步长，刮板将金属粉材推向成型区，均匀铺层。预热后激光再次扫描熔敷，逐层堆积，周而复始，直至完成整个零件的 3D 打印成型。在这个过程中，不用其他工艺或手段，直接加工得到所设计的零件。由于是直接成型，要求激光能量足够大才能保障零件加工过程的顺利进行。在利用 SLM 加工零件的整个过程中，根据材料以及加工要求，可对工作台抽真空或者充入保护气，以有效防止金属粉末尤其是容易氧化或燃点比较低的粉末在熔化和凝固过程中氧化或燃烧，既可确保制造零件的精度，又可以保证加工过程的安全性。SLM 成型技术的工艺原理如图 9-1 所示。

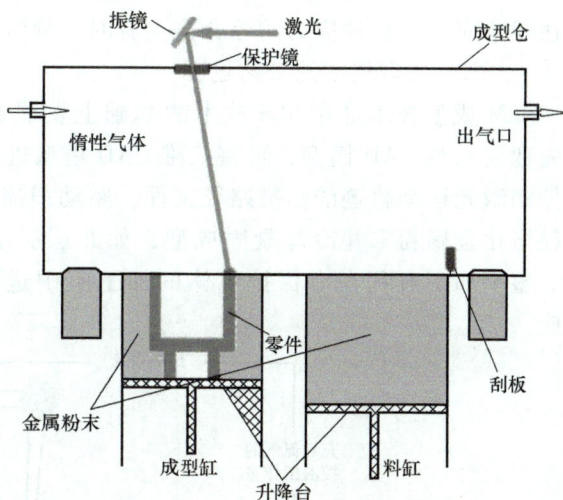

图 9-1　SLM 成型技术的工艺原理

二、SLM 成型技术的工艺特点

1. SLM 成型技术的优点

1）可以大大缩短产品的生产周期。由于 SLM 成型工艺简单，无须后处理，可以大大缩短产品的生产周期。

2）由于激光扫描金属粉末后，金属粉末快速熔化后又极快凝固，在此过程中，会产生一些相比其他工艺不太常见的细小组织，而且凝固过程类似铸造过程，零件比较致密，致密度接近 100%，使其加工得到的零件有很好的力学性能，与铸件和锻件相当甚至更好，与此同时还有较强的耐蚀性。

3）加工过程中用过的粉末，收集起来过筛处理后可以重复使用，这样就节约了材料。另外，由于加工过程可以在真空或有保护气的条件下进行，凡是在特定激光功率下能够熔化的材料都可以进行加工，故可用于加工的材料范围极其广泛。

4）由于光斑直径小，能量高，可以制备精度较高的零部件。同时，因为是直接加工成型产品，可以制备任何复杂的零件。理论上，只要是可以利用 CAD 进行三维建模，并利用特定软件对其进行切片分层，无论外形和内置结构多复杂的零件，都可以通过 SLM 加工制得。

2. SLM 成型技术的不足之处

1）SLM 成型过程中有球化现象。成型过程中上、下两层粉末熔化不充分，由于表面张力的作用，熔化的液滴会迅速卷成球形，从而导致球化现象。为了避免球化，应该适当地增大输入能量。

2）翘曲变形。SLM 成型过程是一个复杂的物理、化学、冶金过程，金属粉末熔化快，熔池存在时间短，快速凝固成型时存在较大的温度梯度以致容易产生较大的热应力，冷却过程中会发生组织转变。不同组织的热膨胀系数不一样，也会产生组织应力，并且凝固组织还存在残余应力，多种应力的综合作用有时会导致制件的翘曲变形与裂纹。

3. SLM 成型技术的工艺过程

SLM 成型技术是在 SLS 技术的基础上发展起来的，其成型过程与 SLS 技术基本相同：首先建立三维 CAD 模型，再将三维 CAD 模型进行切片分层，获取各截面的轮廓信息，并生成控制激光运动轨迹的扫描路径文件。驱动扫描控制系统，使得激光器输出的激光束沿扫描路径熔化金属粉末并冷却凝固成型，如此层层堆积，直到整个零件加工完毕，如图 9-2 所示。整个加工过程在有保护气体的加工室中进行，以避免金属在高温下与其他气体发生反应。

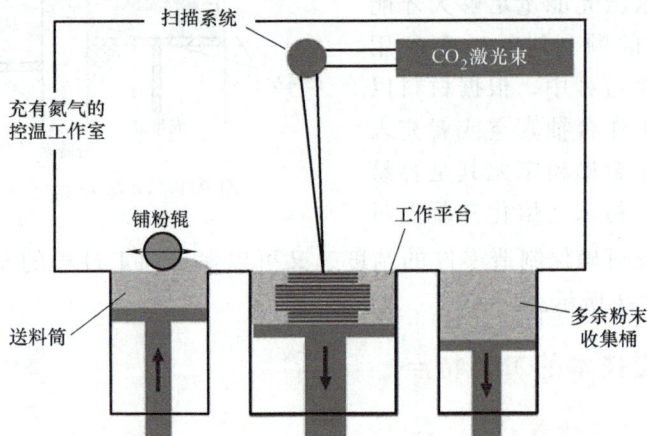

图 9-2　SLM 成型技术的工艺流程图

SLM 技术与 SLS 技术最重要的区别在于：SLM 技术使用更高功率密度的激光器，能聚焦到直径为几十微米大小的光斑，将金属粉末完全熔化成型，可以成型单一成分的金属粉末，且适用于精度要求高的精密零件。

任务二　认知激光近净成型技术

一、LENS 技术的工艺原理

激光近净成型技术于 20 世纪 90 年代中期在全世界很多地方相继发展起

13. LENS
技术

来。由于这是一个全新的研究领域，许多大学和机构是分别独立进行研究的，因此对这一技术的命名可谓是五花八门。例如，美国 Sandia 国家实验室的激光近净成型（Laser Engineered Net Shaping，LENS）技术，美国密歇根大学的直接金属沉积（Direct Metal Deposition，DMD），英国伯明翰大学的直接激光成型（Directed Laser Fabrication，DLF），中国西北工业大学的激光快速成型（Laser Rapid Forming，LRF）等。虽然名称不尽相同，但是它们的原理基本相同。

LENS 技术的成型原理为：高功率激光通过聚焦后形成一个较小的光斑，作用于基体并在基体上形成一个较小的熔池，同时粉末运输系统将金属粉末通过喷嘴输送到熔池中，粉末经熔化、凝固后形成一个致密的金属点。随着激光在零件上的移动，逐渐形成线和面，最后通过面的累加形成三维金属零件。图 9-3 所示为激光近净成型技术的工艺原理。

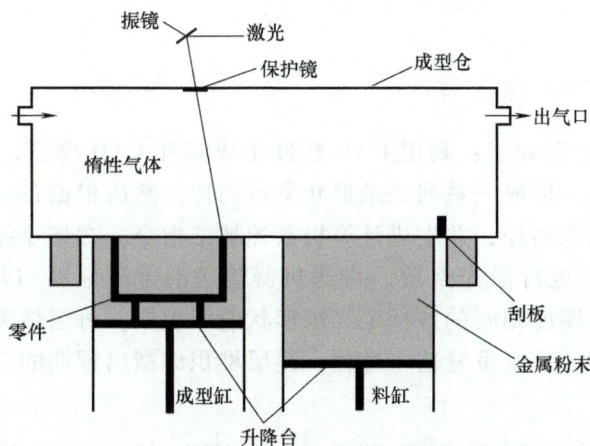

图 9-3　激光近净成型技术的工艺原理

粉末的喷出方式可分为单侧送粉和同轴送粉两种类型，其原理如图 9-4 所示。单侧送粉方式作为传统送粉方式，因操作简单故使用较为广泛，但其局限性在于送粉聚中性不好，加工方向单一，不易控制激光束，且激光束与送给粉末的重合作用区容易出现偏离，在激光熔覆过程中不易保证质量，一般粉末利用率偏低，同时送粉器的侧向结构影响加工时的方便性、灵活性。同轴送粉方式明显可以克服单侧送粉方式的这些缺点，在应用中更灵活，可达到更好的熔覆效果。

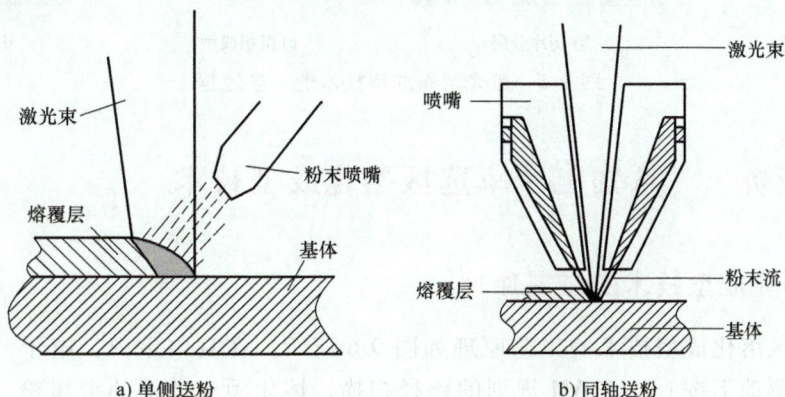

a) 单侧送粉　　　　　　　　b) 同轴送粉

图 9-4　单侧送粉和同轴送粉原理图

二、LENS 技术的工艺特点

LENS 技术工艺有如下优点：

1）能够直接制造致密的金属零件，其硬度、强度等力学性能较好，与相同材料的轧制件相近。

2）材料适应性强，可以加工铁、铝、钛、镍等多种金属粉末及其混合粉末，能够通过改变粉末的成分制造梯度功能材料。

3）材料与激光相互作用时快速熔化和凝固，使其可以得到常规加工方法下无法得到的组织，如高度细化的晶粒、晶内亚结构、高度过饱和固溶体等。

LENS 技术工艺的不足之处：成型件容易开裂，精度较低，且不易制造带悬臂的零件，粉末材料利用率偏低。

三、LENS 技术的工艺过程

LENS 技术的工艺过程如下：利用 CAD 软件生成零件 CAD 模型，再将模型通过成型控制软件以一定间距分层，形成一系列二维形状平行切片，然后根据各层切片轮廓设计出合理的实际成型激光扫描填充路径，并生成计算机数控加工指令。在指令控制下，在气氛可控的保护箱（防止氧化）中进行激光熔覆，将送料器输送的金属原料与基体熔化，冶金结合，逐点填充熔覆出与切片厚度相同的各特定二维形状的沉积层，每层熔覆完成后，激光头都相对工作台提升一定高度，反复重复这一过程，逐层堆积成型出预期的三维实体金属零件，如图 9-5 所示。

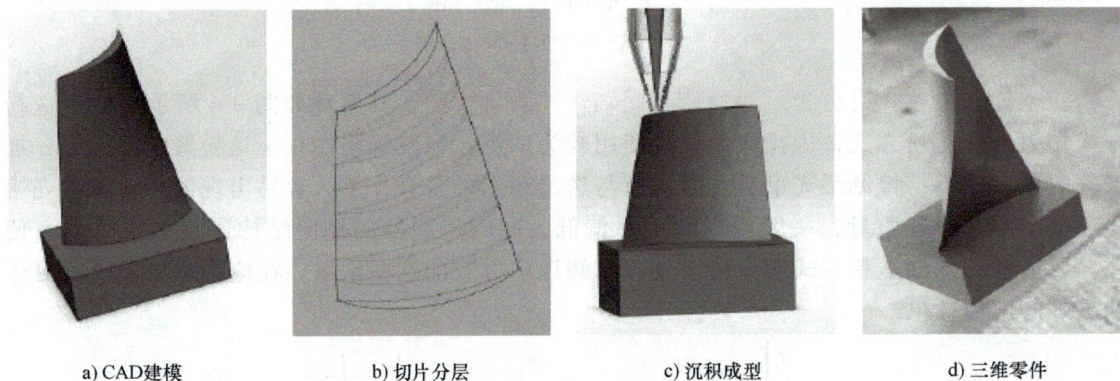

a）CAD建模　　　　b）切片分层　　　　c）沉积成型　　　　d）三维零件

图 9-5　激光近净成型技术的工艺过程

任务三　认知电子束选区熔化成型技术

一、EBSM 成型技术的工艺原理

电子束选区熔化成型技术的工艺原理如图 9-6 所示。在真空室内，电子束在偏摆线圈驱动下按 CAD/CAM 规划的路径扫描，熔化预先铺层的金属粉末，完成一个层面的扫描后，工作箱下降一个层高。铺粉器重新铺放一层粉

14. 电子束选区熔化技术

末，电子束再次扫描熔化。如此反复进行，层层堆积，直接成型出需要的零件。

二、EBSM 成型技术的工艺特点

EBSM 成型技术工艺有如下优点：

1）成型过程不消耗保护气体，完全隔离外界的环境干扰，无须担心金属在高温下的氧化问题。

2）无须预热。成型过程是在真空状态下进行的，没有气体对流，热量的散失只来源于辐射，因而成型过程中的热量能得到保持，温度常维持在 600～700℃。没有预热装置，却能实现预热的功能。

3）力学性能好。使用 EBSM 技术成型的制件组织非常致密。由于成型过程在真空下进行，制件内部一般不存在气孔，内部组织呈快速凝固形貌，力学性能甚至比锻件都要好。

4）由于 EBSM 工艺在真空环境中成型，制件没有其他杂质，完全保持着原始的粉末成分，这是其他快速成型技术难以做到的（如在 SLM 中，即使采用充氩气保护，仍有可能因成型室气密性不强或保护气纯度不够引进新的杂质）。

5）电子束能够聚焦为极其微细的光斑，光斑直径甚至能聚焦到 0.1μm，加工面积可以很小，因此，EBSM 技术是一种精密的加工方法。

6）成型过程一般不需要额外添加支撑。

EBSM 成型技术也有如下不足之处：

1）成型前需长时间抽真空，便使得成型准备时间很长，且抽真空会消耗很多电能，占去了大部分功耗。

2）成型完毕后，由于不能打开真空室，热量只能通过辐射散失，降温时间相当漫长，降低了成型效率。

3）需要一套专用设备和真空系统，价格较高。

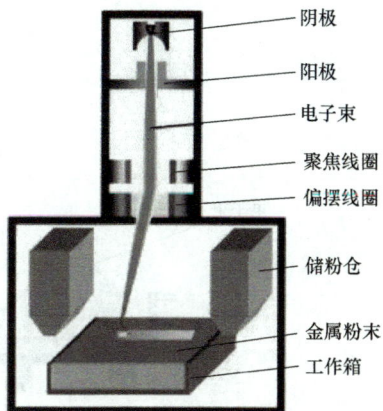

图 9-6　电子束选区熔化
成型技术的工艺原理

阴极
阳极
电子束
聚焦线圈
偏摆线圈
储粉仓
金属粉末
工作箱

三、EBSM 成型技术的工艺流程

EBSM 成型技术的工艺流程与 SLM 成型技术类似，只是热源不同。EBSM 是高能电子束根据零件的三维模型数据文件，选择性地熔化金属粉末层，逐层加工生成金属零件的成型工艺，具体工艺流程如下：

1）用 CAD 建模软件设计或者通过扫描获取零件的三维模型数据文件（如 STL 格式文件）。

2）用分层软件将三维模型数据文件分为设定层厚的分层文件，格式为 CLI（Common Layer Interface），分层文件中包含着填充线的间距、电子束扫描轨迹等信息。

3）金属零件成型。成型过程如图 9-7 所示。在成型过程中，控制软件读取 CLI 文件，并将 CLI 文件中每层零件的截面信息转换为控制电子束偏转和聚焦的电信号，经过功率放大后控制电子束的偏转和聚焦，选择性地熔化成型平台上的金属粉末；逐层扫描熔化金属粉末，熔化区域的粉末颗粒间形成冶金结合。

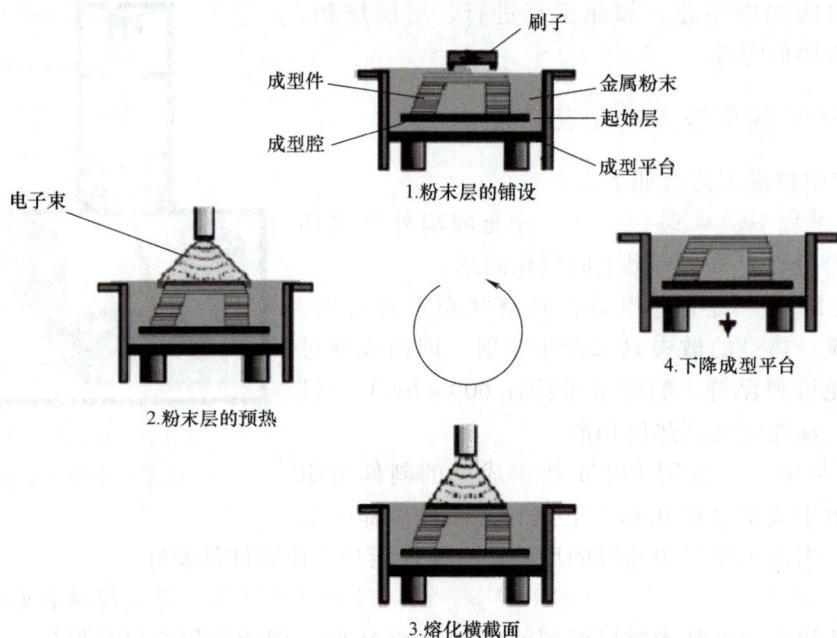

图 9-7　金属零件的成型过程

4）在成型结束后，等待成型腔温度降低到金属材料不会被氧化的温度，打开真空室，取出零件。将零件上附着的金属粉末去除，即可得到成型的金属零件。

任务四　认知电子束熔丝沉积成型技术

一、电子束熔丝沉积成型技术的工艺原理

电子束熔丝沉积成型技术是基于"离散-堆积"原理发展起来的一种高效率金属 3D 直接打印技术，其工作原理是：在真空成型环境中，利用具有高能量的电子束作为热源，将送进的金属丝材熔化，按照规划好的成型路径，逐点、逐层堆积，直至成型出金属零件。电子束熔丝沉积成型技术的工艺原理如图 9-8 所示。

二、电子束熔丝沉积成型技术的工艺特点

1. 电子束熔丝沉积成型技术的优点

1）原材料仅使用线（丝）材，价格大大低于粉材，且 100% 进入熔池。

2）超高速的金属沉积速率，成型速度快。

3）可打印大部分合金材料，包括熔

15. 电子束熔丝成型技术

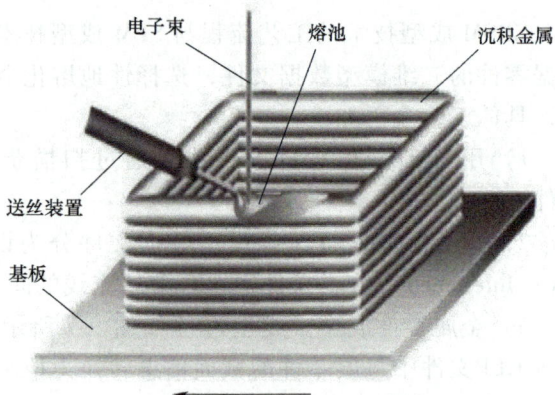

图 9-8　电子束熔丝沉积成型技术的工艺原理图

点很高的合金材料，完全致密，力学性能接近或等效于锻件。

4）可打印超大型以及巨型的非标零部件，目前最长达 7.2m。

2. 电子束熔丝沉积成型技术的缺点

1）制件表面误差在 2~3mm，需要数控机床完成精加工及表面抛光。

2）需要一套专用设备和真空系统，价格较高。

三、电子束熔丝沉积成型技术的工艺过程

电子束熔丝沉积成型技术的工艺流程如图 9-9 所示，具体如下：

1）创建 CAD 三维模型。

2）使用专用切片软件进行切片。设定层厚、行走路径和速度、送丝速度等参数。

3）近净成型。使用电子束发生器作为能量源，在真空环境下通过电子束熔化金属线材，在制件表面形成熔池，熔池在制件表面移动，离开热源的熔池快速冷却、结晶固化，达到零件"近净型"形态。

4）对制件进行热处理以消除内应力。

5）通过 CNC 数控机床完成制件的精加工及表面抛光。

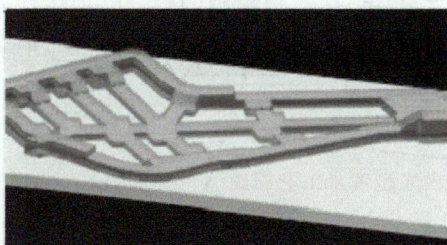

a) 创建CAD三维模型及切片分层　　　　　b) 逐层沉积

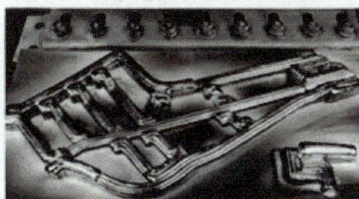

c) 近净成型部件　　　　　d) 打磨/热处理加工

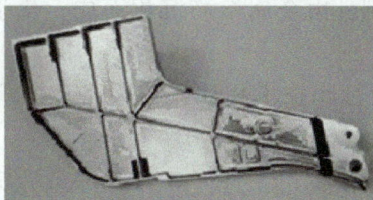

e) 最终部件

图 9-9　电子束熔丝沉积成型技术的工艺流程图

任务五 认知电弧熔丝沉积成型技术

一、电弧熔丝沉积成型技术的工艺原理

电弧熔丝沉积成型技术也是基于"离散-堆积"原理，与电子束熔丝沉积成型技术类似，只是热源和成型条件不同。电弧熔丝沉积成型技术是以电弧作为成型热源将金属丝材熔化，按设定的成型路径堆积每一层片，采用逐层堆积的方式形成所需的三维实体零件。其成型工艺原理如图 9-10 所示。

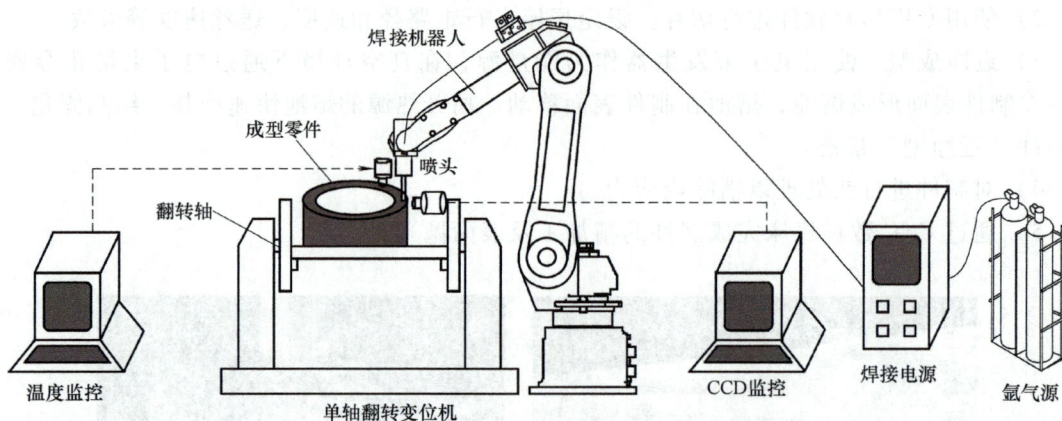

图 9-10 电弧熔丝沉积成型技术工艺原理

采用电弧熔丝沉积成型技术打印铝、不锈钢、铜、碳钢等金属丝材时，由于电弧成型喷嘴本身就有氩气保护，不需专门的保护腔。但是打印钛及其合金等金属丝材时还是需要氩气或者其他气体保护腔（钛合金难熔且化学活性高，在熔融状态下能与大部分的耐火材料和气体发生反应）。

二、电弧熔丝沉积成型技术的工艺特点

1. 电弧熔丝沉积成型技术的优点

1）直接从 CAD 模型制得制件，可以成型各种形状的复杂件，制造成本低，加工周期短。

2）电弧熔丝沉积技术成型制件由金属熔滴沉积而成，化学成分均匀、致密度高，具有强度高、韧性好等优点。

3）与其他几种金属 3D 直接打印技术相比具有设备成本低，生产运行费用低，设备维护简单的优点。

4）在生产形状复杂的单件或小批量零件时，具有经济、快速的优点，从而可以使产品迅速更新换代，以适应市场变化的需求。

5）丝材利用率接近 100%，节约了成本，尤其对于比较贵重的合金材料，这个优点非常必要。

2. 电弧熔丝沉积成型技术的不足之处

1）成型工艺需要改进。成型过程中材料以高温液态熔滴金属过渡的方式堆积，制件的表面质量和精度不容易控制，制件的表面粗糙度值较大，尺寸精度相对较差。因在成型过程中重复地不均匀加热和冷却，使内部应力和应变非常复杂，不但影响制件的力学性能和成型精度，甚至可能导致制件失真乃至开裂。因此，优化加工工艺，保障表面质量和尺寸精度就成为电弧熔丝沉积成型技术必须要解决的一个问题。

2）成型系统有待优化。电弧熔丝沉积成型技术是复杂的机电一体化体系，要求电源工作稳定，夹持牢靠，送丝均匀，三维运动协调机构与焊炬的运动协调一致，从而满足成型系统稳定、高效、柔性的要求。目前的成型系统在材料堆积过程只能采用开环或半闭环控制，不具备闭环控制功能，所以控制精度和可靠性不高，成型过程中高热、高亮的工作环境又制约了视觉传感器的使用，故而焊接过程的实时控制难以实现。

3）成型材料的成型性能需要进一步提高。电弧熔丝沉积成型技术是为了制造结构复杂、功能性强的原型金属件，所选择的材料必须满足其使用性能和成型工艺的要求。目前，对电弧熔丝沉积成型材料的研究较少，研究内容大多局限于材料的焊接性上，而对有关材料的成型性能缺乏系统的研究。不同的成型工艺、制件的结构、性能都需要不同的成型材料；反之，成型材料也决定了制件的性能，因此，成型材料的进一步开发也是个亟待解决的问题。

三、电弧熔丝沉积成型技术的工艺流程

电弧熔丝沉积成型技术的工艺流程与电子束熔丝沉积成型技术的工艺流程基本一致，具体如下：

1）创建 CAD 三维模型。

2）使用专用切片软件进行切片。设定层厚、行走路径和速度、送丝速度等参数。

3）近净成型。使用电弧作为能量源，通过电弧熔化金属线材，在制件表面形成熔池，熔池在制件表面移动，离开热源的熔池冷却、结晶固化，达到零件"近净型"形态。

4）对制件进行热处理以消除内应力，改善金属组织结构。

5）最后通过数控机床完成制件精加工及表面抛光。

金属 3D 直接打印成型技术对高性能金属材料（包括稀有金属材料）而言，是一种极为有利的加工制造技术。相较于材料去除（或变形）的传统加工和常见的特种加工技术，基于增材制造的金属 3D 直接打印成型技术有着极高的材料利用率。当前金属 3D 直接打印成型技术的金属材料主要集中在钛合金、高温合金、高强钢以及铝合金等材料体系。

1. 黑色金属

（1）不锈钢　不锈钢是最廉价的金属 3D 直接打印成型材料，其打印出的高强度不锈钢制件表面略显粗糙，且存在麻点。不锈钢具有各种不同的光面和磨砂面，常被用作工艺品、功能构件和中小型雕塑等的 3D 打印。

（2）高温合金　高温合金主要应用于航空航天，因其强度高、化学性质稳定、不易成型，以及传统加工工艺成本高等因素，利用金属 3D 直接打印成型技术来实现成型具有明显的优势。随着 3D 打印技术的不断研究和进一步发展，金属 3D 直接打印高温合金因其加工工时少和成本低的优势将得到更广泛的应用。

2. 有色金属

（1）铝及铝合金 铝及铝合金因其质轻、强度高的优越性能，在制造业的轻量化需求中得到了大量应用。目前，应用于金属3D直接打印的铝合金主要有AlSi12和AlSi10Mg两种。AlSi12是具有良好的热性能的轻质增材制造金属粉末，可应用于薄壁零件，如换热器或其他汽车零部件，还可以应用于航空航天及航空工业级的原型及生产零部件。硅/镁组合使铝合金具有更高的强度和硬度，使其适用于成型薄壁以及复杂的几何形状的零件，尤其是在需要具有良好的热性能和低重量场合。

（2）钛及钛合金 钛合金具有强度高、密度小，力学性能好，韧性和耐蚀性好等优点，是目前在航空航天等领域应用最广泛的一种金属3D直接打印材料。

随着3D打印技术的不断进步，金属3D直接打印材料的种类将不断丰富，性能也将不断提升。

小 结

金属3D直接打印成型技术是最具有发展潜力的3D打印技术，也是目前世界各国研发投入最多的一项3D打印技术。在本项目中，主要学习了几种金属3D直接打印成型技术的工艺原理、工艺特点和工艺流程，包括激光选区熔化成型技术、激光近净成型技术、电子束选区熔化成型技术、电子束熔丝沉积成型技术和电弧熔丝沉积成型技术。这部分知识是本模块的重点内容，应该熟练掌握，并能够根据具体的金属型要求选择合适的成型工艺。有关金属3D直接打印成型材料的相关知识除了本模块中讲述的外，还应该查阅相关的文献了解更多的内容。金属3D直接打印成型技术广泛应用于航空航天、模具制造、生物、医疗、文化创意、玩具等领域。未来，金属3D直接打印成型技术将会朝着高性价比、大尺寸、便携化、智能化等方向发展。

素 养 提 升

人好比就是一个机器，因为受伤、衰老或其他原因，会产生某些"零件"的损坏，人体的"零件"具有一定的自修复性，但是超过一定限度后就难以自修复，生物3D打印的重要目标就是替换损坏的"零件"即器官移植。2012年，我国学者就利用生物3D打印技术成功打印出肾脏，该肾脏仿照人体肾脏结构，并且具备一定的功能，当年被国际著名期刊《Biomaterials》评价为"生物3D打印领域最先进水平"。2022年来我国成功研制出六轴生物3D打印机，科研人员研发出了具有内生毛细血管网络，且能够在体外存活的心肌组织。更绝的是，这些组织可以在体外起搏超过6个月，该研究成果不仅突破了已有技术的发展瓶颈，而且彰显了我国的科技创新自信，真是振奋人心，激发了我辈投身科学、立志报国的热情。

课后练习与思考

一、填空题

1. 目前采用金属粉末添置方式的金属3D直接打印技术主要分为三类，分别是

（　　　）、（　　　）和（　　　）。

2. 采用熔丝沉积方式的金属 3D 直接打印技术主要分为两类，为（　　　）和（　　　）。

3. SLM 成型过程中上、下两层粉末熔化不充分，由于表面张力的作用，熔化的液滴会迅速卷成球形，从而导致（　　　）。

4. EBSM 成型技术的工艺流程与 SLM 成型技术的工艺流程类似，只是（　　　）不同。

5. 电子束熔丝沉积成型技术在成型过程中，使用（　　　）作为能量源。

6. 电子束熔化金属线材在制件表面形成熔池，熔池在制件表面移动，离开热源的熔池快速冷却、结晶固化，达到制件（　　　）形态。

二、简答题

1. 叙述激光选区熔化成型技术和激光近净成型技术的工艺原理。

2. 叙述电子束熔丝沉积成型技术和电子束选区熔化成型技术的工艺原理。

3. 叙述电弧熔丝沉积成型技术的工艺原理。

4. 简述激光选区熔化成型技术和激光近净成型技术的工艺特点。

5. 简述电子束熔丝沉积成型技术和电子束选区熔化成型技术的工艺特点。

3

模块三　3D打印设计与实践操作

项目十

典型工艺3D打印实例

【项目导入】

仔细研究实验室的 FDM 3D 打印机，选择其中一个零件，测量其尺寸，可以进行创新设计，然后利用 FDM 工艺将其打印出来，替换打印机的原装零件，进行调试，打印模型后，检验其力学性能是不是有所变化。

【学习导航】

1）掌握 3D 打印机的工作原理。
2）掌握几种常用 3D 打印机的操作方法。

16. UP Plus 3D
打印机参数
设置与打印

17. UP plus 3D
打印机打印
准备和调试

18. UP Box 3D
打印机的
操作过程

【项目实施】

任务一 FDM 3D 打印机（UP 系列）操作实例

1. 启动程序

UP 系统 FDM 3D 打印机外观如图 10-1 所示，双击计算机桌面上的"UP!"图标，打开图 10-2 所示的启动界面。

图 10-1 FDM 3D 打印机外观

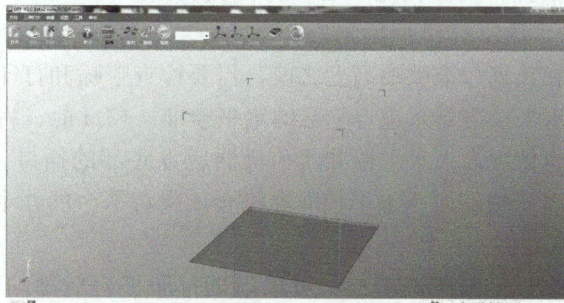

图 10-2 "UP!"启动界面

2. 导入模型

在菜单栏中单击"文件"→"打开"或者单击工具栏中的"打开"按钮，选择一个想要打印的模型。将光标移到模型上单击，模型的详细资料介绍会悬浮显示出来，如图 10-3 所示。

注意：仅支持 STL 格式（标准的 3D 打印输入文件）和 UP3 格式（UP！三维打印机专用的压缩文件）的文件。

3. 编辑模型

单击菜单栏中的"编辑"按钮，可以通过不同的方式观察目标模型（也可通过单击菜单栏下方的相应视图按钮实现）。

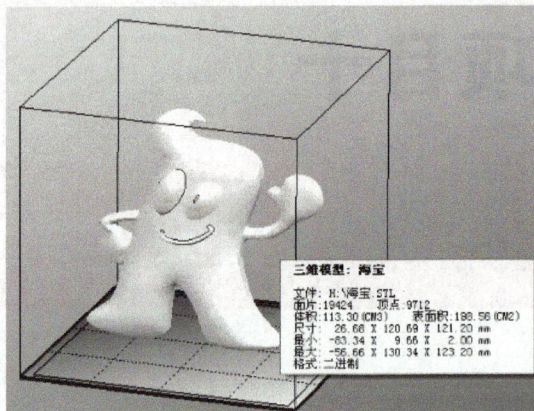

图 10-3　导入模型

1）移动：同时按住<Ctrl>键和鼠标滚轮，移动鼠标，可以平移视图；也可以用方向键平移视图。

2）缩放：旋转鼠标滚轮，视图就会随之放大或缩小。

3）视图：该系统有八个预设的标准视图，可在工具栏的视图选项中选择。

4）移动模型：单击工具栏上的"移动"按钮，选择或者在文本框中输入想要移动的距离，然后选择想要移动的坐标轴。每单击一次坐标轴按钮，模型都会重新移动。

5）旋转模型：单击工具栏上的"旋转"按钮，在文本框中选择或者输入想要旋转的角度，然后再选择按照某个轴旋转。

6）缩放模型：单击工具栏上的"缩放"按钮，在工具栏中选择或者输入一个比例，然后再次单击"缩放"按钮缩放模型；如果只想沿着一个方向缩放，只需选择这个方向轴即可。

提示：用户可以打开多个模型并同时打印它们。只要依次添加需要的模型，并把所有的模型排列在打印平台上，就会看到关于模型的更多信息。

4. 初始化打印机

在打印之前，需要初始化打印机。单击菜单栏中的"三维打印"→"初始化"按钮，如图 10-4 所示，打印机发出蜂鸣声，即初始化开始，打印喷头和打印平台将返回到打印机的初始位置，初始化完成后，将再次发出蜂鸣声。

5. 调平打印平台

在正确校准喷嘴高度之前，需要检查喷嘴和打印平台四个角的距离是否一致。可以借助附带的水平校准器来进行平台的水平校准。校准前，将水平校准器吸附至喷头下方，并将 3.5mm 双头线依次插入水平校准器和机器后方底部的插口，当单击软件中的"三维打印"→"自动水平校准"按钮时，水平校准器将会依次对平台的九个点进行校准，并自动列出当前各点数值。

6. 校准喷嘴

在设定喷嘴高度前，可以借助打印平台后部的自动对高块来测试喷嘴高度。测试前，将水平校准器自喷头取下，并确保喷嘴干净以便测量准确。将 3.5mm 双头线分别插入自动对高块和机器后方底部的插口，然后单击软件中的"三维打印"→"喷嘴高度测试"按钮，平台会逐渐上升，接近喷嘴时，上升速度会变得非常缓慢，直至喷嘴触及自动对高块上的弹片，测试即完成，软件将会弹出喷嘴当前高度的提示框。

7. 准备打印平台

打印前，须将平台准备好，才能保证模型稳固，避免在打印的过程中发生偏移。可借助平台自带的八个弹簧卡扣固定打印平板。在打印平台下方有八个小型弹簧卡扣，将平板按正确方向置于平台上，然后轻轻拨动弹簧卡扣以便卡住平板，如图10-5所示。

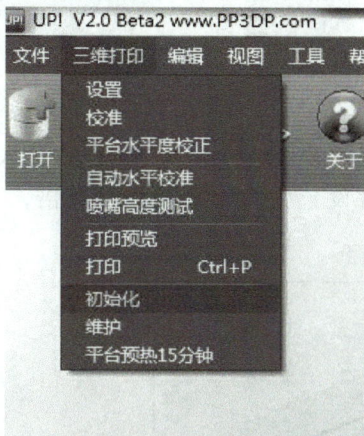

图 10-4　初始化打印机

图 10-5　准备打印平台

8. 打印参数设置

1）质量：分为普通、快速、精细三个选项。此选项同时也决定了打印机的成型速度。通常情况下，打印速度越慢，成型质量越好。对于高的模型，以最快的速度打印会因为打印时的振动影响模型的成型质量。对于表面积大的模型，由于表面由多个部分组成，打印的速度设置成"精细"容易出现问题，打印时间越长，模型的角落部分越容易卷曲。

2）非实体模型：当要打印的模型为非完全实体，如存在不完全面时，请选择此项。

3）无基底：如选择此项，在打印模型前将不会产生基底。该模式可以提升模型底部平面的打印质量。当选择此项后，将不能进行自动水平校准。

9. 打印

在菜单栏中选择"三维打印"→"打印"或者按快捷键<Ctrl+P>。

任务二　FDM 3D 打印机（桌面）操作实例

准备打印平台，如图10-6所示，桌面 FDM 3D 打印机打印的模型如图10-7所示。

1. 打开切片软件 Cura

双击  按钮，打开 Cura 软件，进入软件主界面，如图10-8所示。

分层软件参数设置说明

1）层厚：层厚通常为 0.2mm，如果想得到更高的精度，需设置较小的层厚。层厚设置得过小（如 0.05~0.1mm）将要花费更长的打印时间。

19. FDM 打印机 操作方法

图 10-6　准备打印平台

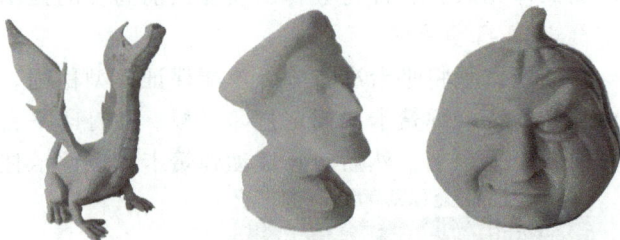

图 10-7　桌面 FDM 3D 打印机打印的模型

2）壁厚：该参数用于设置打印模型的壁厚，尤其是中空的模型。0.4mm 的壁太薄，1.2mm 的壁打印时间长，一般而言 0.8mm 刚好。壁厚通常设置为喷头直径的整数倍，一般不大于 2.0mm。图 10-9 所示为不同壁厚时的打印效果。

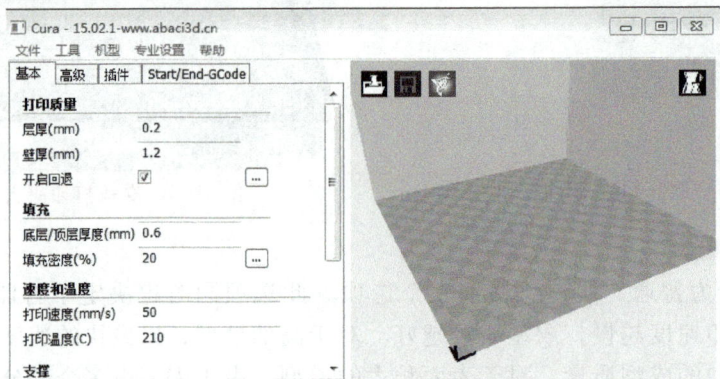

图 10-8　Cura 软件主界面

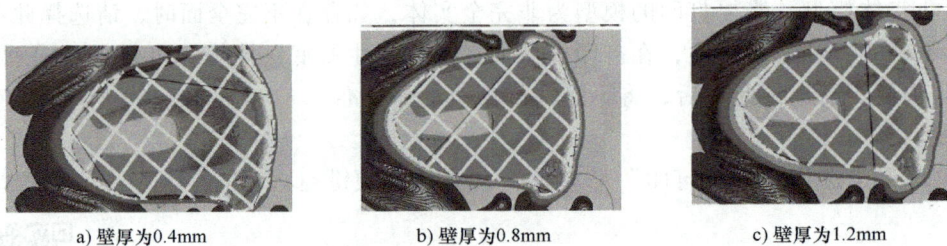

a) 壁厚为0.4mm　　　　　b) 壁厚为0.8mm　　　　　c) 壁厚为1.2mm

图 10-9　不同壁厚时的打印效果

3）开启回退：此选项需要勾选。退丝是为了在快速移动后不让丝漏出来，否则会影响外观。图 10-10 所示为移动时漏丝现象。

4）底层/顶层厚度：如果填充密度小于 20%，0.6mm 的厚度非常容易造成顶部有孔洞，因此，顶层厚度设置为 1mm 一般比较好。因此，该参数一般建议设置为层厚的整数倍（建议范围为 3~5 倍）。不同顶层厚度的打印效果比较如图 10-11 所示。

5）填充密度：如果强度要求不高，此项设置为 10% 即可；如果要求高强度，则应提高填充密度，但是打印时间会增加。此项通常设置在 10%~20% 比较合适，如要求打印件比较结实，则设置该项为 30%～40%。填充密度不同的打印效果比较如图 10-12 所示。

6）**打印速度**：50mm/s 是默认的全局速度，如果外壳、全局速度没有另外设置，就采用这个速度。打印时间并不是完全与速度成正比，超过 90mm/s 的速度打印也不会快很多，同时打印质量会下降很多，因此，一般建议将打印速度设置为 50mm/s。

7）**打印温度**：PLA 耗材一般为 190～230℃，ABS 耗材一般为 220～240℃。

8）**支撑类型**：打印件有悬空的部分需选择支撑"Touching building"（能接触到平台的悬空处）或"Everywhere"（支撑布满整个打印件），无悬空的选择"None"。不同支撑的效果比较如图 10-13 所示。

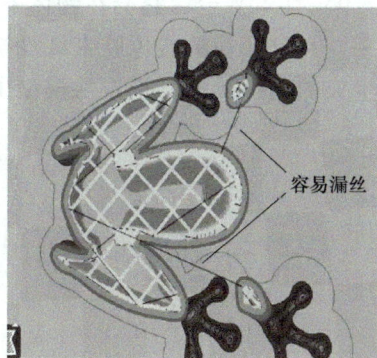

图 10-10　移动时漏丝现象

a) 顶层厚度为1mm

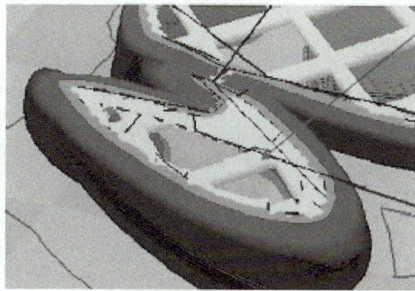

b) 顶层厚度为0.6mm

图 10-11　不同顶层厚度的打印效果比较

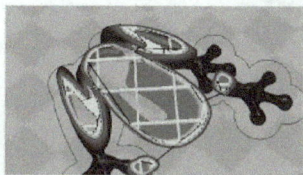

a) 填充密度为10%

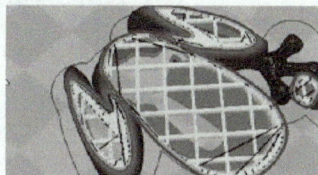

b) 填充密度为20%

c) 填充密度为80%

图 10-12　填充密度不同的打印效果比较

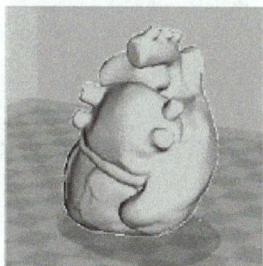

a) 原始图

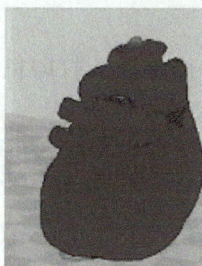

b)"None"支撑

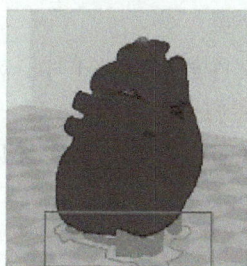

c)"Touching building"支撑

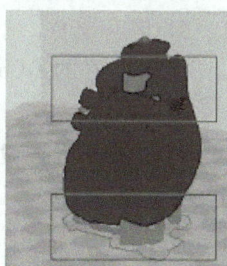

d)"Everywhere"支撑

图 10-13　不同支撑的效果比较

9) **粘附平台**：它会在物体下面打印一层，使打印件更牢固。一般而言，如果平台调得很平，并且底板的蓝色胶带纸没被撕坏，用"None"是可以的，否则最好是用"Raft"，但是生成的底座较厚，很难从模型上撕下来。不同粘附平台的效果比较如图10-14所示。

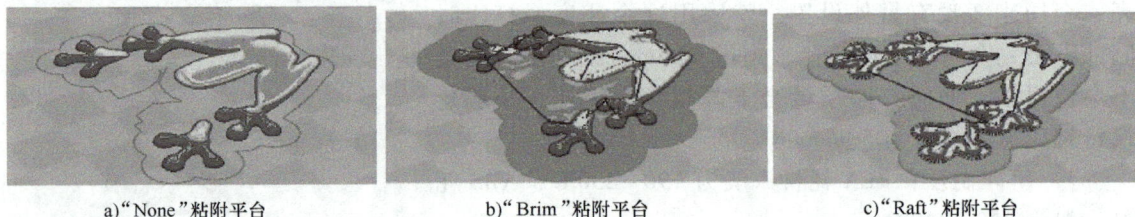

a)"None"粘附平台   b)"Brim"粘附平台   c)"Raft"粘附平台

图10-14　不同粘附平台的效果比较

10) **打印材料的直径**：打印所使用耗材的直径下限值，精确测量后填入，一般为1.75mm或2.85mm。

11) **打印材料的流量**：如果耗材是PLA则设置为100%；如果耗材是ABS则设置为85%。

2. 导入模型

单击"文件"→"打开"按钮，选择"haitun.stl"模型文件。导入海豚模型如图10-15所示。

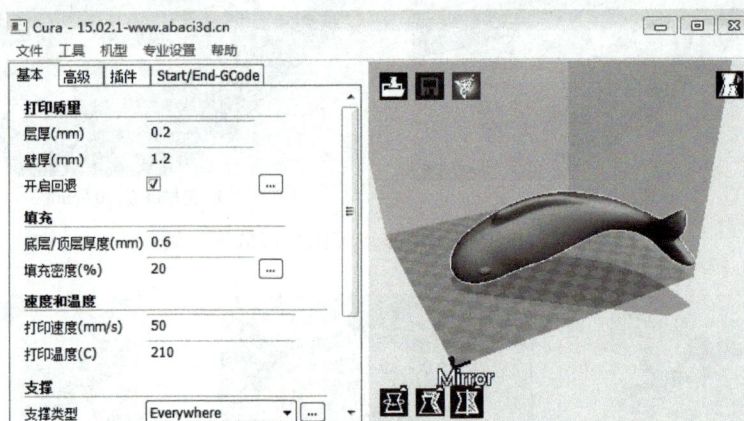

图10-15　导入海豚模型

3. 参数设置

根据上述参数说明进行设置，设置好的海豚模型如图10-16所示。

4. 保存文件

将保存好的GCode文件放入存储卡中，将存储卡插入打印机卡槽。

5. 打印机开机，设置打印机参数

打印机开机，设置打印机参数：确定热床平台高度合适，机器预热，系统归零，选择打印文件进行打印。

6. 打印完成

海豚模型打印完成，如图10-17所示。

7. 取件

用铲刀插入模型和平台中间，平直地将模型铲下。

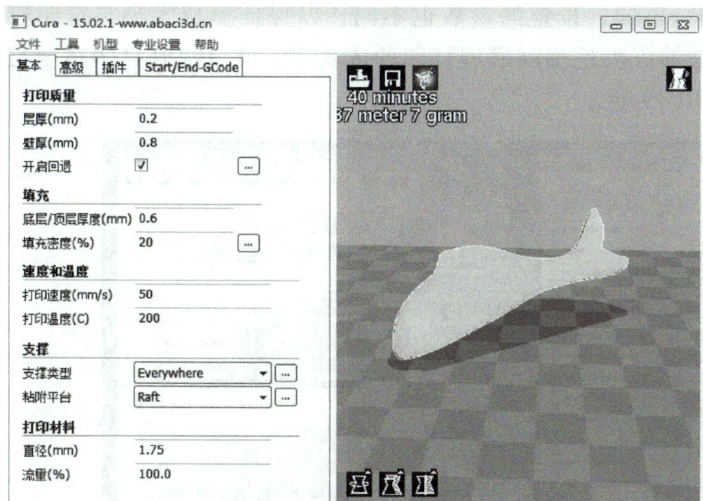

图 10-16　海豚模型参数设置

图 10-17　海豚模型打印完成

8. 后处理

对模型表面进行打磨处理。

任务三　FDM 3D 打印机（弘瑞）操作实例

本例使用的是 3D 打印桌面级设备——弘瑞 3D 打印机，它的材质节能环保，设计、制造过程精细，同时功能按键安排合理，操作轻松，新手也能很快学会产品设计和打印。

1. 软件切片

1）双击打开切片软件 Modellight 主界面，如图 10-18 所示。

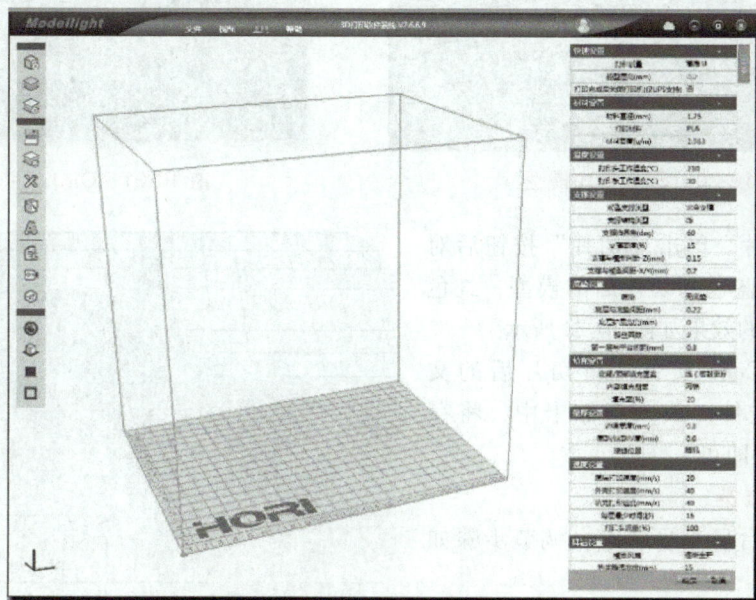

图 10-18　Modellight 主界面

2）设置打印机参数。打印机型号不同，设置的参数也不同，以保证模型大小与打印机契合。切片时合理设置切片参数，能够极大地提高模型打印的成功率，并且提升打印精度与模型质量。切片参数设置界面如图 10-19 所示。

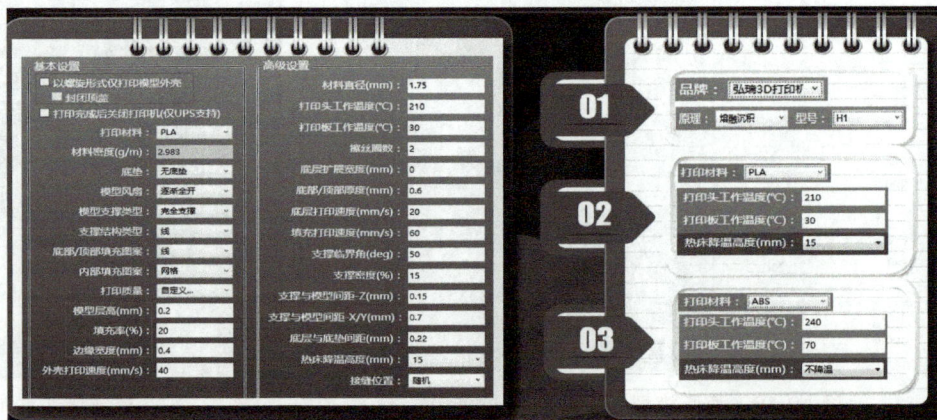

图 10-19　切片参数设置界面

3）导入模型。能够进行切片打印的三维模型主要的文件格式有 STL、OBJ 和 3MF。图 10-20 所示为 STL 格式模型，图 10-21 所示为 OBJ 格式模型。

图 10-20　STL 格式模型

图 10-21　OBJ 格式模型

4）进行切片。单击"切片"按钮后对模型进行切片，蓝色为切片后的模型，红色为支撑，切片后的效果如图 10-22 所示。

5）导出 GCode 文件。将切片后的文件导出 GCode 文件，放入存储卡中，将存储卡插入打印机即可。

2. 打印前准备

1）调节平台呈水平状态，调节步骤如图 10-23 所示。

2）调节平台与喷嘴之间的距离。

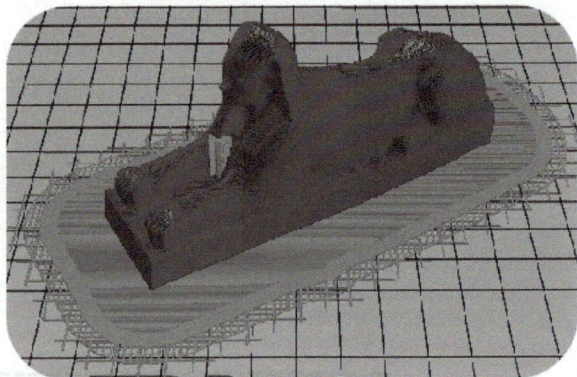

图 10-22　切片后的效果

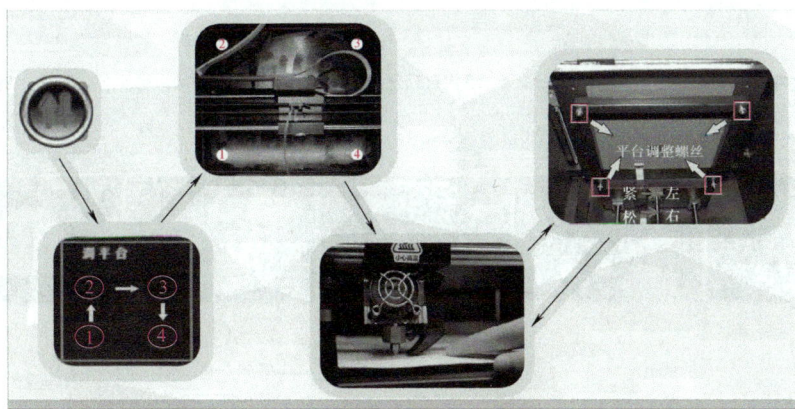

图 10-23　调节平台的步骤

3）上料，过程如图 10-24 所示。把材料通过挤出机送入打印头，使喷嘴能正常挤料打印。

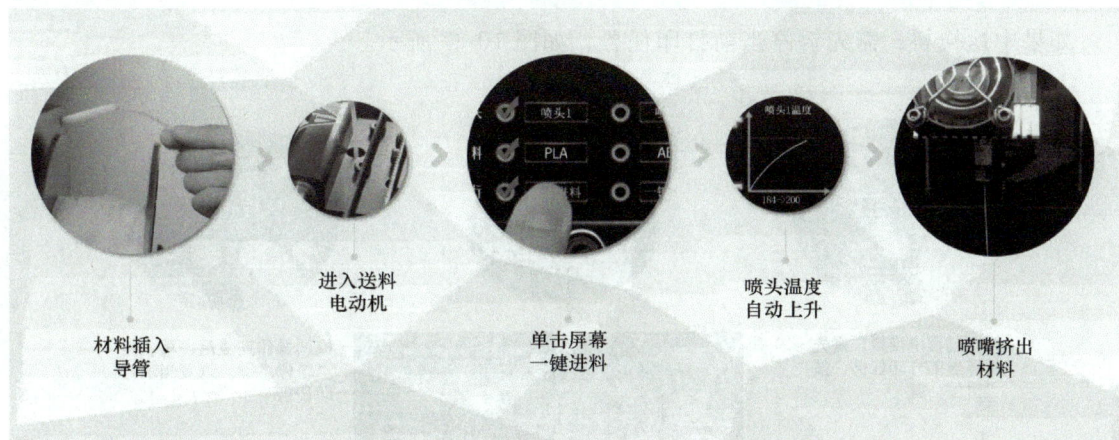

图 10-24　上料过程

4）平台涂胶。在打印平台上涂抹 3D 打印专用胶水，过程如图 10-25 所示。

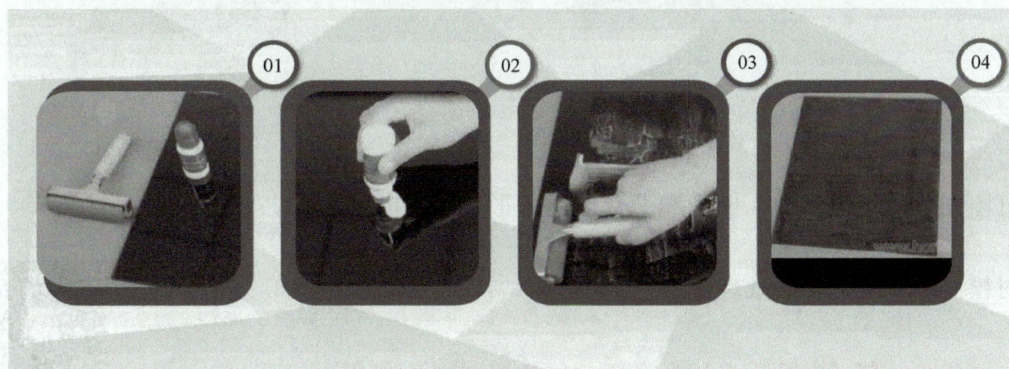

图 10-25　涂胶过程

3. 开始打印
打印的过程如图 10-26 所示。

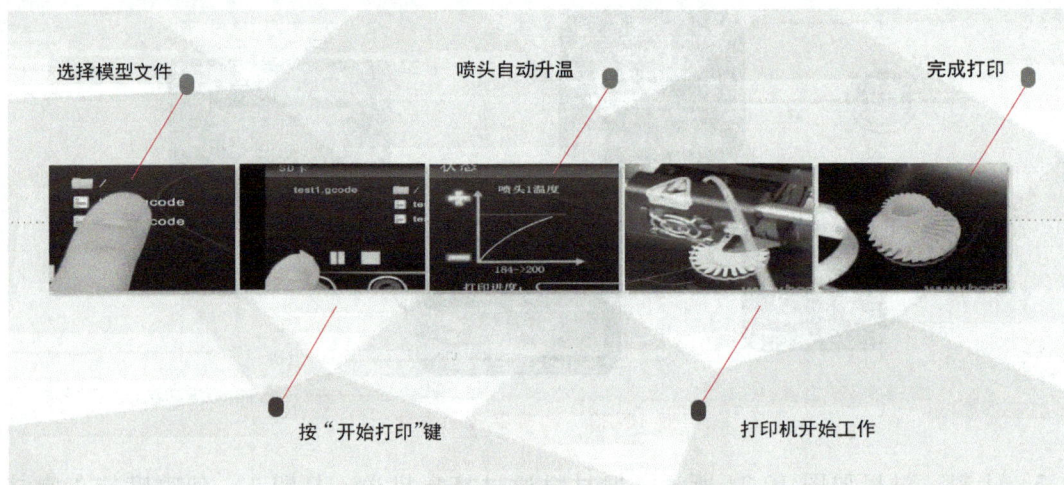

选择模型文件　　　　　喷头自动升温　　　　　完成打印

按"开始打印"键　　　　打印机开始工作

图 10-26　开始打印

如果中途换料，需先暂停当前打印任务，如图 10-27 所示。

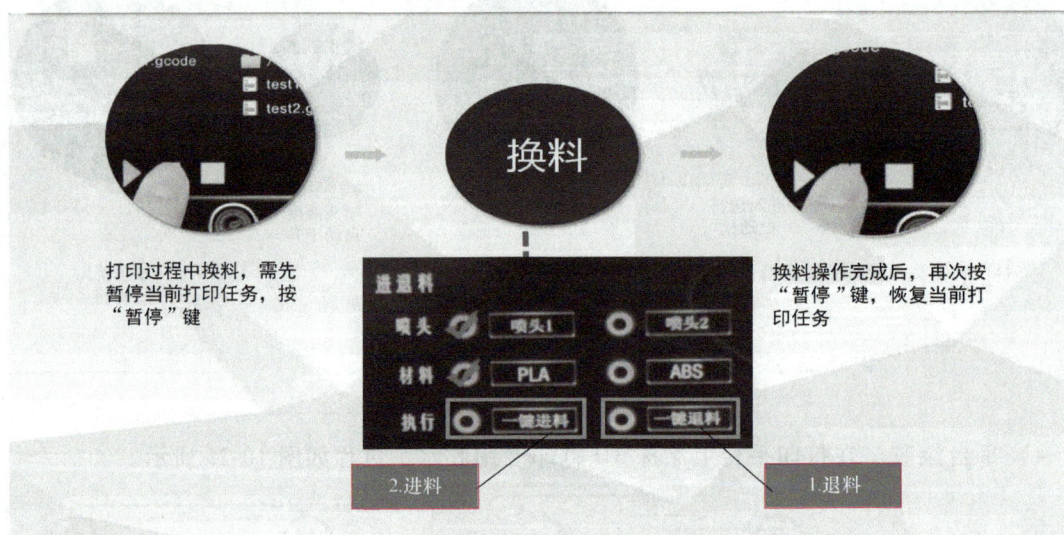

打印过程中换料，需先暂停当前打印任务，按"暂停"键

换料

换料操作完成后，再次按"暂停"键，恢复当前打印任务

2.进料　　　　　1.退料

图 10-27　换料

4. 取件
打印完成后用铲刀插入模型和平台中间，平直地将模型铲下。

5. 后处理
对模型表面进行打磨处理。

任务四　SLA 3D 打印机操作实例

本例使用的是 SLA 3D 打印桌面级设备——小方 3D 打印机，其外观如图 10-28a 所示，最高精度为 0.025mm/层，能够展现细节部分。该打印机操作

20. 小方光固化成型机操作方法

比较简单，精度高，稳定性好，便于携带，数字面板能够实时显示打印精度，外观时尚大方，广泛应用在艺术创意、玩具设计、珠宝、医疗等领域。

1. 打印准备

1）检查机器。戴上一次性手套，打开机盖，取下成型平台，查验成型平台表面有无灰尘、树脂等异物。如有，需要用铁铲和酒精清理干净，装回成型平台并扣紧把手。

2）检查液料盒。向外抽出液料盒，检查底部大小两块镜片是否干净，如图 10-28b 所示，如有灰尘需要用无尘布擦拭（大镜片容易有灰尘，一般擦拭大镜片即可）。保持液料盒底部洁净无手纹，装上液料盒。

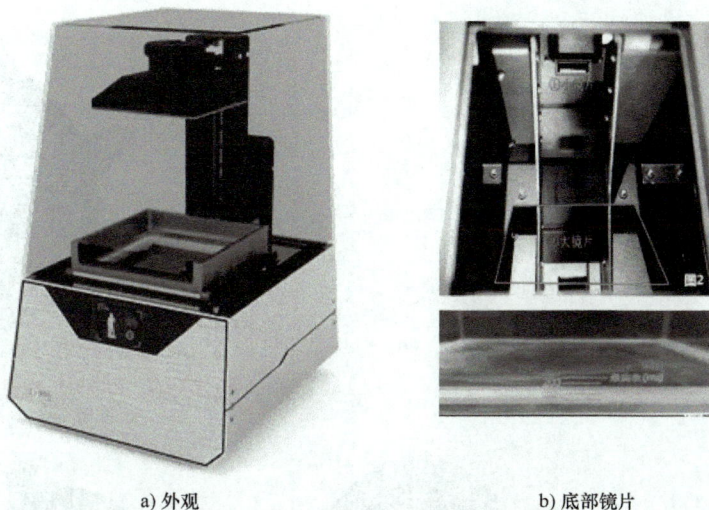

a) 外观　　　　　　　　　　　　　　　　　b) 底部镜片

图 10-28　小方 3D 打印机外观及底部镜片

3）连接电源线和 USB 线。连接电源线，显示屏亮起说明设备已通电。连接 USB 线，查看打印图标，图标亮说明打印机已连接成功。

4）添加打印材料。倒入要打印的材料（倒入前一定要将材料瓶上下晃动 20s 以上，使材料均匀）至标志线，不要低于最小值或超出最大值，盖上机盖。

5）检查模型。检查要打印的模型并对其进行修复。如果是抽壳模型，需要在合适的位置开两个小孔（一般直径大于 3mm），便于打印完毕后壳体里的液体材料流出来。

2. 开始打印

1）打开软件。双击打开 Dazzle 3D 软件，选择相应的材料颜色、型号和版本号，单击"确定"按钮。

2）导入模型并添加支撑。单击"打开"导入要打印的 STL 或者 OBJ 格式的模型，设置好模型的尺寸、摆放方位，增加并调整支撑。

模型的缩放是等比例缩放，单击比例锁可以解除等比例缩放限制，进行任意比例的缩放。在企鹅模型的"Z"文本框中输入"50"，即打印高度为 50mm 的模型，如图 10-29 所示。

模型的摆放对打印结果有很大的影响，可以在界面左侧的旋转设置文本框中输入数值后按<Enter>键来实现旋转，还可以通过拖动模型周围的圆球进行旋转。

添加企鹅模型支撑，单击"生成支撑"，系统会自动计算支撑，如图 10-30 所示。根据模型添加支撑的原则，模型斜向上凸出部分与Z轴的夹角小于45°时不需要添加支撑，而且凸出部分如果小于4mm，也不需要添加支撑，支撑的数量应越少越好。选择"编辑支撑"，去掉企鹅围巾上的支撑和肚子里面的支撑，添加脚部和头花的支撑。添加支撑的结果如图10-31所示。

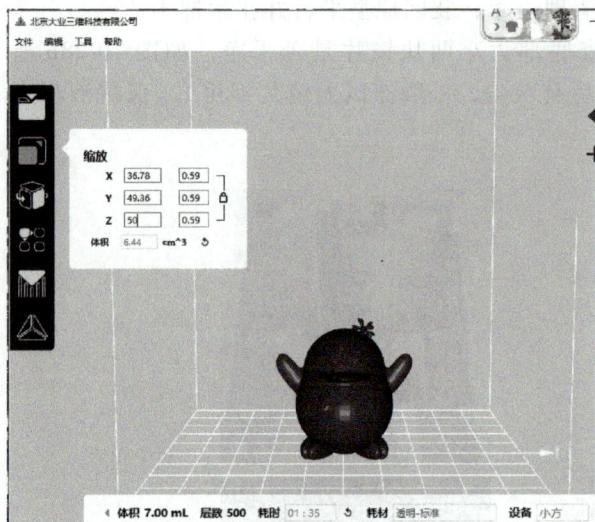

图 10-29　企鹅模型的尺寸数值

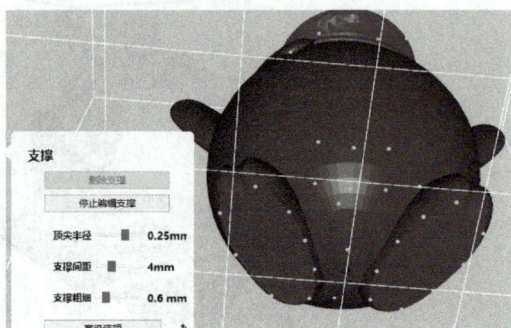

图 10-30　自动添加的企鹅模型支撑

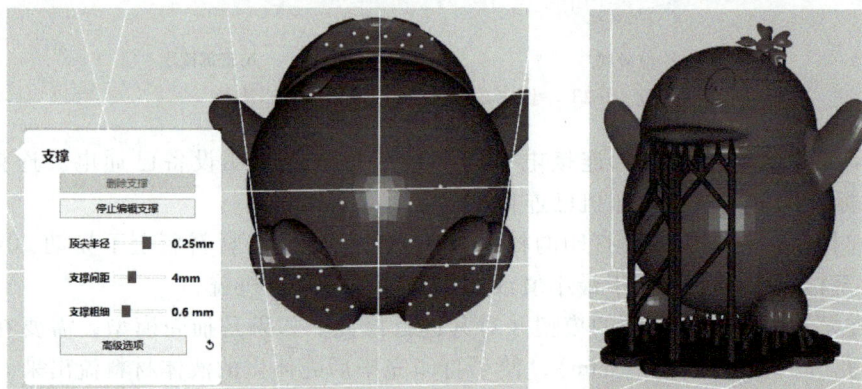

图 10-31　根据特征添加企鹅模型支撑

3）选择对应参数打印。单击界面左侧的"打印"按钮，选择打印精度，根据倒入液料盒的材料选择相应的材料颜色和版本号。本例模型的材料为"白色""普通精度""V3"版本，单击"确定"按钮，设备开始正常打印，如图10-32所示。

4）保存文件。单击"保存文件"按钮，保存为".dazzle"格式的文件，以备下次打印重新调取模型。

3. 后处理

1）准备后处理工具：酒精、清洗缸、清洗瓶、铁铲、塑料铲、偏口钳、过滤漏斗、无尘布。

2）移除成型平台，用铁铲取下模型。

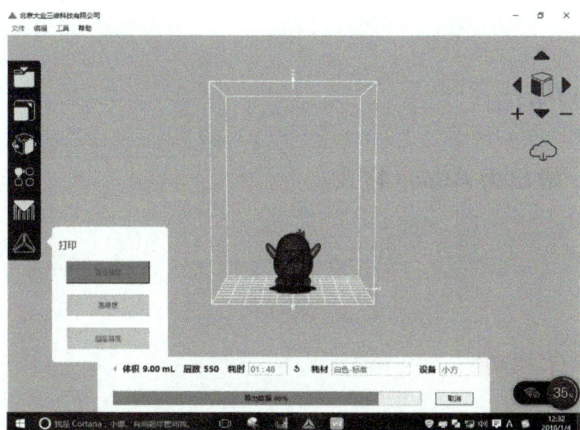

图 10-32　模型打印

注意：使用铁铲尽量平行于成型平台从模型底部插入，使模型与成型平台之间连接松动，从而能够轻松取下模型。

3）用酒精清洗模型。把模型放入清洗溶液中，盖好盖子摇晃 2min，也可浸泡 10min 左右，当模型壁较薄时，要减少浸泡时间。

提示：使用软毛刷刷模型表面能缩短浸泡时间。

4）查看液料盒。用塑料铲轻轻刮动液料盒底部，查看液料盒底部有无固化残留，如有残留，请用塑料铲铲起，并用镊子取出残留。

图 10-33 所示为打印的企鹅模型。

图 10-33　打印的企鹅模型

任务五　LCD 光固化 3D 打印机操作实例

本例使用的是 LCD 光固化 3D 打印机，最高精度为 0.05mm/层，精度高于第一代 SLA 技术，和目前桌面级 DLP 技术有可比性，并且价格便宜，性价比非常高，同时打印机结构简单，容易组装和维修。

一、LCD 光固化 3D 打印机原理

LCD 光固化成型技术的光源由 LCD 投影灯提供。光从下面往上照射，制件倒置于工作台上，即最先成型的层片位于最上方，每层加工完之后，Z 轴向上移动一层距离，液态树脂充盈于刚加工的层片与底板之间，光继续从下方照射，最后完成加工过程。

二、LCD 光固化 3D 打印机机构及机器参数

成型体积：250mm×150mm×300mm；

分层厚度：0.05~0.25mm；

成型材料：光敏树脂；

连接方式：内置工控计算机 USB/VGA；

切片软件：CW；

数据格式：输入为 STL/OBJ 格式，输出为 GCode 格式；

机身重量：净重 125kg；

电源功率：650W；

电压：110V/220V。

三、LCD 光固化 3D 打印机操作步骤

1. 软件切片

1）双击打开软件 Creation Workshop。

2）加载文件。单击加载文件按钮，选择要加载的文件，打开"海贼王乔巴.stl"文件，如图 10-34 所示。

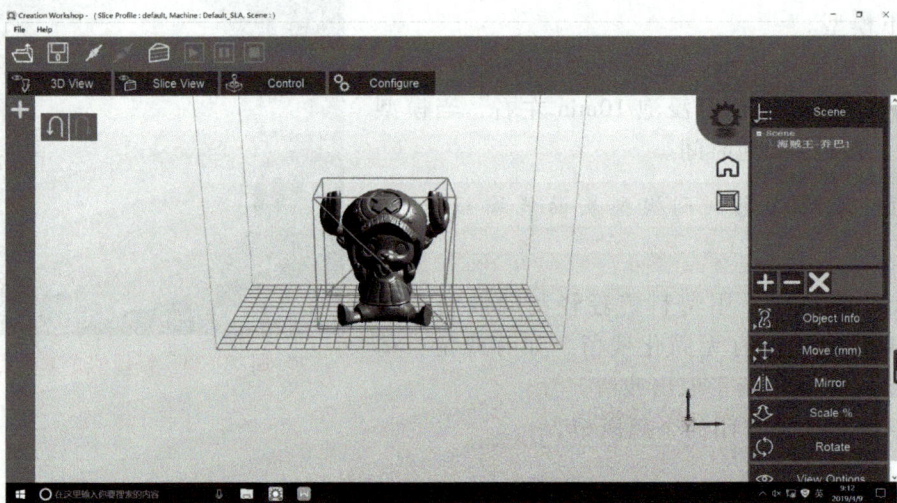

图 10-34　打开文件

3）通过界面右侧的缩放等命令设置模型的尺寸。

4）添加支撑。

① 单击界面左侧"+"号，弹出添加支撑对话框，单击左上角"Support Generation"中的第一个图标，手动添加基底支撑，厚度默认设置为 5mm，如图 10-35 所示。

② 单击左上角第二个按钮，可手动添加模型支撑。支撑的参数可以在下方设置。双击已添加的支撑，待支撑变为绿色，按<Delete>键可以将其删除。若要旋转模型添加支撑，需要先单击手动添加支撑按钮，将命令暂停，再继续旋转，摆放成容易添加的角度后，再单击手动添加支撑按钮进行添加，如图 10-36 所示。

③ 单击左上角第三个按钮，可自动添加支撑。如果自动添加的支撑有些位置不合适，需要手动修改、删除、添加，也可以单击下方按钮 Remove all Supports 移除所有支撑，再手动添加支撑。

5）切片层厚设置。在"Configure"选项卡中，可以设置切片的层厚、扫描速率等信

息，一般保持默认即可，如图 10-37 所示。

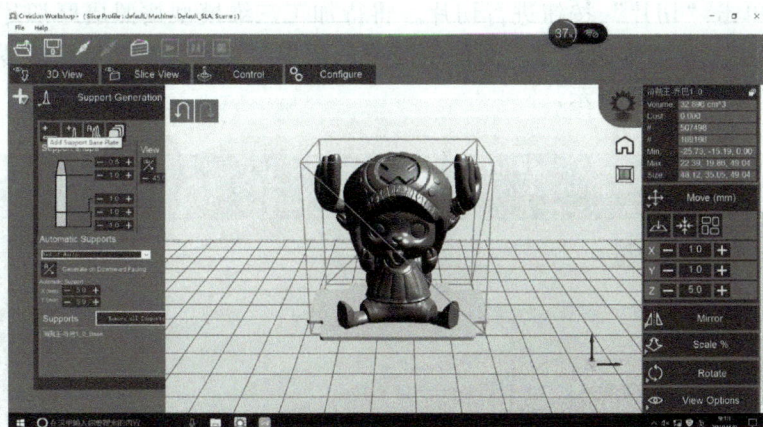

图 10-35　添加基底支撑

图 10-36　添加模型支撑

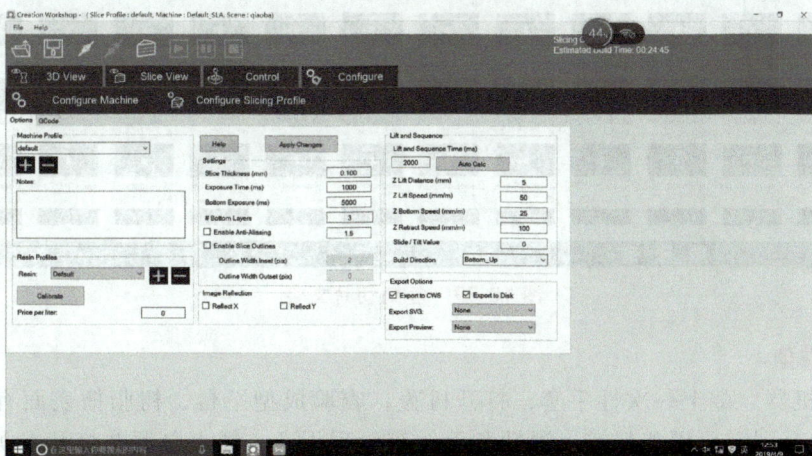

图 10-37　切片层厚度设置

6）单击"保存"按钮。

7）切片。单击"切片"按钮进行切片。将待加工三维模型按照层厚切片生成二维的图像，每层零件对应一张二维的图像，图像中的白色像素与黑色像素分别代表零件的实体部分与非实体部分，如图10-38所示。

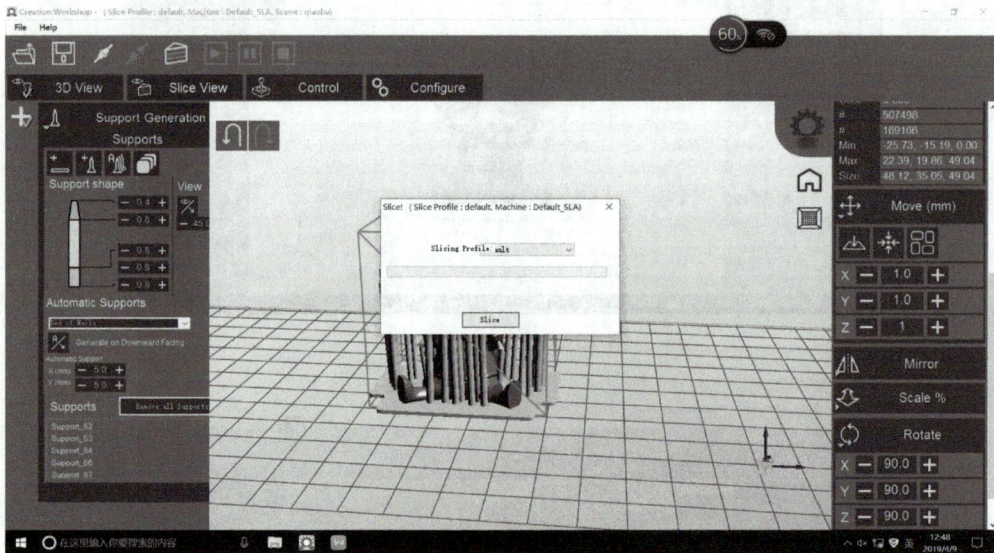

图10-38　切片

8）复制切片文件。将切片文件复制到U盘或存储卡中，插入打印设备的USB端口，进行切片的选择打印，如图10-39所示。

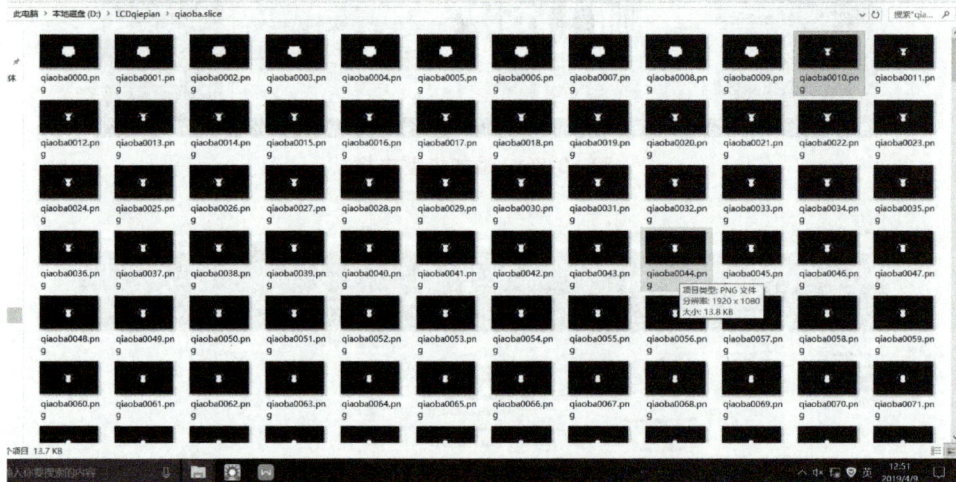

图10-39　复制切片文件

2. 打印成型

1）检查机器。戴上一次性手套，打开机盖，查验成型平台、树脂槽表面有无灰尘、树脂等异物。如有则需要用塑料铲、酒精和无纺布清理干净。插上电源并打开电源开关。

2）倒入树脂。

3）调平。用手搅拌一下树脂，确保没有硬的杂质；松开工作平台支架上两侧的蝶形螺母和内六角螺栓，保持平台拥有一定的自由度；按下"手动"按钮，再按<Z->键，直至平台下降到料槽底部，按<Z+>键使Z轴稍微上升一点，用手按住平台轻微晃动，保证平台和料槽底部完全接触，然后拧紧两侧蝶形螺母，最后拧紧两侧螺栓。

4）选择"程零"，并按<3>键使Z轴归零，等到工作台的两根托臂升起一半时暂停。界面中不能出现"Z-限""Z+限"等情况。

5）打开分层文件。按下"程序1"按钮，单击"确定"按钮，长按"下页"按钮，在"50条循环次数"位置输入"模型总层数-20"，依次单击"返回""确定""手动"按钮。

6）放映幻灯片，右击可以暂停。

7）长按<3>键，使Z轴归零，按下"自动"按钮。

8）LCD投影灯按照图像中白色像素区域将树脂固化，实现此层的实体成型。

9）由Z轴滑台带动固化基座和已成型的零件向下移动一层，待液面填充后再进行下层的照射，直到整个模型固化成型。

3. 后处理

1）准备后处理工具：酒精、清洗缸、铁铲、塑料铲、偏口钳、过滤漏斗、无尘布。

2）移除成型平台，用铁铲取下模型。铁铲尽量平行于成型平台从模型底部插入，使模型与成型平台之间连接松动，从而能够轻松取下模型。

3）用酒精清洗模型。把模型放入清洗容器中，盖好盖子摇晃2min，也可浸泡10min左右。当模型壁较薄时，要减少浸泡时间。

> 提示：使用软毛刷刷模型表面能缩短浸泡时间。

4）用剪刀、镊子去除支撑。

5）把模型放入固化炉中固化10min左右。

小　结

本项目通过三种FDM 3D打印机、SLA 3D打印机和LCD光固化3D打印机的操作实例学习了3D打印制造工艺的几种核心工艺原理，同时了解了不同3D打印机的基本构造和打印方法有哪些异同。每一种3D打印工艺都有其优缺点，要根据实际情况选择合适的方法和材料进行加工。

素 养 提 升

党的二十大报告提出，坚持创新在我国现代化建设全局中的核心地位。在党的坚强领导下，我国在载人航天、探月工程、深海工程、超级计算、量子信息、"复兴号"高速列车、大飞机制造等领域取得了一批重大创新建设成果。新时代是奋斗者的时代，奋斗也是长期的，甚至是艰辛的。今天的我们面对各种前所未有的机遇和挑战，更应当坚信奋斗的力量、激发奋斗的勇气和智慧。

同学们在创新设计的过程中，要注意资源节约、绿色环保、降低成本，同时要学习大国工匠们吃苦耐劳、脚踏实地的品德和爱岗敬业的精神，具备创新意识、职业素养，才能完成自己的本职工作，实现人生价值。

课后练习与思考

1. 简述几种常见的 3D 打印机的打印流程。
2. 简述不同的 3D 打印机分别适用于哪种打印情况。
3. 查阅收集相关资料，介绍 3D 打印机如何更好地应用、服务于生活。

项目十一

产品正向设计与3D打印

【项目导入】

本项目中，同学们可以设计组件，通过打印、装配，搭建模块化的糖果屋、动力小车等既有趣又好玩的创意产品，快来试一试吧！

【学习导航】

1）使用三维建模软件设计各零部件。
2）合理设计产品各零部件尺寸。
3）正确使用3D打印机成型实物。
4）各部件能够按照要求顺利装配。

【项目实施】

任务一 糖果屋的设计与3D打印

通过实例，使用正向设计软件（UG）学习糖果屋各零部件的正向设计方法，正确使用熔融沉积成型3D打印机成型实物，要求成型后的糖果屋各部件能够顺利装配。

本任务将利用UG 10.0三维设计软件，在装配环境下通过拉伸、扫掠等命令，制作一款糖果屋，装配后的效果如图11-1所示。

一、UG 设计方法与步骤

1. 连接块设计

1）双击按钮![按钮]，打开UG 10.0软件，执行"新建"命令，弹出"新建"对话框，选择"建模"选项，将文件名称改为"lian-jiekuai.prt"，如图11-2所示，其余保持默认

图 11-1 糖果屋装配图

值，单击"确定"按钮，完成新建操作。

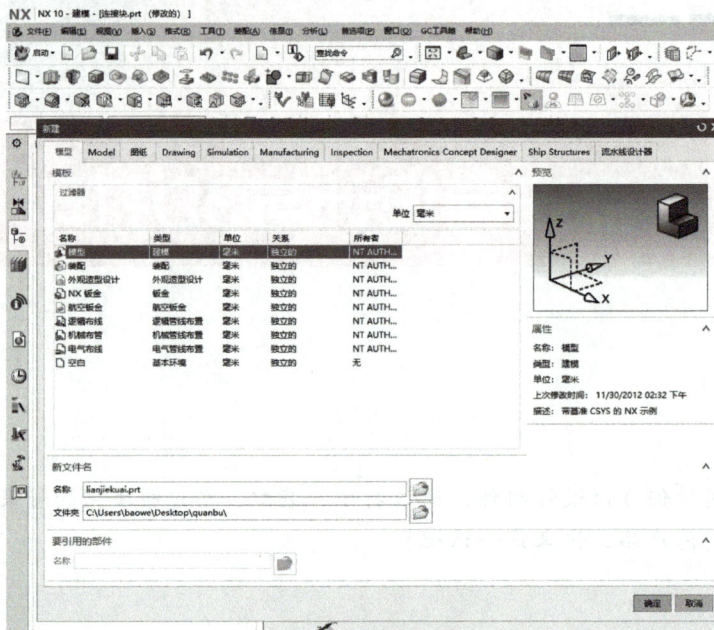

图 11-2 "新建"对话框

2）在"部件导航器"选项卡中选择"基准坐标系"，单击鼠标右键，在弹出的快捷菜单中选择"显示"命令，显示基准坐标系，如图 11-3 所示。

3）执行"草图"命令，选择 XOY 平面为草图绘制平面，单击鼠标右键，在弹出的快捷菜单中选择"定向视图到草图"命令，进入草图绘制界面，如图 11-4 所示。

4）单击"直线"按钮，以图 11-5 所示的图样为准绘制草图。

5）单击"完成草图"按钮 完成草图 ，执行"插入"→"设计特征"→"拉伸"命令，距离设为 8mm，如图 11-6 所示。

2. 连接体设计

1）双击按钮 ，打开 UG 10.0 软件，执行"新建"命令，弹出"新建"对话框，选择建模，将文件名称改为 "lianjieti.prt"，参考图 11-2、图 11-3，其余保持默认值，单击"确定"按钮，完成新建操作。

图 11-3 基准坐标系构建

2）执行"草图"命令，选择 XOY 平面为草图绘制平面，单击鼠标右键，在弹出的快捷菜单中选择"定向视图到草图"命令，进入草图绘制界面，参考图 11-4。

3）单击"矩形"按钮，选择两点方式，以坐标原点为中心建立一个边长为 60mm 的正方形，内部图案自定义。

4）单击"完成草图"按钮 完成草图 ，执行"插入"→"设计特征"→"拉伸"命令，距离设为 4mm，如图 11-7 所示。

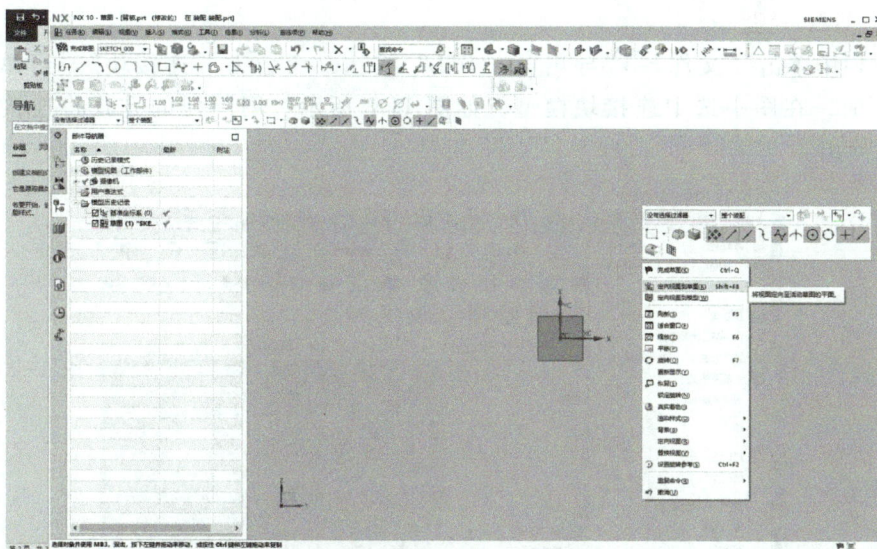

图 11-4　进入草图绘制界面

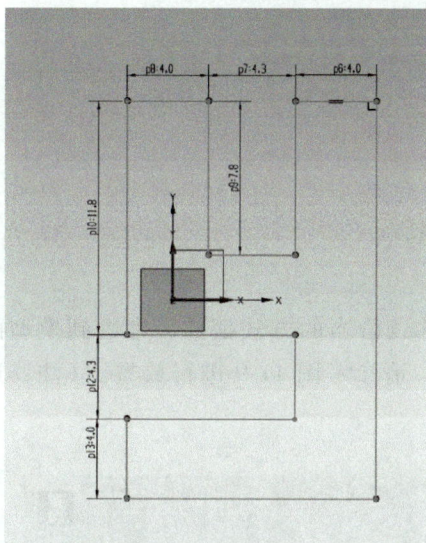

图 11-5　绘制草图

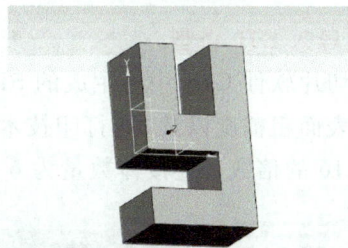

图 11-6　拉伸特征

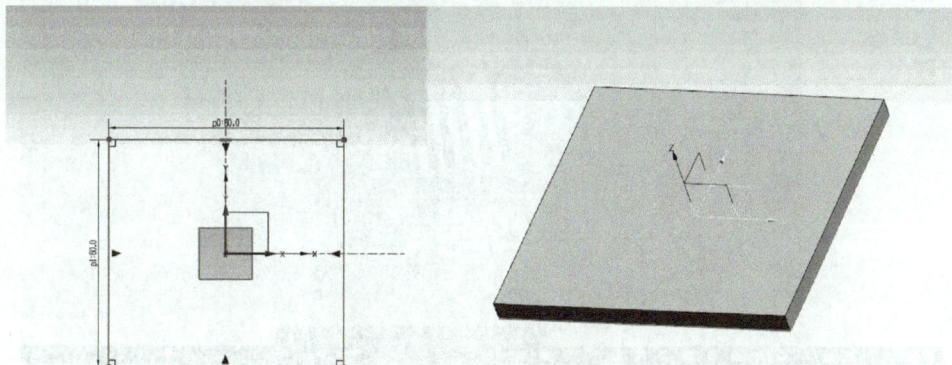

图 11-7　拉伸盖板特征

3. 导出 STL 模型

在菜单栏中单击"文件"→"导出"→"STL"按钮，命名为"连接块"。当弹出"类选择"对话框时，在图中选中连接块模型，如图 11-8 所示。用同样的方式将连接体模型以 STL 的格式导出。

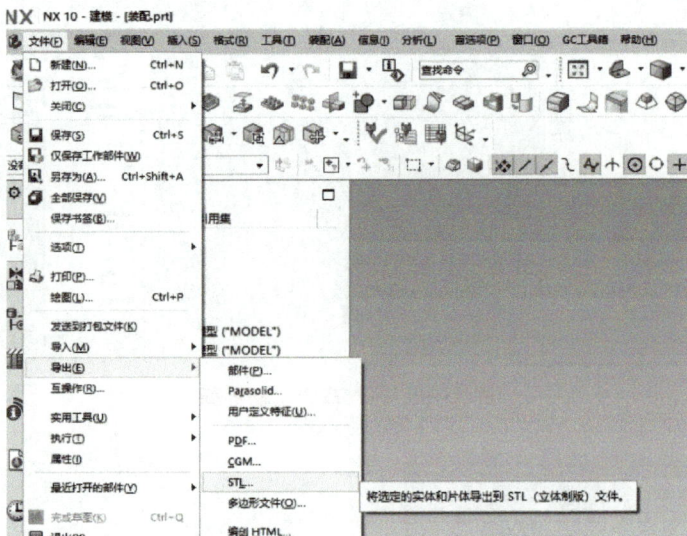

图 11-8　导出 STL 模型

二、糖果屋模型的切片处理及打印

1. 导入 STL 模型

在切片软件 Cura 中将生成的 STL 文件导入，并以恰当的方式摆放，考虑到模型的受力方向、表面粗糙度以及 3D 打印技术切片成型特点，请参考图 11-9 进行放置。（注：连接块数量为 16 的倍数，连接体数量为 6 的倍数。）

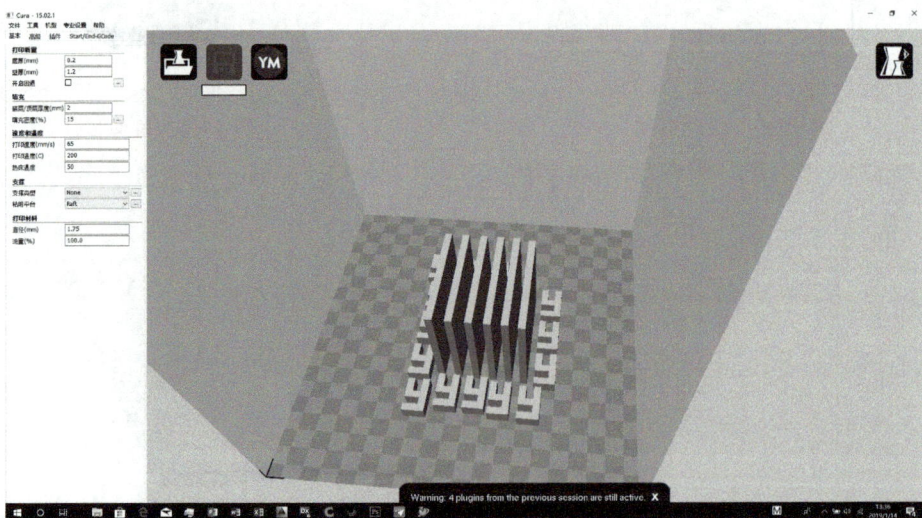

图 11-9　导入 STL 模型

2. 打印参数设置

由于设计时没有特征悬空，不需要打印支撑。调整参数，完成对糖果屋各零件的切片处理，打印参数设置见表11-1。

表 11-1 打印参数设置

参数	设 置
层厚	采用标准打印质量,层厚设定为0.2mm,保证打印速度
壁厚	壁厚设置为1.2mm,封底层数和封顶层数设置为2
填充	填充设置为20%～35%
速度	打印速度设置为70mm/s,空走速度设置为120mm/s,这样既不影响打印质量,又能保证打印效率
温度	按照PLA材料特点,为增加黏附力,温度设置为200℃

3. 保存打印文件

在菜单栏中单击"文件"→"保存GCode"按钮，命名为"dayinwenjian"。

4. 打印

将保存有"dayinwenjian. gcode"文件的存储卡插入打印机中，单击"开始打印"按钮，打印完成后，糖果屋组装效果如图11-10所示。

注意：打印完成后，在模型上存在很多拉丝和毛边，需要用砂纸、小刀、锉刀等对模型进行修整。

可以对模型加以改进，发挥想象，进行创意小设计，如在连接体上设计一些图案或者文字等。图11-11所示为一个创意案例。

图 11-10 糖果屋组装后的效果

图 11-11 创意案例

任务二 螺栓与螺母的设计与3D打印

通过实例，使用正向设计软件（UG）学习螺栓与螺母的正向设计方法，正确使用熔融沉积成型3D打印机成型实物，要求成型后的螺栓与螺母能够顺利装配。

借助三维设计软件和3D打印技术，可以设计和打印日常生活中的一些常用物件，在室温和强度要求不高的情况下，帮助我们解决遇到的一些小问题。螺栓和螺母作为配合紧固件，在日常生活中应用非常广泛。在本任务中，将利用UG软件中的螺纹命令，设计和打印一套配合的螺栓和螺母，如图11-12所示。

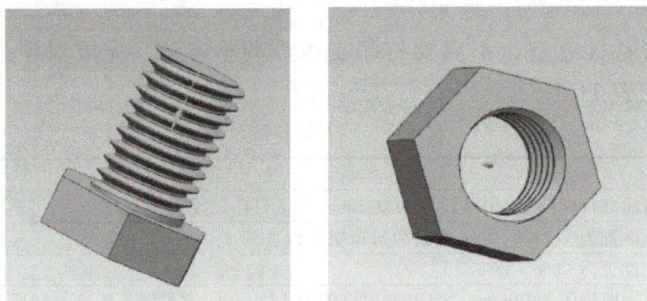

图 11-12 螺栓和螺母

1. 创建螺栓主体

1）单击"草图"按钮，进入"创建草图"对话框，定向视图到草图。单击"插入"→"草图曲线"→"多边形"按钮，弹出"多边形"对话框，指定坐标原点为"中心点"，设置"边数"为"6"，"内切圆半径"设为"5mm"，"旋转"设为"186°"，绘制螺栓六角头草图。单击"拉伸"按钮，拉伸距离设为5mm，完成螺栓六角头的拉伸，如图 11-13 所示。

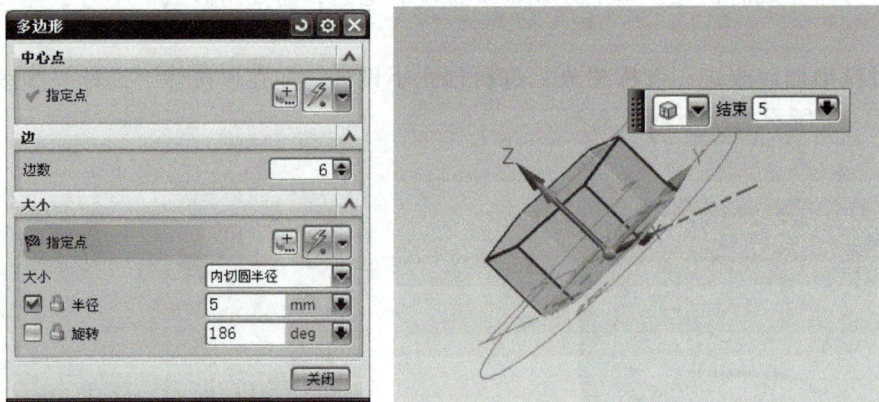

图 11-13 创建螺栓六角头

2）单击"草图"按钮，以已创建的螺栓六角头的中心为基准，创建草图，定向视图到草图。单击"圆"按钮，选择圆心和直径方式，以坐标原点为圆心，绘制直径为 10mm 的圆。单击"拉伸"按钮，拉伸距离选择 15mm，布尔运算为求和，完成螺栓主体的创建，如图 11-14 所示。

2. 创建螺栓螺纹

单击"插入"→"设计特征"→"螺纹"按钮，弹出"螺纹"对话框，"螺纹类型"选择"详细"，"旋转"选择"右旋"，单击要建立螺纹的圆柱表面，设置"小径"为"8.2mm"，"长度"为"15mm"，"螺距"为"1.5mm"，"角度"为"60°"，单击"确定"按钮，完成螺栓螺纹的创建，如图 11-15 所示。

3. 创建螺母主体

1）单击"草图"按钮，进入"创建草图"对话框，定向视图到草图。单击"插入"→"草图曲线"→"多边形"按钮，弹出"多边形"对话框，指定坐标原点为"中心点"，设置"边数"为"6","内切圆半径"设为"7.5mm","旋转"设为"270°",建立六角螺母草图。单击"拉伸"按钮 ，拉伸距离设为7mm，选择刚建立的螺母草图，完成六角螺母的拉伸，如图 11-16 所示。

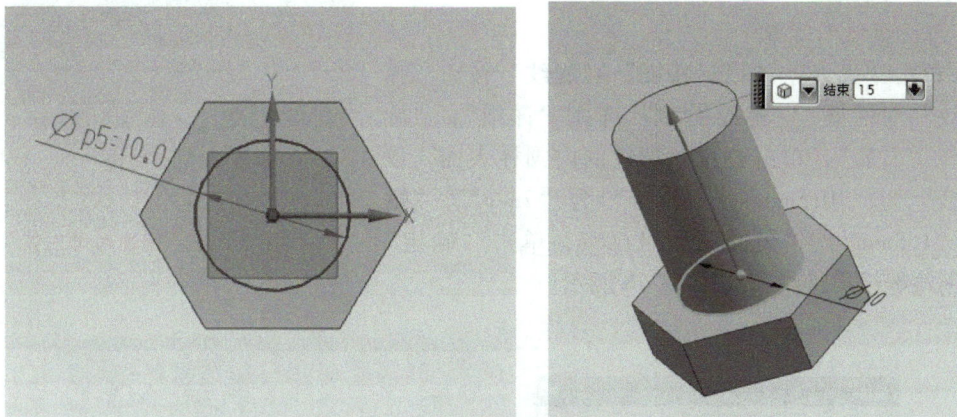

图 11-14　创建螺栓主体

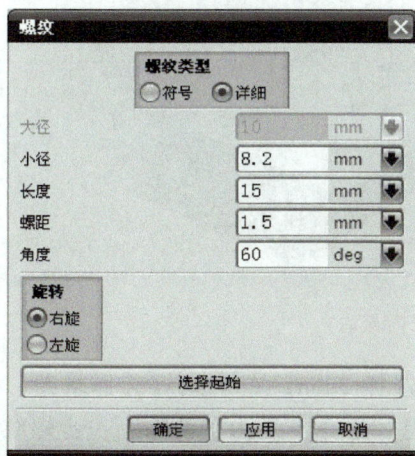

图 11-15　创建螺栓螺纹

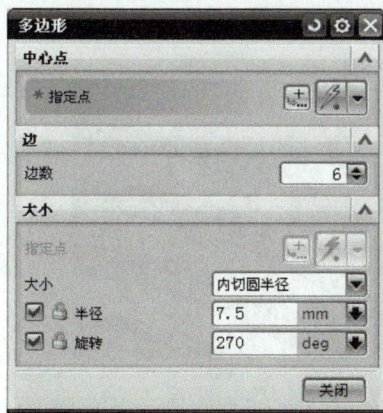

图 11-16　创建六角螺母

2）单击"圆"按钮，选择圆心和直径方式，以坐标原点为圆心，绘制直径为 8.8mm 的圆。单击"拉伸"按钮，拉伸距离选择 7mm，布尔运算为求差，完成螺母主体的创建，如图 11-17 所示。

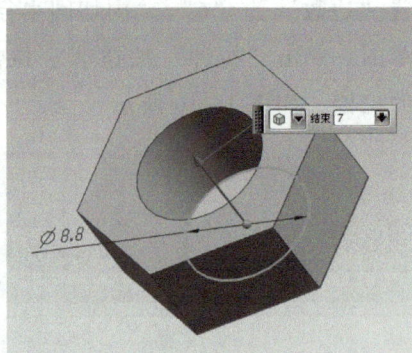

图 11-17 创建螺母主体

4. 创建螺母内螺纹

1）单击"插入"→"设计特征"→"螺纹"按钮，弹出"螺纹"对话框，"螺纹类型"选择"详细"，"旋转"选择"右旋"，单击要建立螺纹的内圆柱表面，设置"大径"为"10.5mm"，"长度"为"7mm"，"螺距"为"1.5mm"，"角度"为"60°"，单击"确定"按钮，创建螺母内螺纹，如图 11-18 所示。

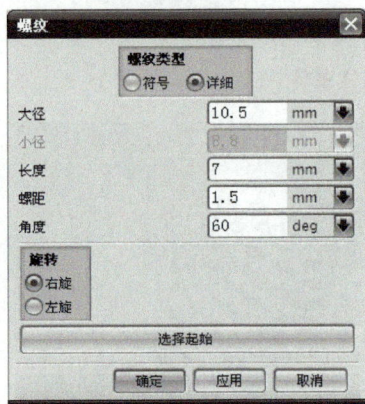

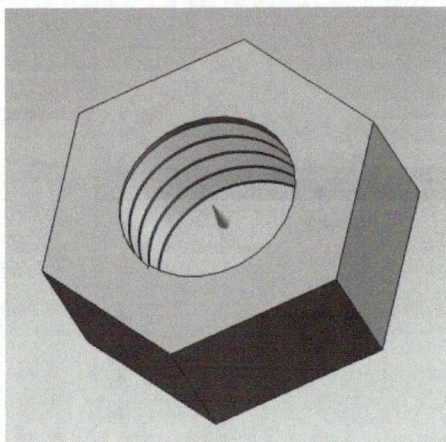

图 11-18 创建螺母内螺纹

2）单击"拉伸"按钮，选择所绘草图，距离选择 2mm，布尔运算选择求差，完成拉伸，螺母内螺纹创建完成，如图 11-19a 所示。（注意：这一步是为了消除上一步螺纹创建时产生的接头，如图 11-19b 所示。）

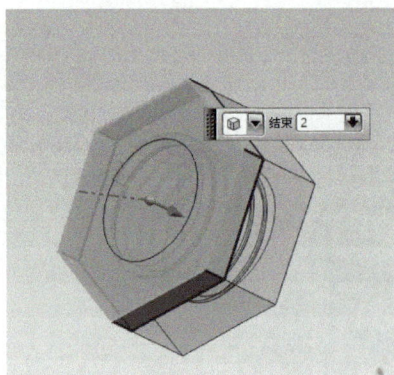

a)

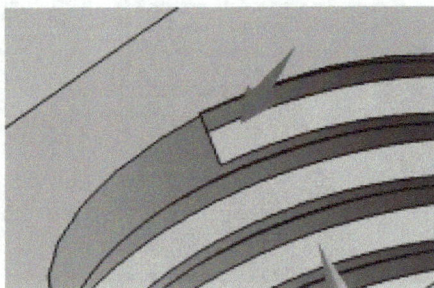

b)

图 11-19 螺母内螺纹创建完成

由于设计时没有特征悬空，不需要打印支撑。调整参数，完成对螺栓、螺母的切片处理，打印参数设置见表 11-2。

表 11-2　打印参数设置

参数	设　置
层厚	采用标准打印质量，层厚设置为 0.2mm，保证打印速度
外壳	外壳数量设置为 1，封底层数和封顶层数设置为 1
填充	填充设置为 15%
速度	打印速度设置为 70mm/s，空走速度设置为 120mm/s，这样既不影响打印质量，又能保证打印效率
温度	按照 PLA 材料特点，为增加黏附力，温度设置为 220℃

注意：如图 11-20 所示，打印完成后在模型上存在很多拉丝和毛边，需要用砂纸、小刀、锉刀等对模型进行修整。

图 11-20　打印完成

任务三　小汽车的设计与 3D 打印

本任务将利用 UG 10.0 三维设计软件，在装配环境下通过草图拉伸等命令，制作一辆简单的小汽车，装配图如图 11-21 所示。

一、UG 设计方法与步骤

1. 侧板设计

1）双击按钮，打开 UG 10.0 软件，执行"新建"命令，弹出"新建"对话框，选择"建模"选项，文件名称改为"侧板.prt"，保存位置为"xiaoqiche"，如图 11-22 所示，其余保持默认值，单击"确定"按钮，完成新建操作。

2）在"部件导航器"选项卡中选择"基准坐标系"，单击鼠标右键，在弹出的快捷菜单中选择"显示"命令，显示基准

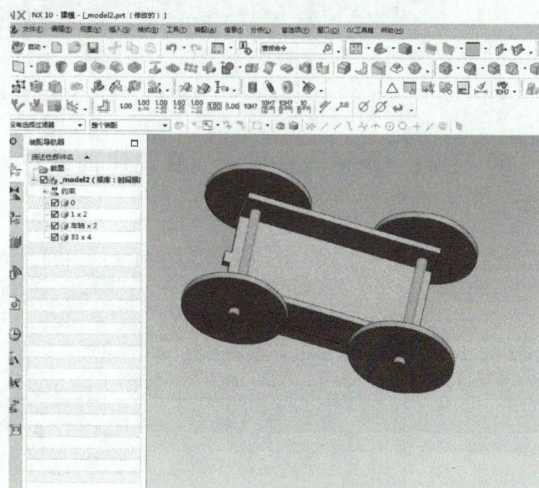

图 11-21　小汽车装配图

坐标系，如图 11-23 所示。

3）执行"插入"→"设计特征"→"长方体"命令，绘制侧板，设置长度为 150mm，宽度为 40mm，高度为 5mm。

4）插入草图，绘制侧板与底座的连接孔，具体尺寸如图 11-24 所示。

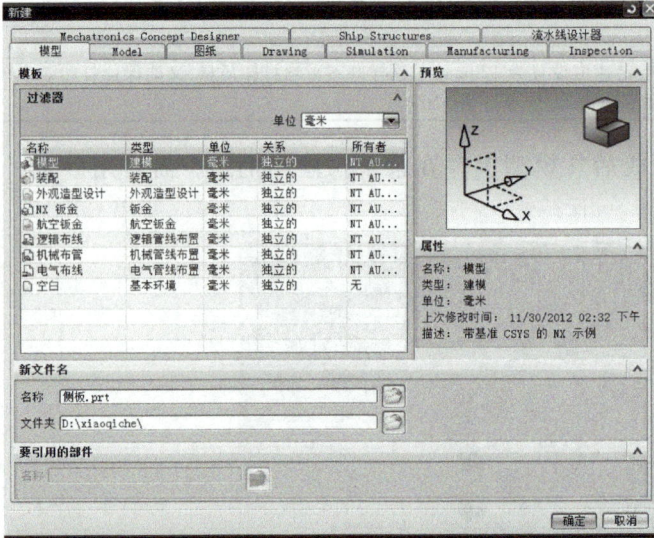

图 11-22 "新建"对话框

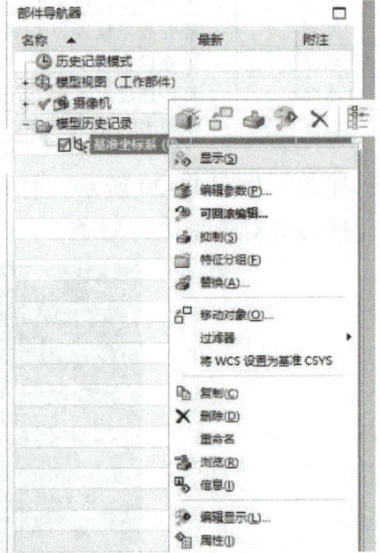

图 11-23 基准坐标系构建

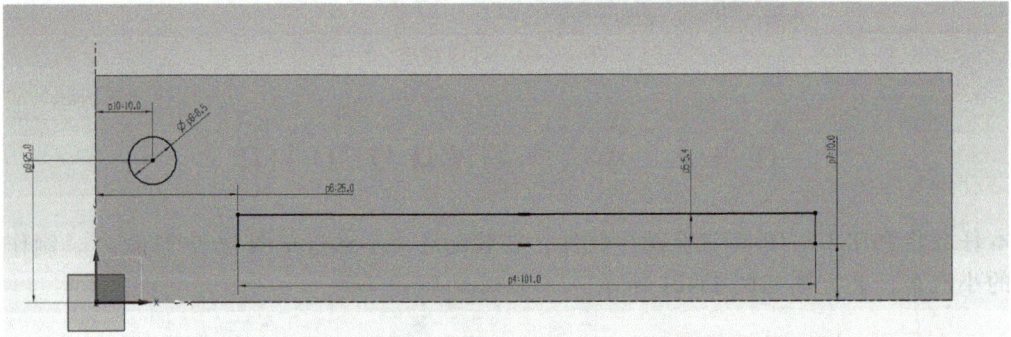

图 11-24 绘制侧板与底座的连接孔

5）绘制一条镜像直线，找到镜像曲线，对已绘制的连接孔进行镜像操作，如图 11-25 所示。

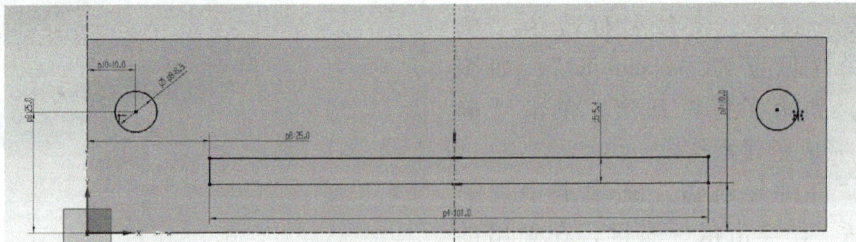

图 11-25 镜像曲线

6）完成草图，进行拉伸、布尔求差，结果如图 11-26 所示。

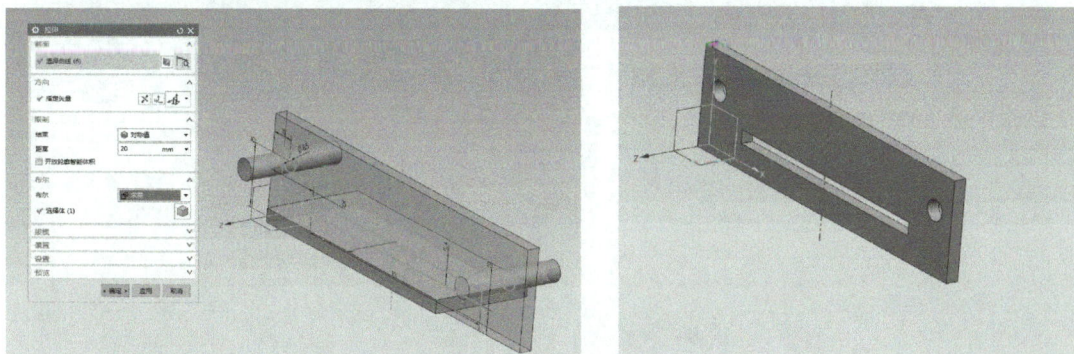

图 11-26　拉伸、布尔求差

2. 底座设计

1）双击按钮，打开 UG 10.0 软件，执行"新建"命令，弹出"新建"对话框，选择建模，文件名称改为"底座.prt"，保存位置为"xiaoqiche"，完成新建操作。

2）执行"插入"→"设计特征"→"长方体"命令，创建一个长方体，如图 11-27 所示。

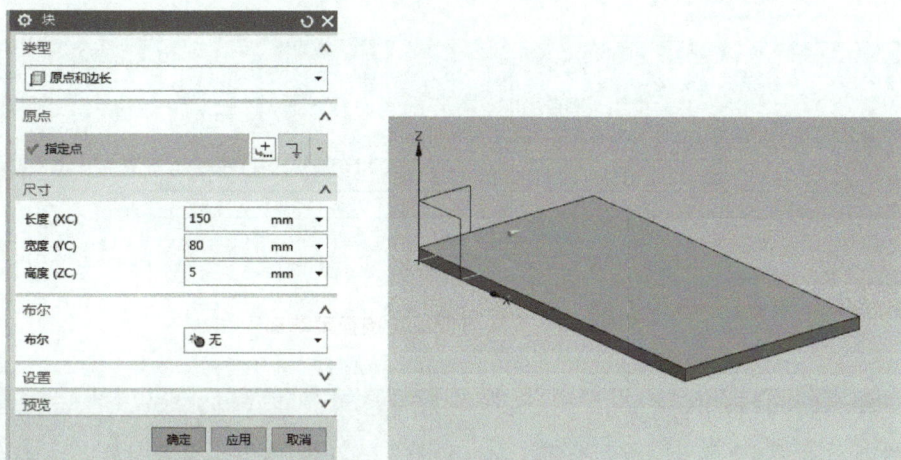

图 11-27　创建一个长方体

3）在长方体侧面插入草图，如图 11-28 所示。

4）绘制底座与侧板连接模型草图，如图 11-29 所示。

5）绘制完成后对草图进行拉伸，具体设置如图 11-30 所示。

6）执行"插入"→"镜像几何体"命令，选择图 11-31 所示的实体。

7）指定平面。选择底座侧面，进行平面偏置，具体设置如图 11-32 所示。

8）继续创建草图，具体设置如图 11-33 和图 11-34 所示。

9）完成草图后进行拉伸操作，具体设置如图 11-35 所示。

10）拉伸完成后进行合并操作，具体设置如图 11-36 所示。

11）底座建模完成，命名保存即可。

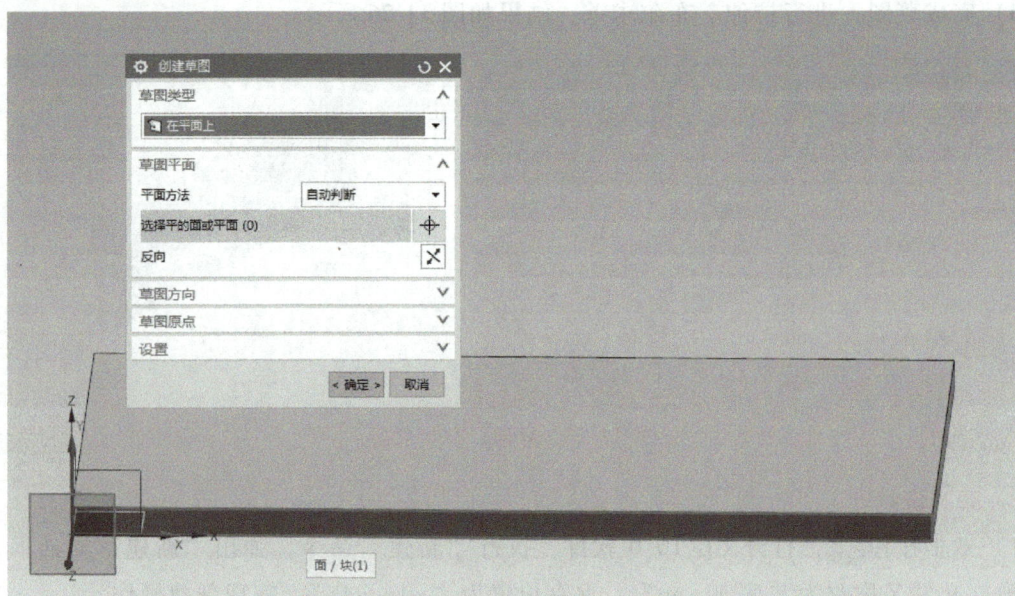

图 11-28　插入草图

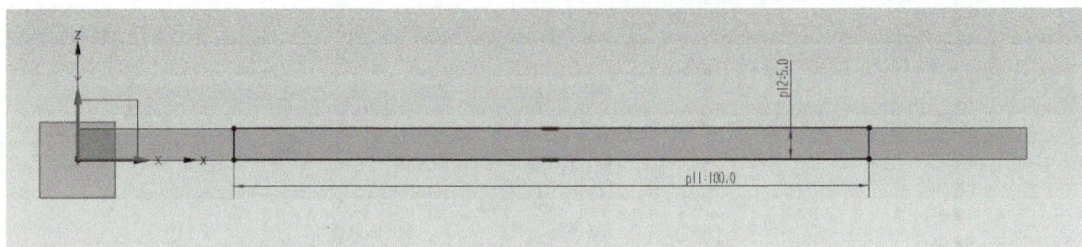

图 11-29　底座与侧板连接模型草图

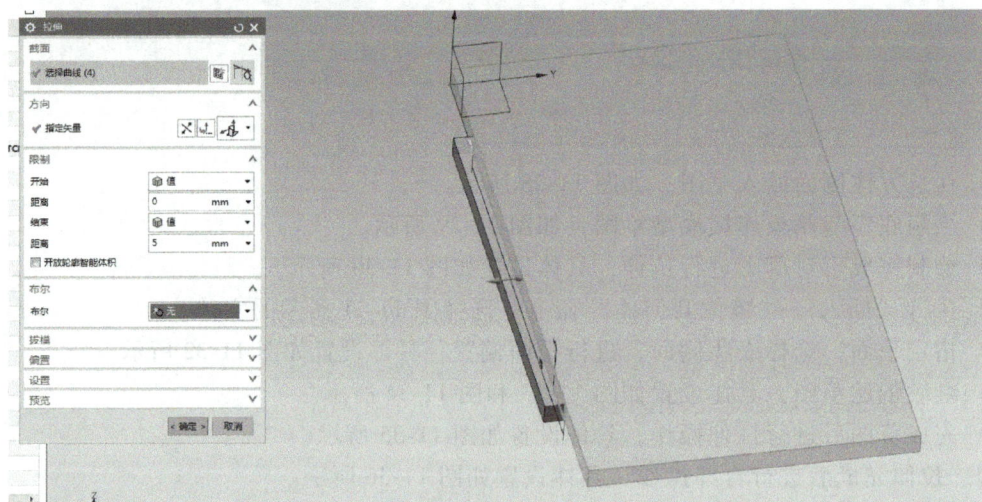

图 11-30　草图拉伸

项目十一 产品正向设计与3D打印

图 11-31 镜像几何体

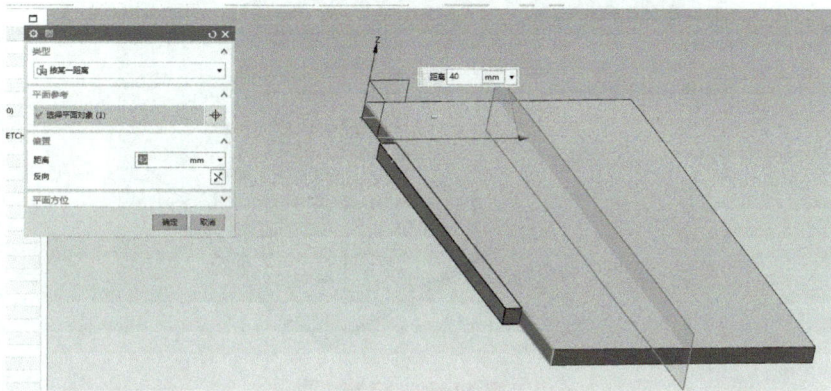

图 11-32 平面偏置

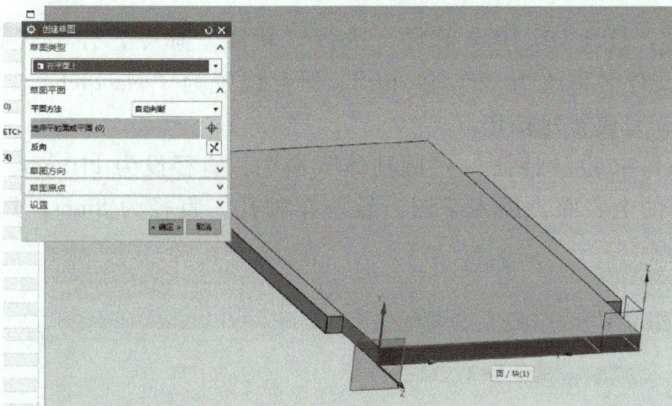

图 11-33 创建草图（一）

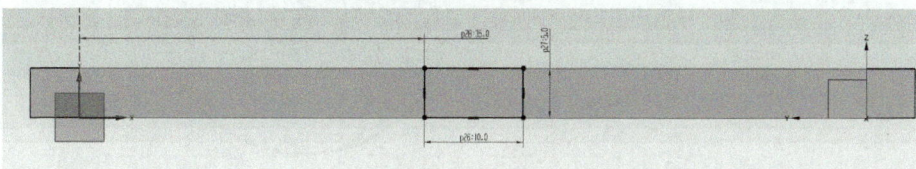

图 11-34 创建草图（二）

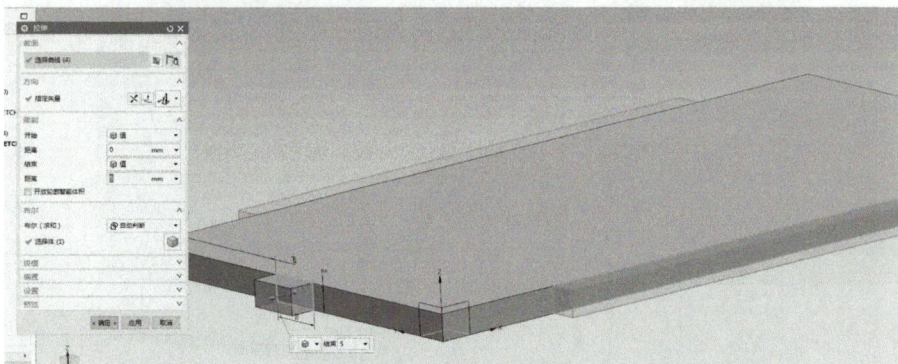

图 11-35　拉伸

图 11-36　合并

3. 车轮设计

1）双击按钮 ，打开 UG 10.0 软件，执行"新建"命令，弹出"新建"对话框，选择"建模"选项，文件名称改为"车轮.prt"，保存位置为"xiaoqiche"，其余保持默认值，单击"确定"按钮，完成新建操作。

2）执行"插入"→"设计特征"→"圆柱体"命令，直径设为 110mm，高度设为 5mm。

3）选择圆柱体的上表面，插入草图，绘制车轴孔，直径为 8mm，具体设置如图 11-37 所示。

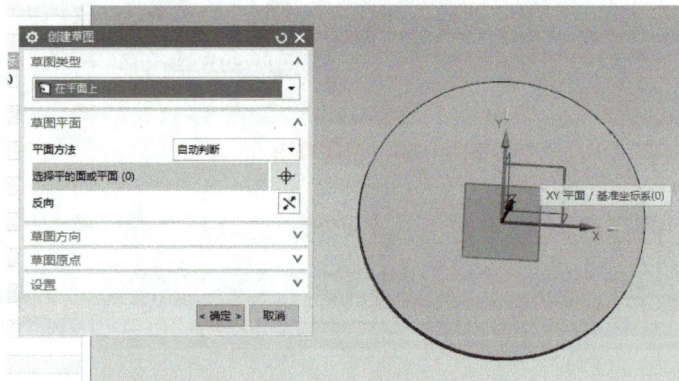

图 11-37　绘制车轴孔

4）完成草图，进行拉伸和布尔求差操作，具体设置如图 11-38 所示。

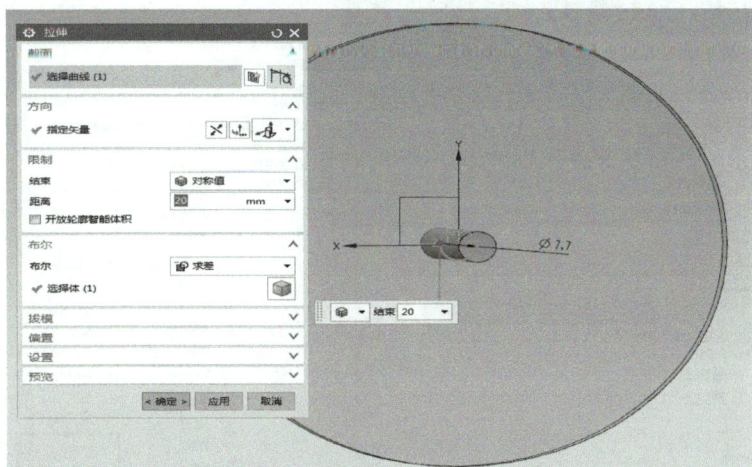

图 11-38　拉伸和布尔求差

5）完成的车轮成品如图 11-39 所示。

4. 车轴设计

1）双击按钮 ，打开 UG 10.0 软件，执行"新建"命令，弹出"新建"对话框，选择"建模"选项，文件名称改为"车轴 . prt"，保存位置为"xiaoqiche"，其余保持默认值，单击"确定"按钮，完成新建操作。

2）执行"插入"→"设计特征"→"圆柱体"命令，弹出对话框后输入车轴参数，直径为 7.7mm，高度为 120mm，即绘制完成，车轴成品如图 11-40 所示。

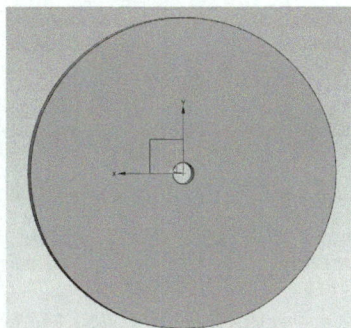

图 11-39　车轮成品

二、装配与约束

1）双击按钮 ，打开 UG 10.0 软件，执行"新建"命令，弹出"新建"对话框，选择"装配"选项，文件名称改为"装配 . prt"，保存位置为"xiaoqiche"，其余保持默认值，单击"确定"按钮，完成新建操作。

2）添加组件。在菜单栏中执行命令"装配"→"组件"→"添加组件"命令，依次添加"侧板""车轮""车轴""底座"，并将"替换引用集"切换为"MODEL"，如图 11-41 所示。

3）在菜单栏中执行"装配"→"组件位置"→"移动组件"命令，移动模型各组件，组装后效果如图 11-42 所示。

三、导出 STL 模型

图 11-40　车轴成品

在菜单栏中执行"文件"→"导出"→"STL"命令，如图 11-43 所示，命名为"侧板"，保存位置为"xiaoqiche"，其余保持默认值，单击"确定"按钮。当弹出"类选择"对话框时，在图中选中背板模型。依次将四个模型以 STL 的格式导出。

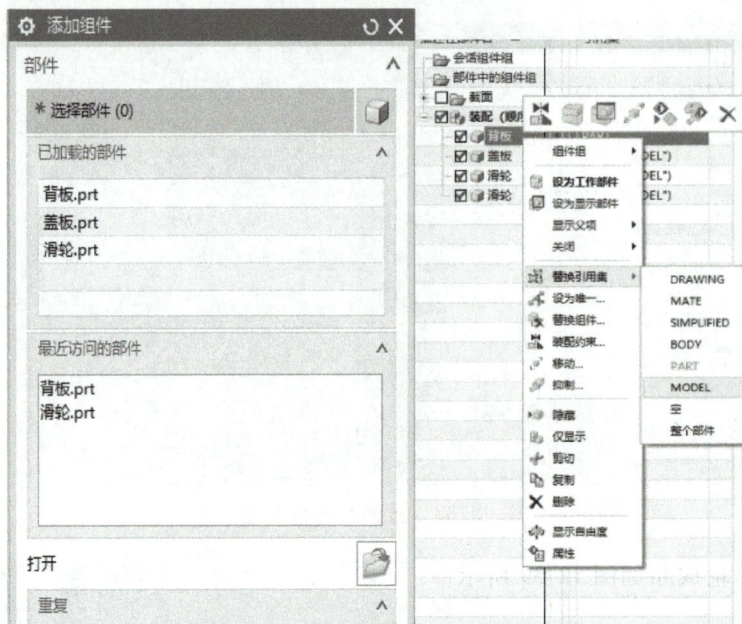

图 11-41　添加组件

图 11-42　组装效果图

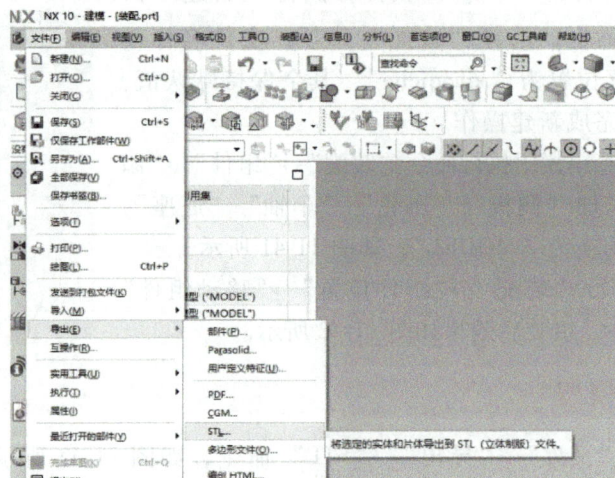

图 11-43　导出 STL 文件

四、切片处理与打印

1. 导入 STL 模型

在切片软件 Cura 中将生成的 STL 文件导入，并以恰当的方式摆放，考虑到模型的受力方向、表面粗糙度以及 3D 打印技术切片成型特点，请参考图 11-44 进行模型放置。

图 11-44　模型摆放

2. 参数设定

层厚设为 0.1mm，壁厚设为 1.2mm，顶层厚度设为 2~3.5mm，填充密度设为 20%~30%。其余参数可根据不同打印机的性能自行调整。

3. 保存文件

在菜单栏中执行"文件"→"保存 GCode"命令，命名为"1234"，保存在存储卡中。

4. 打印

将保存有"1234.gcode"文件的存储卡插入打印机中，单击"开始打印"，打印并装配后的效果如图 11-45 所示。

图 11-45　小汽车打印并装配后的效果

任务四　投石机的设计与3D打印

本任务将利用 UG 10.0 三维设计软件，通过插入长方体、圆柱、球体等命令绘制并打印投石机的三维模型。

一、UG 设计方法与步骤

1. 投石机底座的绘制

1）新建项目，进入建模环境，执行"插入"→"设计特征"→"长方体"命令，设置"长度"为"100mm"，"宽度"为"40mm"，"高度"为"45mm"，绘制长方体；选择"原点"为（0，0，10），再插入一个长方体，长、宽、高分别为 20mm、40mm、35mm，布尔运算为求差，如图 11-46 所示。

图 11-46　绘制长方体

2）选择点（30，0，30），继续绘制长方体，长设为 12mm，宽设为 40mm，高设为 15mm；布尔运算为求差，投石机底座如图 11-47 所示。选择点（52，0，10），绘制长方体，长设为 24mm，宽设为 40mm，高设为 35mm，布尔运算为求差。

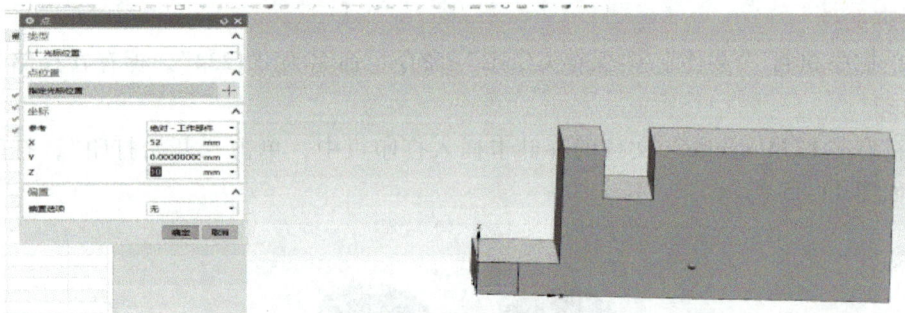

图 11-47　投石机底座

3）选择点（0，9.5，10），绘制长方体，长、宽、高分别为 100mm、20.5mm、50mm，布尔运算为求差。得到投石机底座的完整模型，如图 11-48 所示。然后在文件中选择导出 STL 格式。

2. 投石机杠杆的绘制

1）新建项目，进入建模环境，选择点（0，-10，0），绘

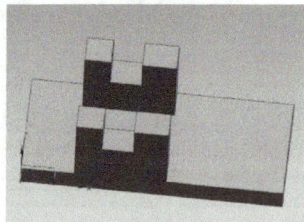

图 11-48　投石机底座模型

制长方体，长设为 120mm，宽设为 20mm，高设为 10mm，如图 11-49 所示。

2）执行"插入"→"设计特征"→"圆柱体"命令，选择点（45，-10，5），绘制圆柱体，直径设为 10mm，高设为 15mm，布尔运算为求和。

3）执行"插入"→"关联复制"→"镜像特征"命令，特征选择步骤 2）中绘制的圆柱体，镜像平面选择 XOZ 平面。

4）执行"插入"→"设计特征"→"球"命令，选择点（105，0，10），绘制球体，直径设为 15mm，布尔运算为求差。

5）得到投石机杠杆的完整模型，在文件中选择导出 STL 格式，如图 11-50 所示。

二、投石机的装配

1）打开 UG 10.0 软件，选择"新建"命令，弹出"新建"对话框，选择"装配"选项，文件名称改为"投石机装配 .prt"，保存位置为"toushiji"，其余保持默认值，单击"确定"按钮，完成新建操作。

2）选择"投石机"文件，"放置定位"选择"绝对原点"，其他保持默认值。

3）添加组件。在菜单栏中执行"装配"→"组件"→"添加组件"命令，选择"投石机杠杆"文件，"放置定位"选择"通过约束"，其他保持默认值，如图 11-51 所示。

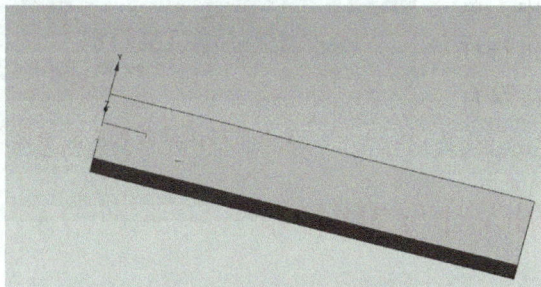

图 11-49　绘制长方体

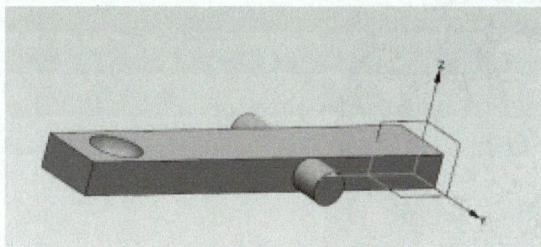

图 11-50　投石机杠杆模型

图 11-51　添加投石机组件

4）在菜单栏中执行"装配"→"组件位置"→"装配约束"命令，投石机装配后的效果如图 11-52 所示。

三、切片及打印

1）将绘制好的 STL 模型导入切片软件 Cura 中，设置参数层厚为 0.2mm，壁厚为 1.2mm，底层/顶层厚度为 0.8mm，填充密度为 20%~30%，其余按照设备不同进行相应的调整，投石机模型切片如图 11-53 所示。

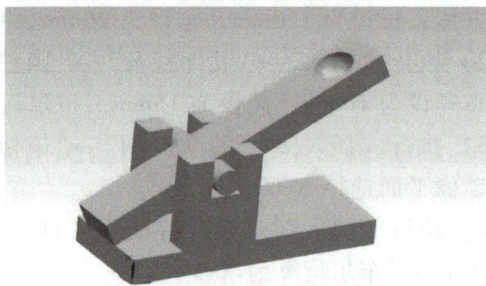

图 11-52　投石机装配效果图

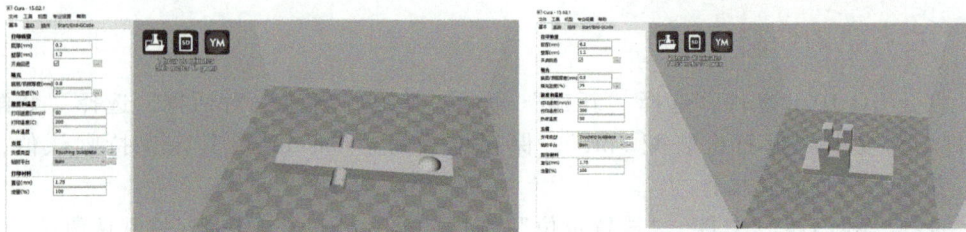

图 11-53　投石机模型切片

2）在菜单栏中执行"文件"→"保存 GCode"命令，分别命名为"投石机.gcode"和"投石机杠杆.gcode"。

3）将保存有文件的存储卡插入打印机中，单击"开始打印"，选择步骤2）中保存的文件进行打印。打印速度可根据打印机精度做细微调整。投石机打印装配后的模型如图 11-54 所示。

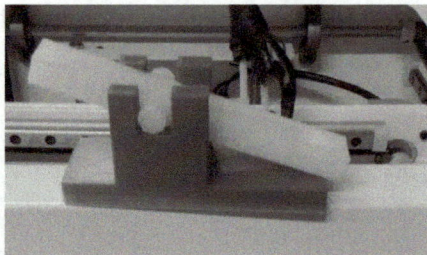

图 11-54　投石机打印并装配后的模型图

任务五　花瓶的设计与 3D 打印

本任务将利用中望 3D 实体设计软件，进行工艺品摆件——花瓶的设计。花瓶效果图如图 11-55 所示。

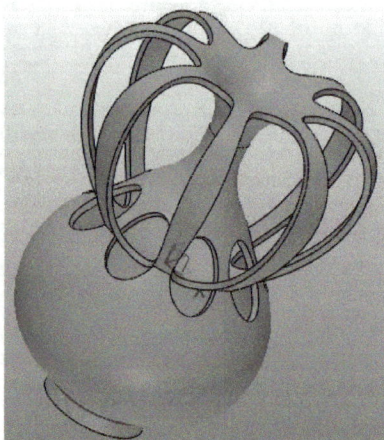

图 11-55　花瓶效果图

一、设计方法与步骤

1. 花瓶结构设计

1）新建文件。单击"新建文件"按钮 🗋，弹出"新建文件"对话框，具体设置如图 11-56 所示。

2）绘制如图 11-57 所示的草图 1。单击"造型"→"草图"按钮，选择 XOZ 平面，执行"点"和"样条曲线"命令，完成草图创建并退出草图绘制。

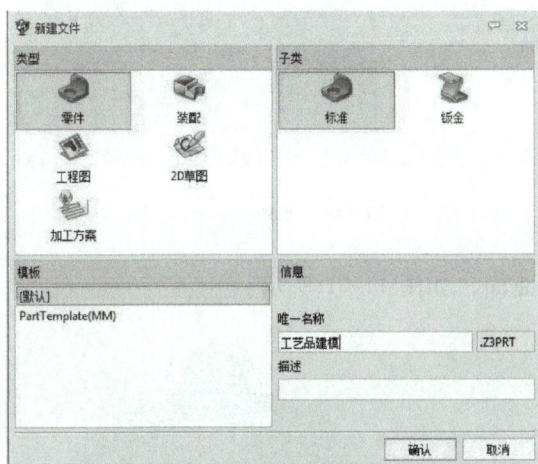

图 11-56　"新建文件"对话框

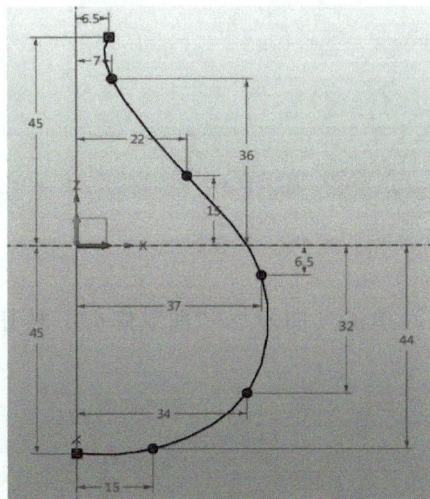

图 11-57　草图 1

3）旋转草图 1。单击"旋转"按钮，设置"轮廓 P"为"草图 1"，"轴 A"为"0，0，1"，"旋转类型"为"1 边"，"结束角度 E"为"360°"，如图 11-58 所示。

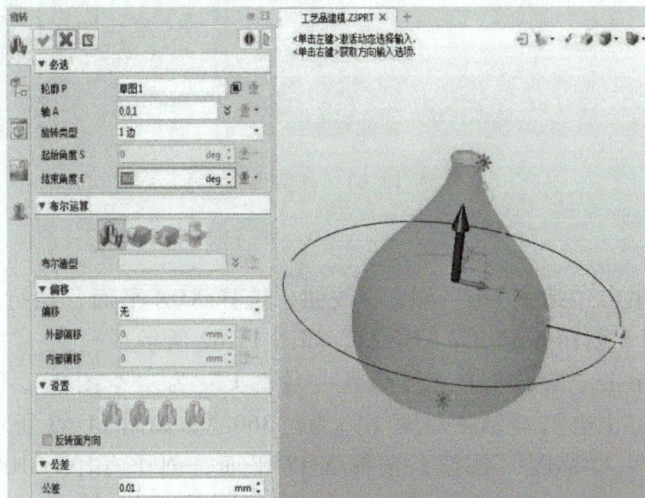

图 11-58　旋转草图 1

4）单击"造型"→"草图"按钮，选择 XOY 平面，创建直径分别为 50mm 和 15mm 的两个圆，并将直径为 50mm 的圆切换成"构造型"，绘制如图 11-59 所示的草图 2。单击

"阵列"按钮 ⚏ ，设置"基体"为直径 15mm 的圆，"圆心"为"0，0"，"间距"为"数目和区间"，"数目"为"8"，"区间角度"为"360°"，完成草图并退出，如图 11-60 所示。

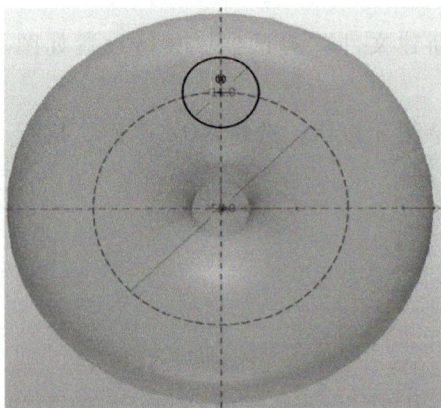
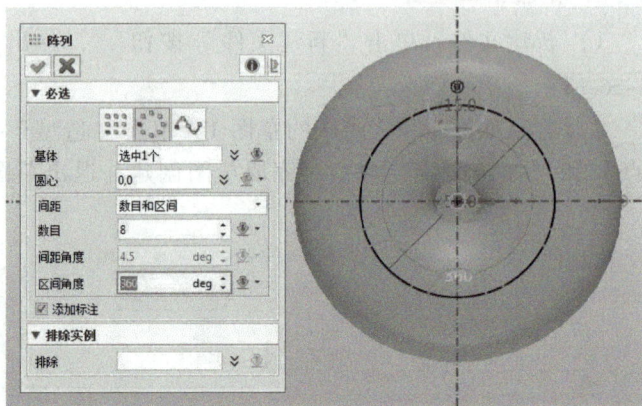

图 11-59 草图 2   图 11-60 阵列

5）单击"曲面"→"曲线修剪"按钮，修剪曲面，如图 11-61 所示。

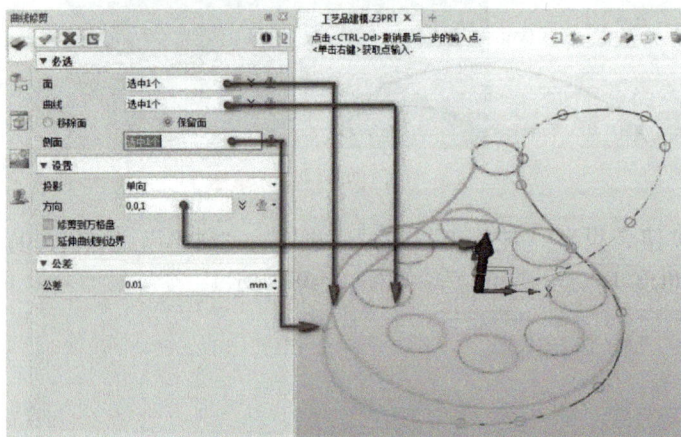
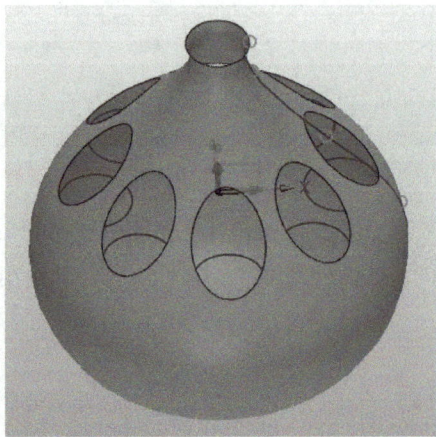

图 11-61 修剪曲面

2. 花瓶上部设计

1）绘制草图。单击"造型"→"草图"按钮，选择 XOZ 平面，执行"点"和"样条曲线"命令，完成草图 3 创建并退出草图绘制，如图 11-62 所示。

2）旋转草图。单击"旋转"按钮，设置"轮廓 P"为"草图 3"，"轴 A"为"0，0，1"，"旋转类型"为"1 边"，"结束角度 E"为"360°"，如图 11-63 所示。

3）单击"造型"→"草图"按钮，选择 XOY 平面，创建直径为 108mm 的圆和长轴为 70mm、短轴为 28mm 的椭圆，并将直径 108mm 圆切换成"构造型"；单击"阵列"按钮，设置"基体"为椭圆，"圆心"为"0，0"，"间距"为"数目和区间"，"数目"为"8"，"区间角度"为"360°"，完成草图 4 并退出，如图 11-64 所示。

4）单击"曲面"→"曲线修剪"按钮，修剪曲面，如图 11-65 所示。

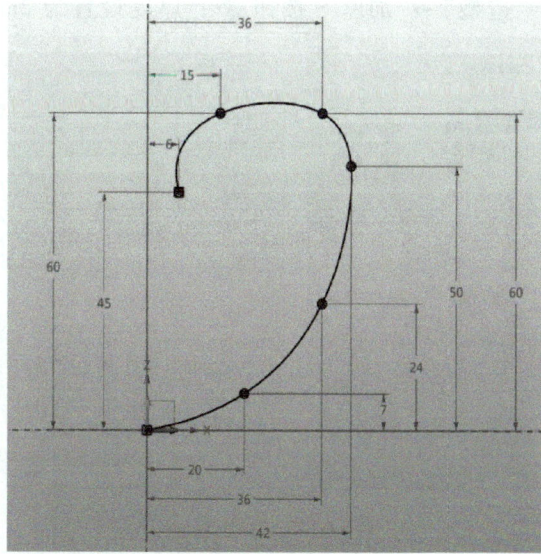

图 11-62　草图 3

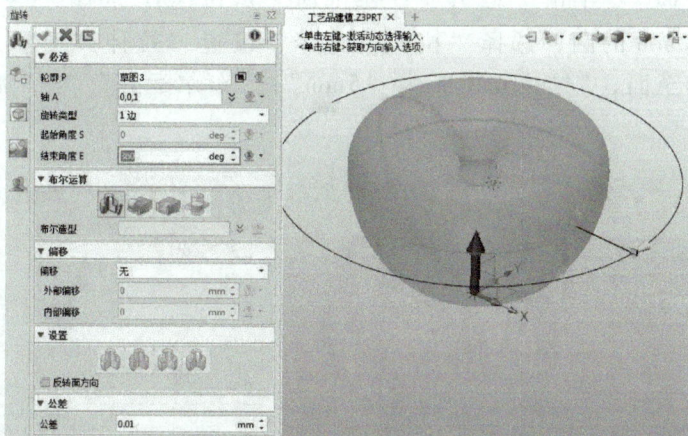

图 11-63　旋转草图 3

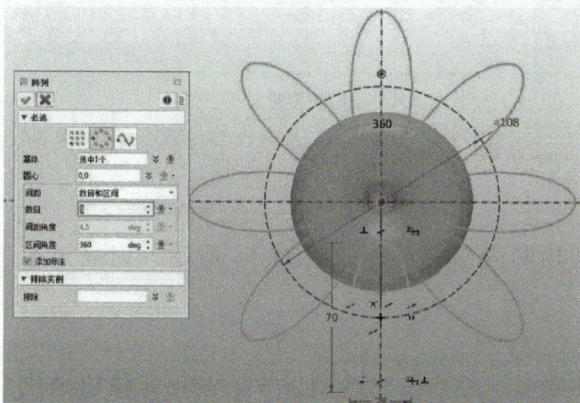

图 11-64　草图 4

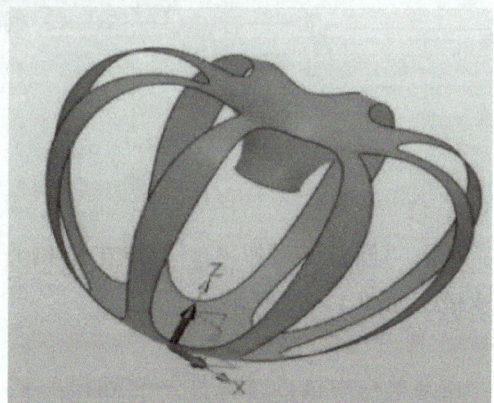

图 11-65　修剪曲面

5）加厚曲面。单击"造型"→"加厚"按钮 ，厚度设置为2mm，如图11-66所示。

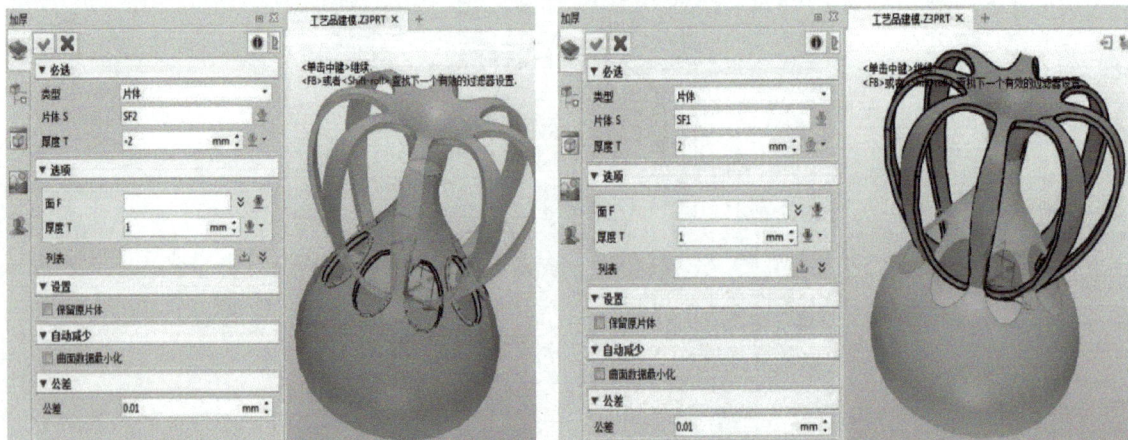

图11-66 加厚曲面

3. 底座设计

创建基准面平面1。单击"造型"→"基准面"按钮 ，如图11-67a所示，在平面1中创建直径为32mm的圆，选择"拉伸"命令，设置"拉伸类型"为"2边"，"起始点S"选择延伸至面，"结束点E"为"5mm"，"布尔运算"为"加"，如图11-67b所示。

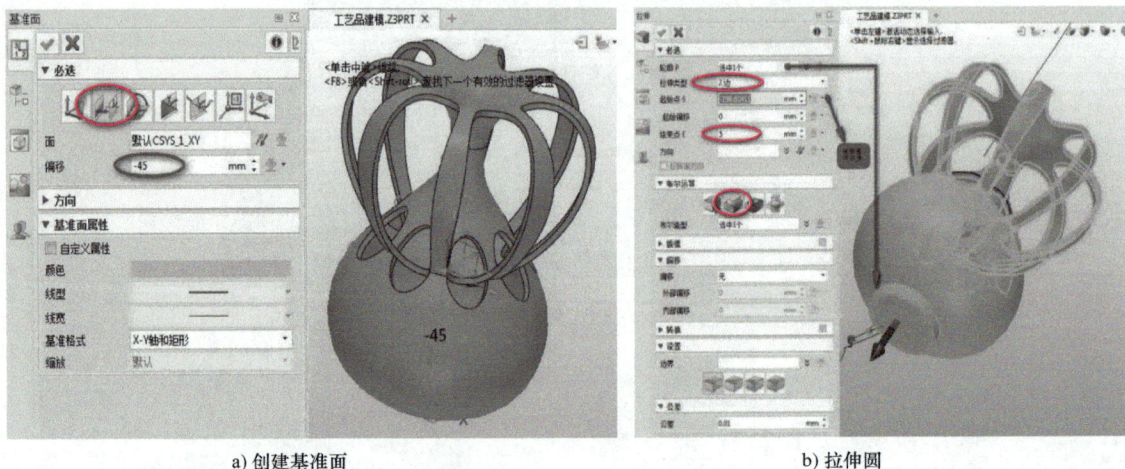

a) 创建基准面   b) 拉伸圆

图11-67 底座创建

4. 修剪

单击"修剪"按钮 ，剪掉花瓶和上部结构的内部特征，如图11-68所示。完成工艺品建模，如图11-69所示。

5. 导出 STL 模型

在菜单栏中执行"文件"→"输出"→"文件类型"命令，将模型以STL的格式输出导出文件，如图11-70所示。

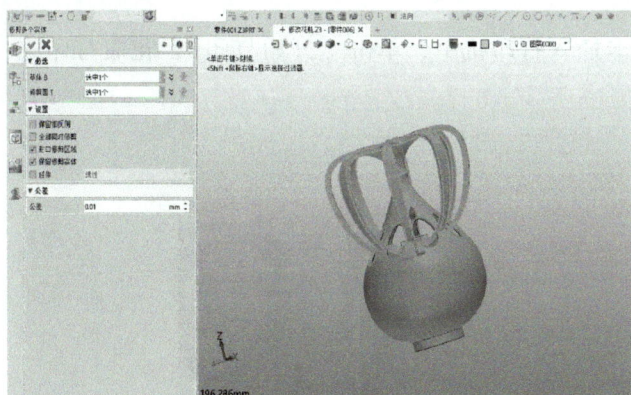

图 11-68　修剪

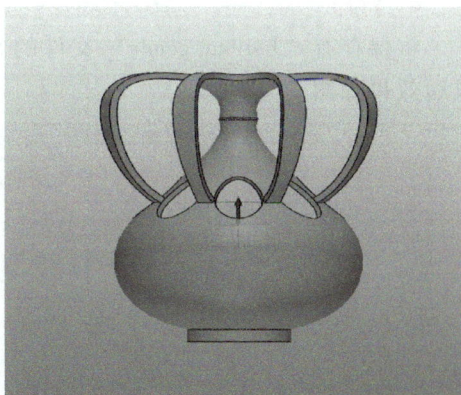

图 11-69　完成创建

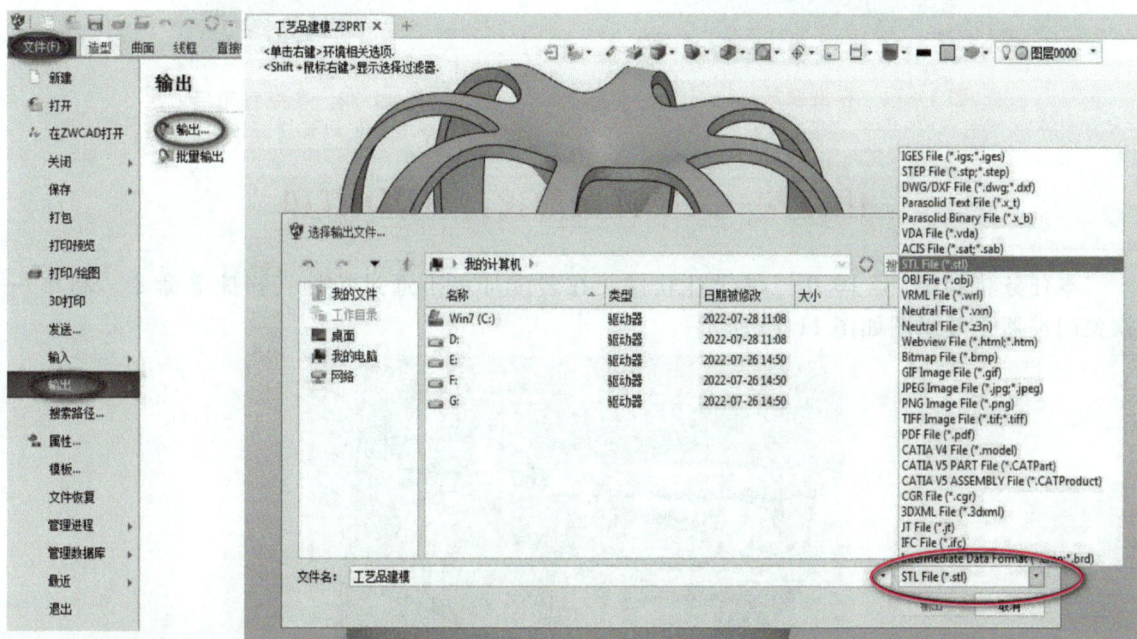

图 11-70　导出 STL 文件

二、切片处理与打印

1. 导入 STL 模型

在切片软件 Cura 中将生成的 STL 文件导入，并以恰当的方式摆放，考虑到产品工作时的受力方向，表面粗糙度以及 3D 打印技术切片成型特点，请参考图 11-71 进行放置。

2. 参数设定

层厚设为 0.1mm，壁厚设为 1.2mm，顶层厚度设为 2～3.5mm，填充密度设为 35%～50%。其余参数可根据不同打印机性能自行调整。

3. 保存文件

在菜单栏中执行"文件"→"保存 GCode"命令，命名为"baijian"，保存在存储卡中。

4. 打印

将保存有"baijian. gcode"文件的 SD 卡插入打印机中，单击"开始打印"，花瓶打印完成后效果如图 11-72 所示。

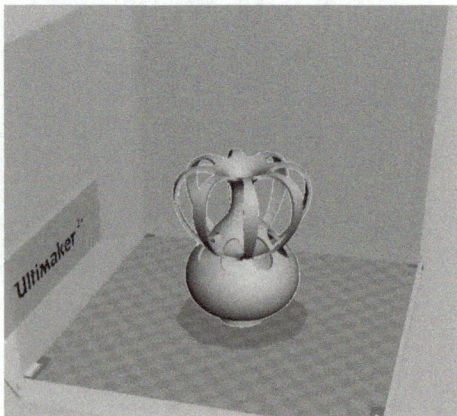

图 11-71　模型摆放

图 11-72　花瓶打印后效果

任务六　关门神器的设计与 3D 打印

本任务将利用 UG 10.0 三维设计软件，在装配环境下通过拉伸、扫掠等命令，制作一款关门神器，效果图如图 11-73 所示。

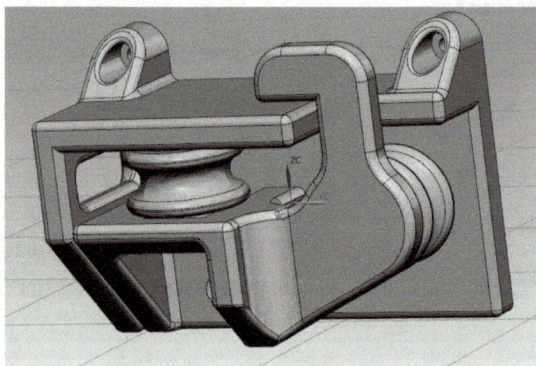

图 11-73　关门神器效果图

一、UG 设计方法与步骤

1. 背板设计

1）双击按钮 ，打开 UG 10.0 软件，执行"新建"命令，弹出"新建"对话框，选择"建模"选项，文件名称改为"背板. prt"，保存位置为"guanmenshenqi"，如图 11-74 所示，其余保持默认值，单击"确定"按钮，完成新建操作。

2）在"部件导航器"选项卡中选择"基准坐标系"，单击鼠标右键，在弹出的快捷菜单中选择"显示"命令，显示基准坐标系。

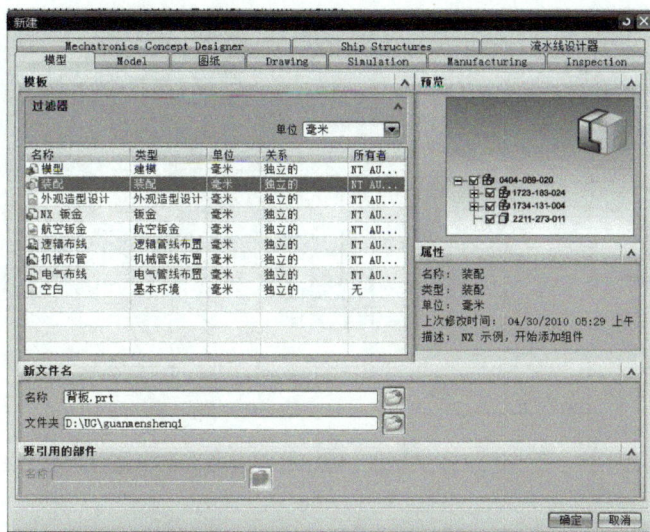

图 11-74　"新建"对话框

3）执行"草图"命令，选择 YOZ 平面为草图绘制平面，单击鼠标右键，在弹出的快捷菜单中选择"定向视图到草图"命令，进入草图绘制界面，如图 11-75 所示。

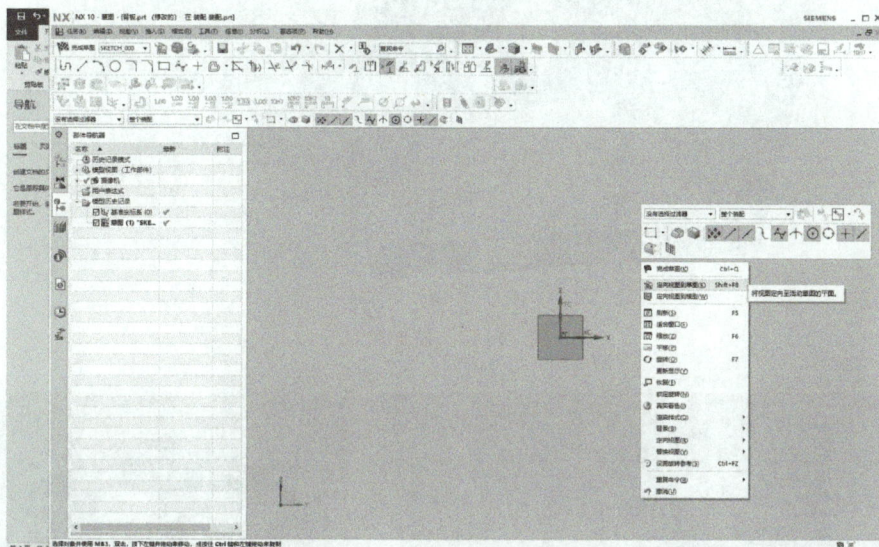

图 11-75　进入草图绘制界面

4）单击"矩形"按钮，选择两点方式，以坐标原点为中心绘制长 100mm、宽 60mm 的矩形，并参照图 11-76 所示绘制草图。

5）单击"完成草图"按钮 完成草图，执行"插入"→"设计特征"→"拉伸"命令，进行拉伸求和，并在点（24，−17，22）沿 Z 轴负方向插入直径为 16mm、高为 20mm 的圆柱，拉伸特征如图 11-77 所示。

6）以步骤 4）为参考，在 XOZ 平面绘制图 11-78 所示的矩形草图，尺寸为 32mm×10mm，执行拉伸求差命令，如图 11-79 所示。

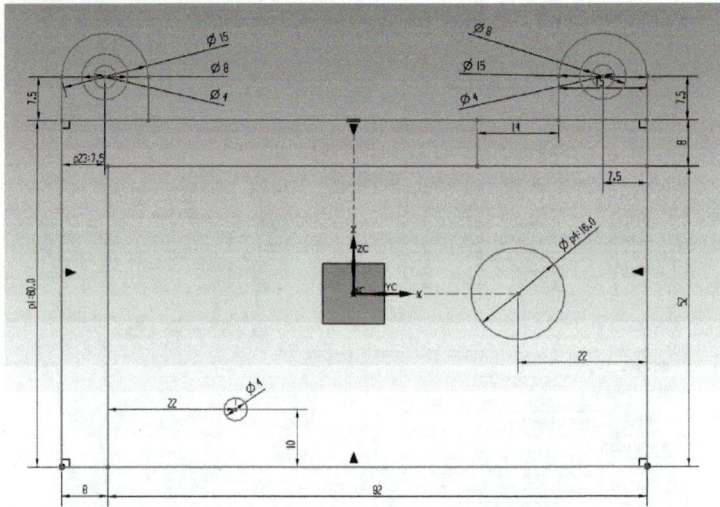

图 11-76　绘制草图

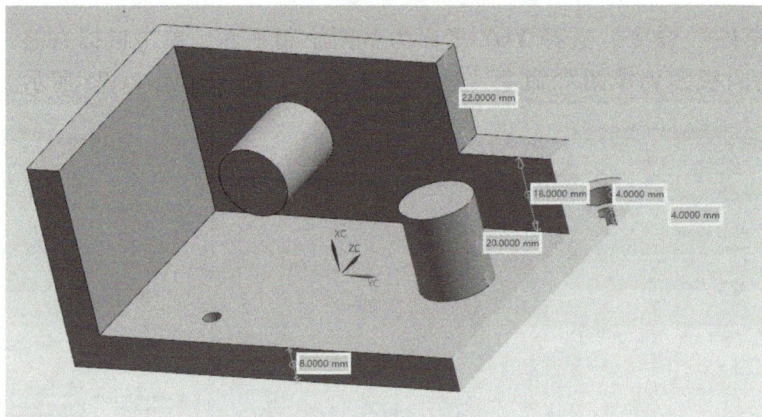

图 11-77　拉伸特征

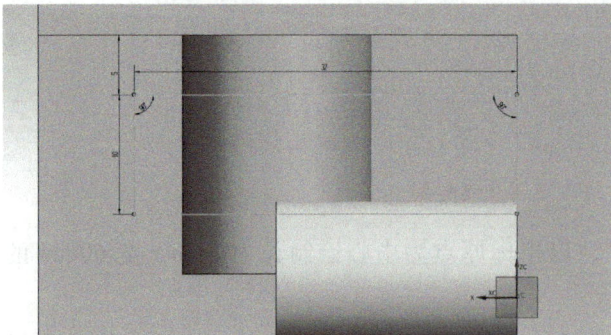

图 11-78　绘制矩形草图

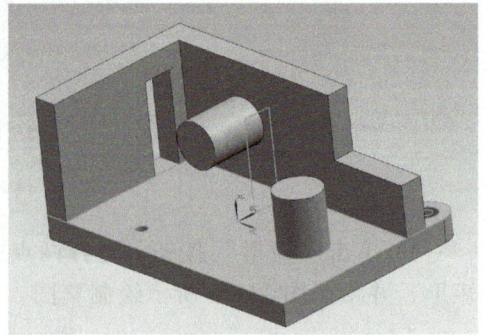

图 11-79　拉伸求差

　　7）执行"倒斜角"命令 ，"横截面"选择"对称","距离"设为"15mm"。倒圆尺寸推荐 $R2$mm 或 $R5$mm，如图 11-80 所示。

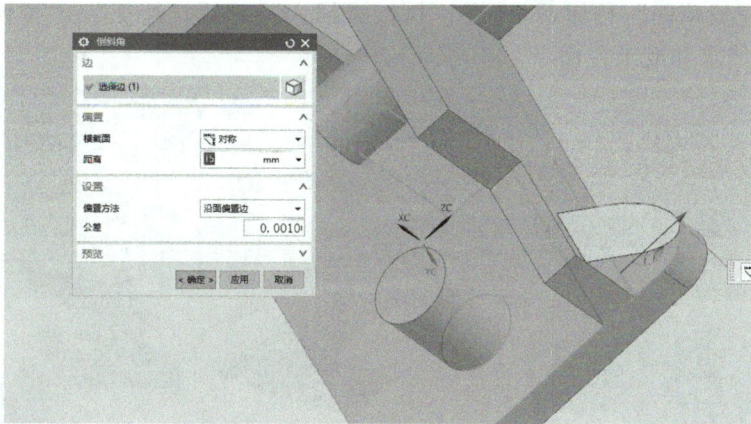

图 11-80　倒斜角

2. 盖板设计

1）双击按钮 ![icon]，打开 UG 10.0 软件，执行"新建"命令，弹出"新建"对话框，选择"建模"选项，文件名称改为"盖板.prt"，保存位置为"guanmenshenqi"，其余保持默认值，单击"确定"按钮，完成新建操作。

2）执行"草图"命令，选择 YOZ 平面为草图绘制平面，单击鼠标右键，在弹出的快捷菜单中选择"定向视图到草图"命令，进入草图绘制界面，参照图 11-81 绘制盖板草图。

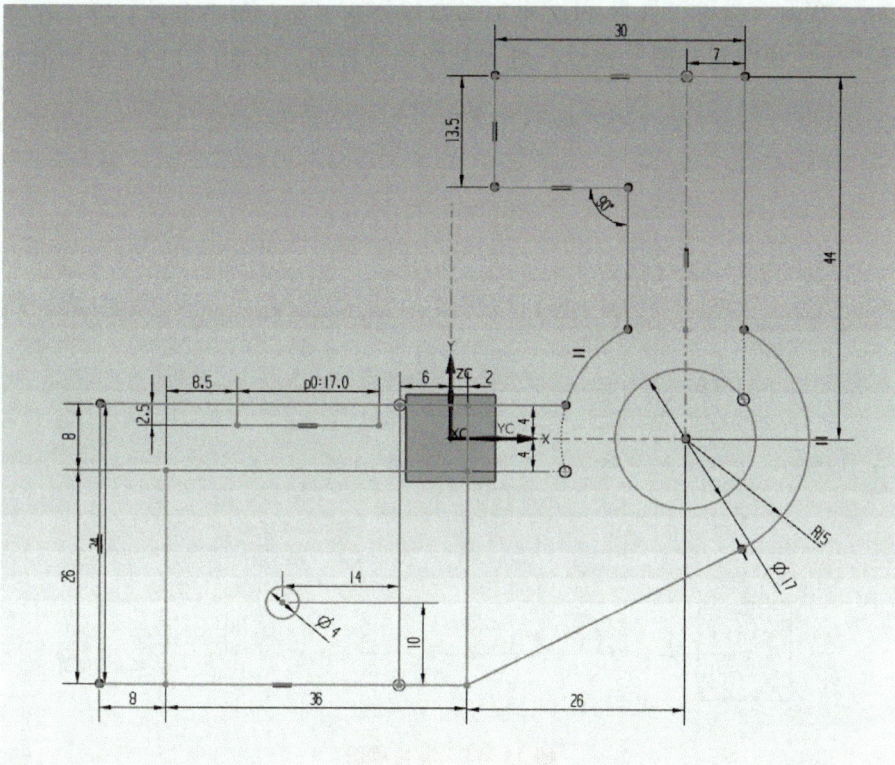

图 11-81　盖板草图

3）单击"完成草图"按钮 ，执行"插入"→"设计特征"→"拉伸"命令，参照图 11-82 执行拉伸求和或求差命令。

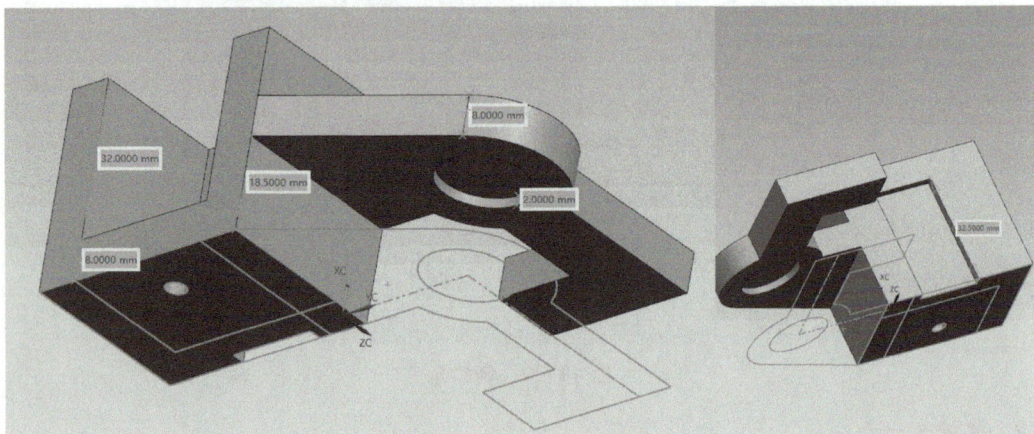

图 11-82　拉伸盖板特征

3. 滑轮设计

1）双击按钮 ，打开 UG 10.0 软件，执行"新建"命令，弹出"新建"对话框，选择"建模"选项，文件名称改为"滑轮 . prt"，保存位置为"guanmenshenqi"，其余保持默认值，单击"确定"按钮，完成新建操作。

2）执行"草图"命令，选择 YOZ 平面为草图绘制平面，单击鼠标右键，在弹出的快捷菜单中选择"定向视图到草图"命令，进入草图绘制界面，参照图 11-83 绘制滑轮草图。

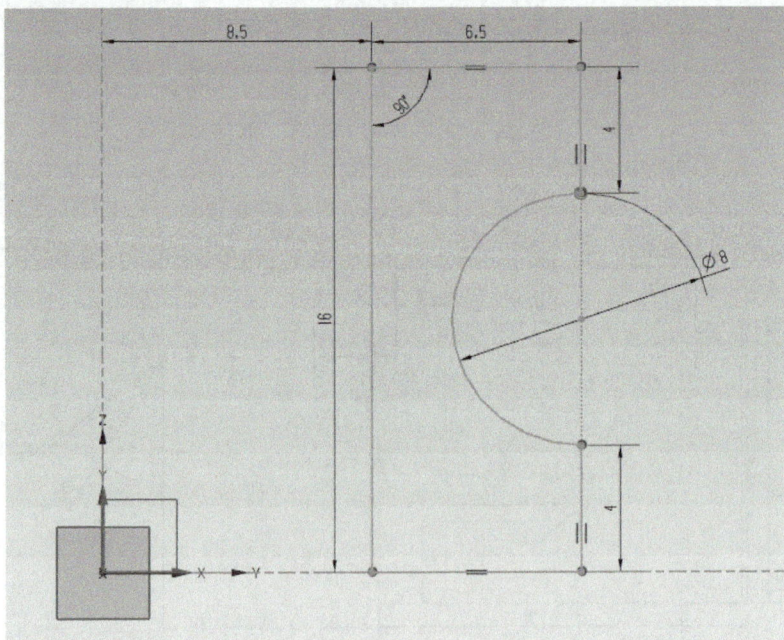

图 11-83　滑轮草图

3）执行"旋转"命令 ，以 Z 轴为旋转轴将草图曲线旋转为实体，并倒圆，半径设为

2mm，滑轮旋转特征如图 11-84 所示。

4. 装配与约束

1）双击按钮 ，打开 UG 10.0 软件，执行"新建"命令，弹出"新建"对话框，选择"装配"选项，文件名称改为"装配.prt"，保存位置为"guanmenshenqi"，如图 11-85 所示，其余保持默认值，单击"确定"按钮，完成新建操作。

2）添加组件。在菜单栏中执行"装配"→"组件"→"添加组件"命令，依次添加"背板""盖板""滑轮"，并将"替换引用集"切换为"MODEL"，如图 11-86 所示。

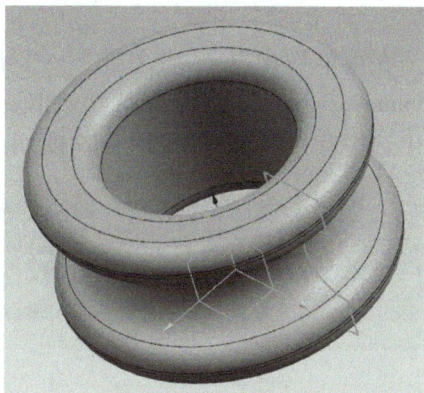

图 11-84　滑轮旋转特征

3）在菜单栏中执行"装配"→"组件位置"→"移动组件"命令，将模型移至如图 11-87 所示的大致位置。

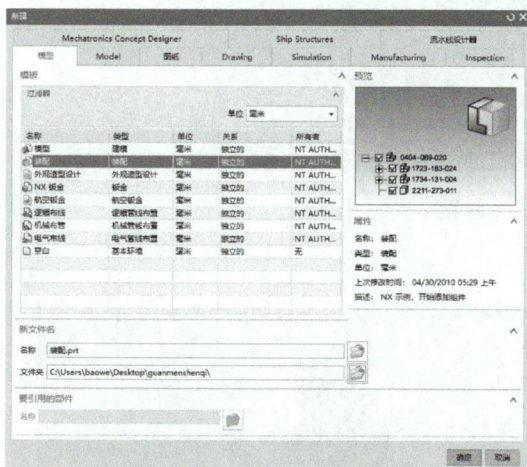

图 11-85　新建装配文件

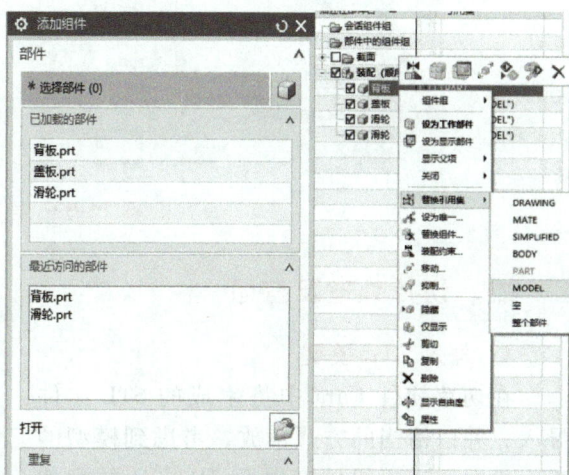

图 11-86　添加组件

4）在菜单栏中执行"装配"→"组件位置"→"装配约束"命令，如图 11-88 所示。

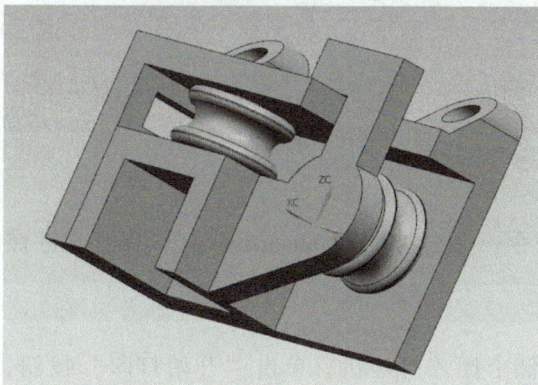

图 11-87　移动模型

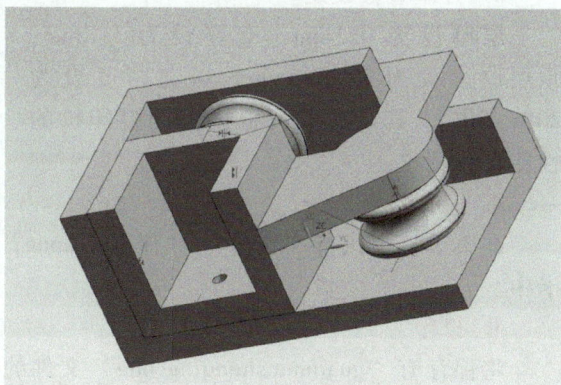

图 11-88　添加装配约束

5. 导出 STL 模型

在菜单栏中执行"文件"→"导出"→"STL"命令,命名为"背板",保存位置为"guanmenshenqi",其余保持默认值,单击"确定"按钮。当弹出"类选择"对话框时,在图中选中背板模型,如图 11-89 所示。依次将三个模型以 STL 的格式导出。

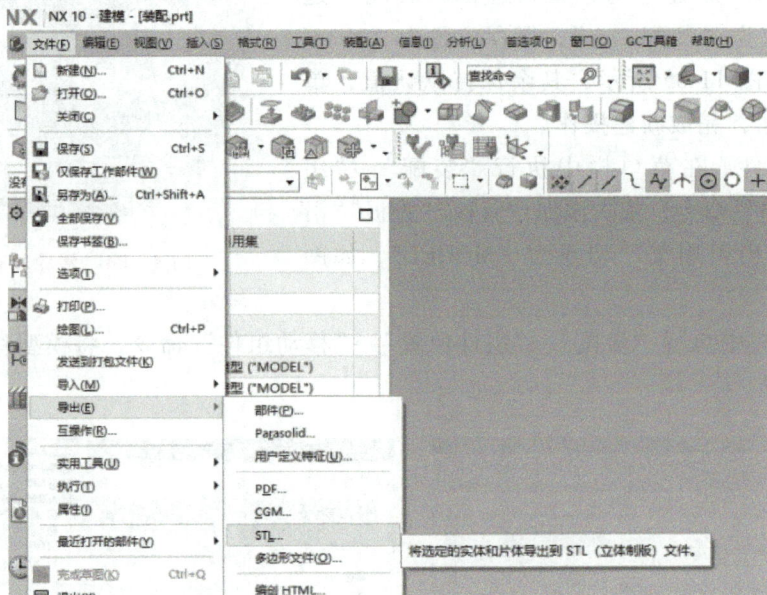

图 11-89　导出 STL 模型

二、切片处理及打印

1. 导入 STL 模型

在切片软件 Cura 中将生成的 STL 文件导入,并以恰当的方式摆放,考虑到模型的受力方向、表面粗糙度以及 3D 打印技术切片成型特点,请参考图 11-90 所示进行放置。

2. 打印参数设定

层厚设为 0.1mm,壁厚设为 1.2mm,顶层厚度设为 2~3.5mm,填充密度设为20%~30%。其余参数可根据不同打印机的性能自行调整。

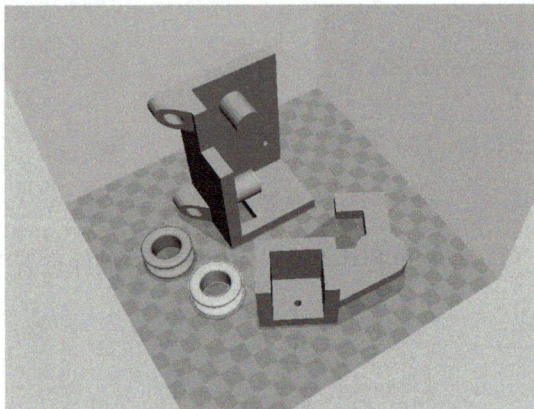

图 11-90　导入 STL 模型

3. 保存打印路径

在菜单栏中执行"文件"→"保存 GCode"命令,命名为"guanmenshenqi",保存在存储卡中。

4. 打印

将保存有"guanmenshenqi. gcode"文件的存储卡插入打印机,单击"开始打印"按钮,打印完成后关门神器的效果如图 11-91 所示,关门神器的装配后效果如图 11-92 所示。

图 11-91　打印完成的关门神器

图 11-92　关门神器装配后的效果

小　　结

本项目设计了几个简单、有趣的装配件，并对不同案例采用 UG 建模软件的设计方法及命令进行了详细讲解，对不同尺寸、不同结构、不同参数的产品的设计流程进行了介绍和对比。同学们既可以通过这些实例练习建模的方法，又可以应用 3D 打印工艺制作实物，体验设计、制造的乐趣与成就感。

素 养 提 升

通过产品原型设计和 3D 打印，可以满足不同行业的特殊需求，这项技术可用于在短时间内生产稀缺的最终用户产品。在 2020 年新冠肺炎疫情期间，许多创客项目都利用 3D 打印生产供医护人员使用的个人防护装备。随着 3D 打印创新水平的提高，该技术也越来越多地被应用于大规模制造。3D 打印是一个全领域的制造技术，从人造膝关节到航空发动机中的涡轮，没有什么能难得住它。它已经从一种制造塑料丝等小物件的"业余"工具，发展成为使用各种特殊金属和其他材料生产产品的工业流程。

课后练习与思考

1. UG 软件的正确设计流程是什么？
2. 简述在正向设计过程中需要注意什么问题。
3. 设计螺栓、螺母，同时在原有基础上进行创新并打印。
4. 请同学们发挥想象，自己设计一款产品。

项目十二

产品逆向设计与3D打印

【项目导入】

3D打印的前期建模过程除了应用项目十一中介绍的正向设计方法，还经常用到逆向设计方法，这种方法在新产品开发中也是必不可少的。利用三维测量工具，应用逆向设计方法能够更加快速、准确地对已有模型或产品进行建模和再设计。

【学习导航】

1) 掌握逆向设计流程。
2) 了解模型三维轮廓数据扫描的方法。
3) 掌握模型数据处理的方法。
4) 掌握模型3D打印的方法。

【项目实施】

任务一　海豚模型的逆向设计与3D打印

通过实例，利用单目三维扫描仪采集海豚模型的三维数据，使用逆向处理软件 Geomagic Wrap 处理海豚模型数据，正确使用熔融沉积成型3D打印机成型模型，要求成型后的海豚模型符合精度要求。逆向设计流程为：采集三维轮廓数据，点云数据处理，面片处理，3D打印及后处理。

一、采集三维轮廓数据

实体的三维轮廓数据采集是逆向设计的关键技术之一。三维轮廓数据采集就是使用测量设备对被测实体的三维轮廓进行数字化的过程，即用一系列离散的点来提取实体的曲线、曲面的三维形状信息。数据采集质量决定重构实体模型的质量，并影响最终成型的产品能否真实反映原始实体模型，是整个逆向设计部分的基础。

本任务中的三维轮廓数据采集使用的是先临三维科技股份有限公司生产的 Shining 3D Scanner 系列三维扫描仪，它采用光栅扫描技术，标志点全自动拼接，扫描效率较高。

采集要求：点云完整，杂点、噪音点尽量少，点云分布尽量规整平滑，保留其原始特征。图 12-1 所示为使用三维扫描仪扫描海豚模型。

1. 相机标定

相机参数标定是确定整个扫描系统精度的基础，因此，在扫描系统安装完成后，第一次扫描前必须进行标定。另外，在以下几种情况下也要进行标定。

1）对扫描系统进行远途运输。

2）对硬件进行调整。

3）硬件发生碰撞或者严重振动。

4）设备长时间不使用。

相机标定如图 12-2 所示。

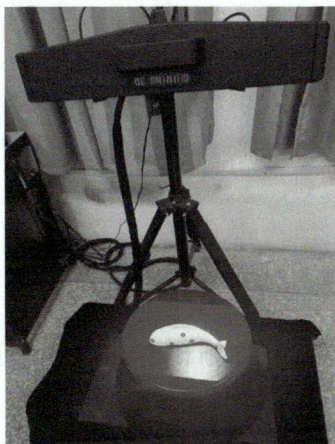

图 12-1 扫描海豚模型

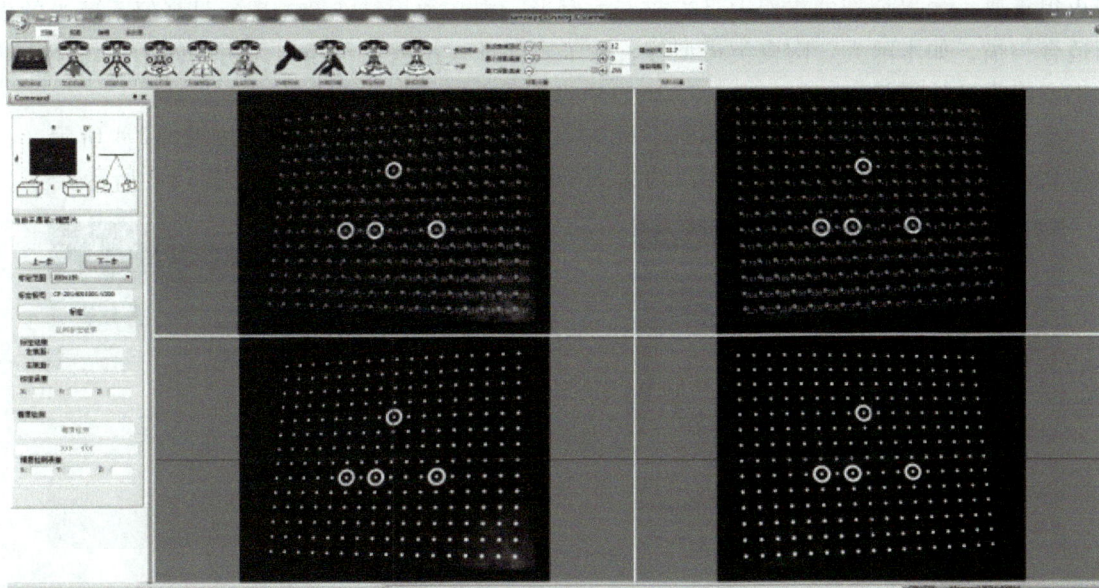

图 12-2 相机标定

2. 粘贴标志点

为完整地扫描一个三维的模型，通常需要在被扫描模型的表面贴上标志点，以进行拼接扫描。要求标志点粘贴牢固、平整。

根据像素和识别精度的关系，一般按表 12-1 所列来选择标志点。

表 12-1 标志点选择 （单位：mm）

扫描范围	标志点直径（内圆）	扫描范围	标志点直径（内圆）
400×300	7	100×75	3
300×225	7	60×45	1.5
200×150	3		

粘贴标志点的注意事项如下：

1）标志点尽量粘贴在平面区域或者曲率较小的曲面上，且距离模型边界较远一些。

2）标志点不要粘贴在一条直线上，且不要对称粘贴。

3）公共标志点至少为 3 个，但因扫描角度等原因，一般建议以 5~7 个为宜。

4）应使相机在尽可能多的角度可以看到标志点。

5）粘贴标志点要保证扫描策略的顺利实施，并使标志点在长、宽、高三个方向分布均匀。

图 12-3 所示标志点的粘贴较为合理。

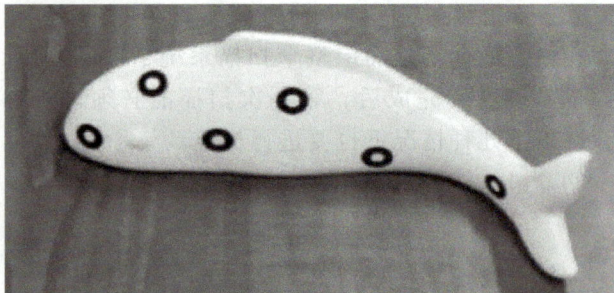

图 12-3 粘贴标志点

3. 模型表面处理

模型的表面质量对扫描的顺利进行也很重要。如果模型的表面太吸光或者太反光，则必须用显像剂处理。只亮但不反光的表面适合扫描，如木雕类、陶瓷类模型等。除了要保证模型表面干净，无明显的干扰污渍，同时也要将模型放平稳。

准备好表面处理工具，如显像剂、标志点、棉签、口罩、手套等，如图 12-4 所示。在模型表面喷涂一层显像剂，喷涂距离约为 30cm，并尽可能薄且均匀，如图 12-5 所示。

图 12-4 表面处理工具

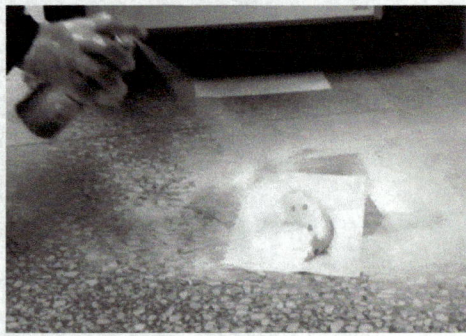

图 12-5 显像剂的喷涂方法

注意：喷涂的显像剂会把已粘贴好的标志点覆盖，需要用棉签蘸水，擦除掉标志点上的显像剂，保证标志点清晰，才能顺利扫描。

4. 扫描

在扫描开始之前，需要确定模型的拼接方式。当被扫描模型不能通过单次扫描操作达到预期要求时，需要对其进行多次扫描。而进行多次扫描就涉及如何对扫描的多个单片模型进行整合拼接的问题。一般扫描软件提供两种拼接方式，即标志点自动拼接和非标志点自动拼接（手动拼接），可根据扫描模型的具体情况进行选择。若模型大小适中，表面纹理较简单，且表面有较多的平坦区域适合粘贴标志点，可选择标志点自动拼接方式。针对某些极小尺寸的模型，表面细节过于复杂，或者有其他原因导致不适合粘贴标志点，建议选择手动拼接方式。

海豚模型的扫描步骤如下：

1）将海豚模型摆放平稳，打开扫描软件，设置相机曝光值，选择"拼接扫描"方式，单击"扫描"按钮，若标志点匹配成功，则系统会自动提取并计算模型表面的匹配标志点，并将有效的标志点用绿色数字编号，出现图12-6所示的海豚模型第一面扫描界面。

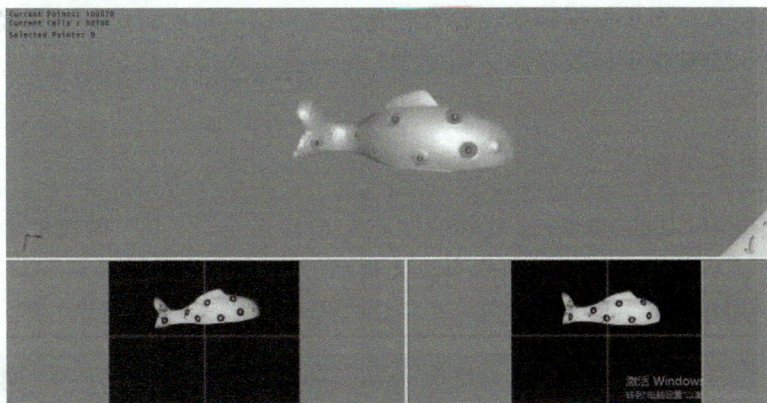

图12-6　海豚模型第一面扫描

2）将海豚模型旋转一定角度，必须保证与步骤1）中的扫描有重合部分，这里说第二面扫描的重合是指标志点重合，即两个步骤中都能够看到图12-7所示的四个标志点（该设备为三点拼接，但是建议使用四点拼接）。

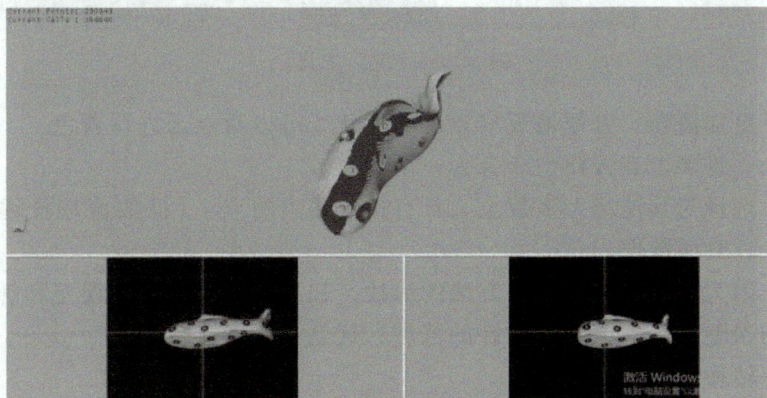

图12-7　海豚模型第二面扫描

3）同步骤2）类似，将模型继续旋转一定角度，然后第三面扫描，如图12-8所示。

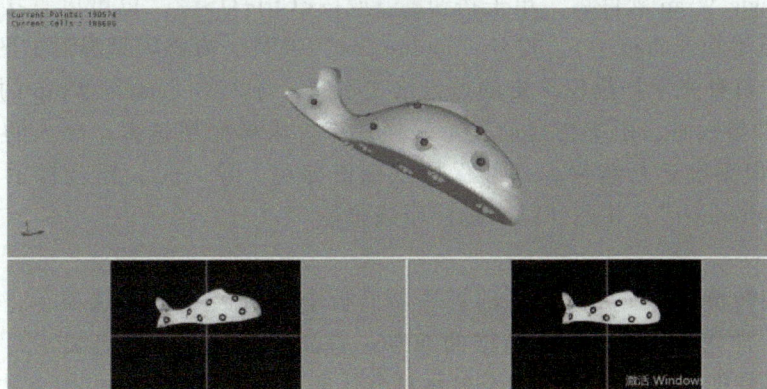

图12-8　海豚模型第三面扫描

4）继续转动模型，直到把所有数据扫描完成。

5）在软件中选择"模型导出"，将扫描数据另存为 ASC 或者 TXT 格式的文件即可。

注意：扫描步骤的多少根据扫描经验及扫描时模型摆放角度而定，如果经验丰富或是模型摆放角度合适，能够减少扫描步骤，即减少扫描数据的大小。在保证扫描完整的原则上应尽量减少不必要的扫描步骤，以减少累积误差的产生。

二、点云数据处理

此阶段主要应用 Geomagic Wrap 软件的"点"阶段命令，"点"阶段的主要操作命令在菜单栏的"点"工具栏中。打开模型的点云文件后，自动在菜单栏最后一项显示"点"工具栏，如图 12-9 所示。

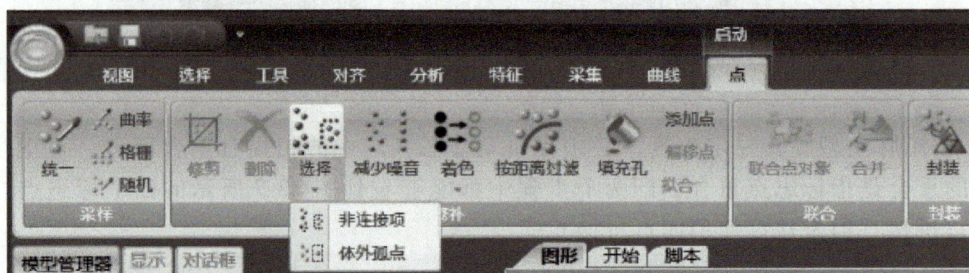

图 12-9 "点"工具栏

着色：为了更加清晰、方便地观察点云的形状，可以对点云进行着色。

联合点对象：将多个点云模型联合为一个点云。

体外孤点：选择与其他绝大多数点云具有一定距离的点。（低数值选择远距离点，高数值选择的范围接近真实数据。）

减少噪音：因为逆向设计与扫描方法的缘故，扫描数据存在系统误差和随机误差，其中有一些扫描点的误差比较大，超出允许的范围，这就是噪音点。

封装：将点转换成三角面。

海豚模型点云数据处理步骤如下：

1. 打开文件

启动 Geomagic Wrap 软件后，单击按钮 [img] 或按<Ctrl+O>键，也可以直接将数据拖到视窗中（或拖到模型管理面板中），打开"haitun.asc"文件，海豚模型界面如图 12-10 所示。

注意：由于每种光学扫描仪导出的点云格式不同，导入 Geomagic Wrap 的提示也是不同的。将 ASC 文件导入时，系统会自动提示采样比率。采样比率越大，导入的点数越多（细节效果越好），但系统运行越慢，一般保持默认值即可。导入时，还会提示使用的尺寸单位，可选择"millimeter"，并选择以后都使用该单位。

2. 视图控制

为了快速旋转模型，在界面左侧的管理器面板中单击"显示"选项卡，将动态显示百分比设为 50%，即旋转时只显示原数据的 50%，提高刷新速度。动态显示百分比是根据点云大小和计算机性能进行判断的。静态显示百分比的设置也是采用同样的方法。

按住鼠标滚轮的同时拖动鼠标可以对模型进行旋转，滚动鼠标滚轮可以对模型进行缩

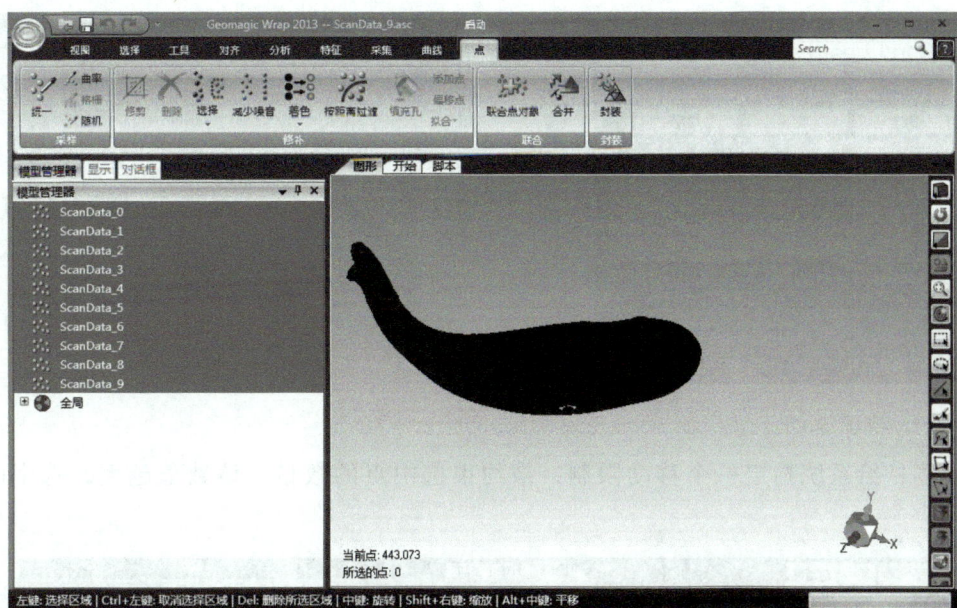

图 12-10　打开海豚模型界面

放，按住<Alt>键和鼠标滚轮可以对模型进行平移，最后将模型调整到合适的视野。

注意：当模型不在视窗中时，请按<Ctrl+D>键将模型充满视窗。

3. 着色

单击按钮 ，系统将自动计算点云的法向量，赋予点云颜色。

4. 手动删除杂点

单击按钮 ，进入套索工具的选择状态，改变模型的视图（便于选择），在视窗中单击一个点，按住鼠标左键进行拖动框选，如图 12-11 所示，选中的点云会变成红色，可按<Delete>键删除。同样也可使用矩形工具、多折线工具（按<Ctrl+U>键）、椭圆工具、画笔工具等删除杂点。

注意：当需要进行单个文件的杂点删除时，按<F2>键进行单个点云的显示，按<F5>键进行全部点云的显示。

图 12-11　选中杂点

5. 联合点对象

在"点"工具栏中单击按钮 ，弹出"联合点对象"对话框，如图 12-12 所示，单击"应用"按钮，然后单击"确定"按钮。该命令可将多个点云模型联合为一个点云，便于后续的采样、封装等。

6. 体外孤点

选择"选择"→"体外孤点"命令，弹出"选择体外孤点"对话框，将"敏感度"设置为"85"，单击"应用"按钮后确定，按<Delete>键删除选中的红色点云，如图 12-13 所示。该命令可以选择任何超出指定移动限制范围的点。体外孤点功能非常保守，可使用三次以达到最佳效果。

参数说明：

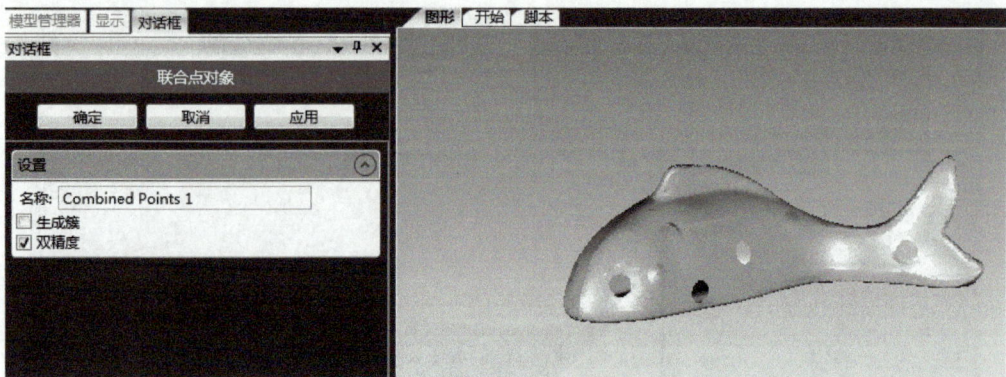

图 12-12 联合点对象

敏感度：给系统指定一个移动限制，来约束选中点的数量。该数值越大，选中的点数越多。

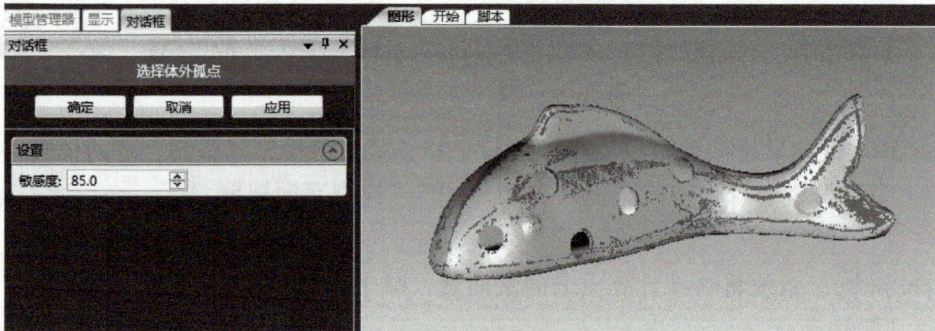

图 12-13 体外孤点

7. 减少噪音

单击按钮 ![btn]，弹出"减少噪音"对话框，设置"迭代"为"5"，"偏差限制"为"1.0mm"，如图 12-14 所示，单击"应用"按钮后确定。该命令有助于减少在扫描中的噪音点，以更好地表现真实的模型形状。造成噪音点的原因可能是扫描设备轻微振动、模型表面质量较差或光线变化等。

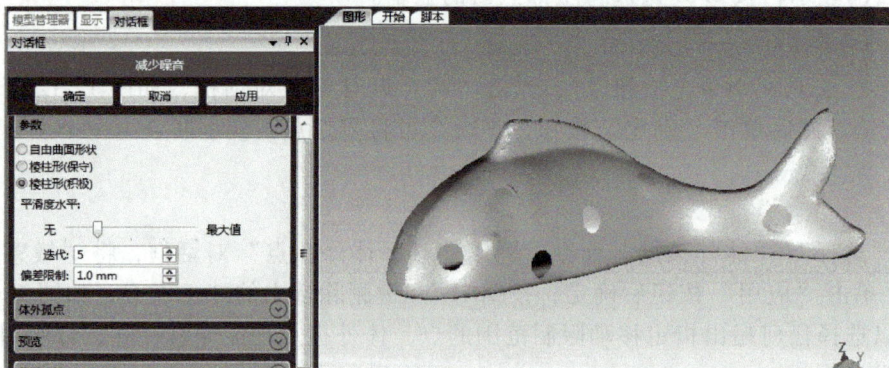

图 12-14 减少噪音

参数说明：

1）参数：根据实际需要选择，包括"自由曲面形状""棱柱形（保守）""棱柱形（积极）"三个选项，也可以直接采用系统默认选择项。拖动下面的"平滑度水平"进度条可改变平滑程度。

自由曲面形状：适用于自由曲面，选择这个选项可以大幅度减少噪音点对模型表面曲率的影响，使表面光滑，但是有可能丢失原始特征，尺寸偏差较大。

棱柱形（保守）：适用于有尖锐边、角的模型，可以很好地保持模型原始特征。

棱柱形（积极）：和棱柱形（保守）类似，适用于有尖锐边、角的模型，可以很好地保持模型原始特征。相比棱柱形（保守），其点的偏移值较小。

分析海豚模型发现，其自由曲面较多，但是还需要保留原始特征，因此，选择"棱柱形（积极）"选项。图 12-15 所示为在选取模型局部预览后，减少噪音前、后的效果对比图。

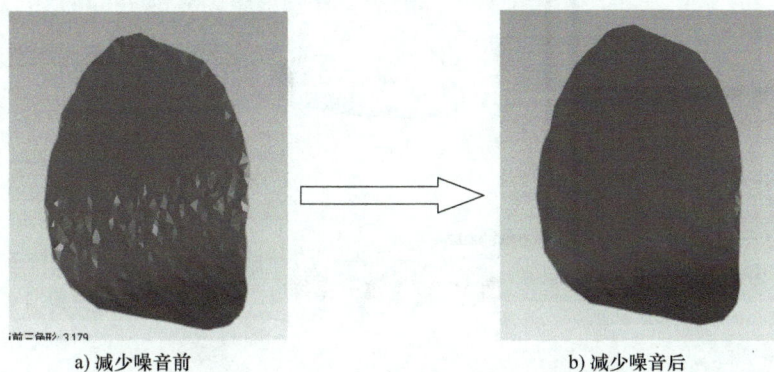

a) 减少噪音前　　　　　　　　　　　　　　b) 减少噪音后

图 12-15　减少噪音前、后的效果对比图

2）偏差限制：该选项用于限制数据点的移动距离，可以根据实际情况设定，一般可设定在 1.0mm 以内，也可采用系统的默认值。

3）体外孤点：相当于再次使用体外孤点和断开组件连接，一般情况无须使用该选项。

4）预览：可以选取一块区域，改变参数（棱柱形或自由曲面形状）后进行局部预览。该选项可设置预览点数和采样距离。

5）显示偏差：该选项将激活一个色谱，体现点的移动和被移动的数量。相关参数包含颜色段、最大临界值、最大名义值、最小临界值、最小名义值及小数位数，通过不同颜色显示偏差的分布。预览图如图 12-16 所示。

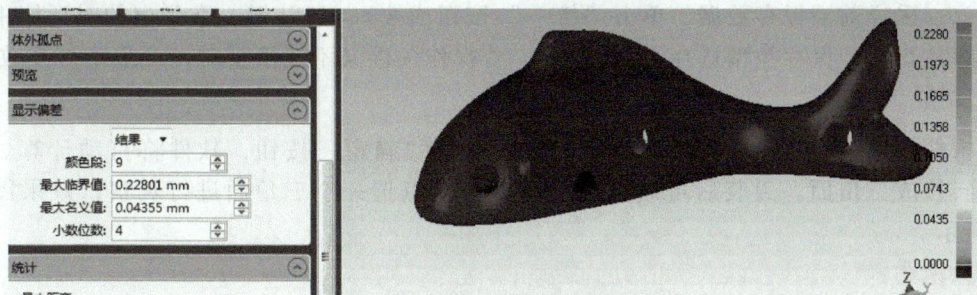

图 12-16　显示偏差预览图

6）统计：显示减少噪音后点移动的最大距离、平均距离、标准偏差。

8. 统一采样

单击按钮![icon]，弹出"统一采样"对话框，在"输入"中选择"绝对"选项，在"间距"文本框中输入"0.3mm"，将"曲率优先"的滑动条拉到中间，单击"应用"按钮后确定，可在保留模型原来面貌的同时减少点云数量，便于删除重叠点云、稀释点云，如图12-17所示。

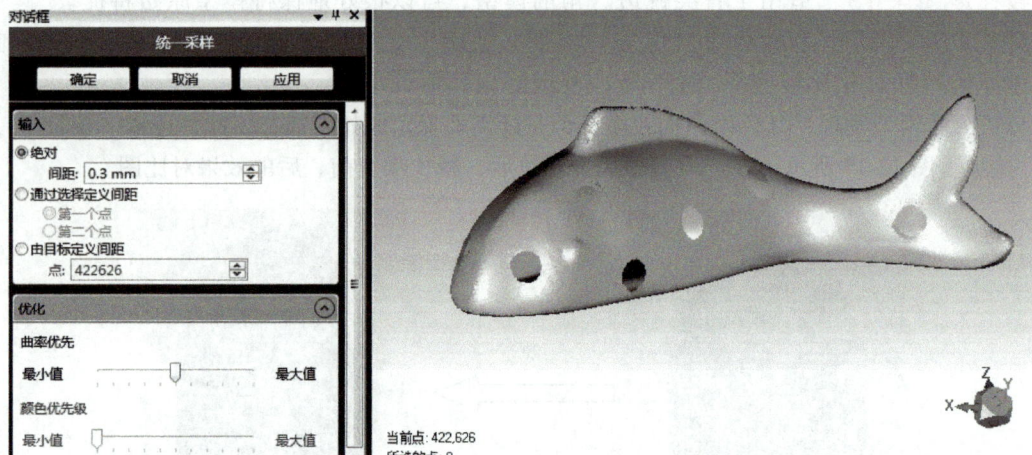

图12-17　统一采样

参数说明：

采样是指在保留原始特征的条件下，通过设定密度来减少曲面上点的数目。因为光学扫描需扫描多幅点云，多幅点云间有重叠，所以需要通过采样消除重叠点云。

1）输入：通过不同方式确定点云间距，包括"绝对间距""通过选择定义间距""由目标定义间距"。

绝对间距：输入点云间距，系统按照输入的间距采样。

通过选择定义间距：通过手动选两点，定义一个间距，进行采样。

由目标定义间距：可以定义点云总数，系统自动进行采样。

2）优化：将"曲率优先"滑动条调到中间值，便意味着软件将在曲率变化大的区域尽量保留更多的点，即保留更多细节，如拐角处。保留边界则是保留沿边界分布的点。

可以试试设置曲率采样、格栅采样、随机采样参数，看一下点云的变化。

注意：采样前请保存数据，单击"统一"按钮或按<Ctrl+S>键，在弹出的对话框中，选择文件存放目录，保存类型选择WRP格式。若操作失误又不能恢复时，可重新打开数据。

9. 封装

单击按钮![icon]，弹出"封装"对话框，直接单击"确定"按钮，软件将自动计算。该命令将点转换成三角面。封装后可放大模型，可手动点选一个三角面进行观察，效果图如图12-18所示。

参数说明：

1）设置："噪音降低"表示系统将再次减少噪音；"保持原始数据"表示封装后不删除原始的点云数据；"删除小组件"表示封装过程中将删除离散的三角面。

2）采样："点距设置"表示封装前将再次进行稀释；"最大三角形数：2500000"限制封装后三角面的最大数量；"执行"拉到最大表示封装后的三角面质量最佳（与计算机的运行速度成反比）。

注意：当三角面较多，旋转吃力时，可调整旋转的显示比例（在管理器面板中单击"显示"选项卡，设置"动态显示百分比"参数）。封装完后保存数据（WRP 文件），便于后处理。

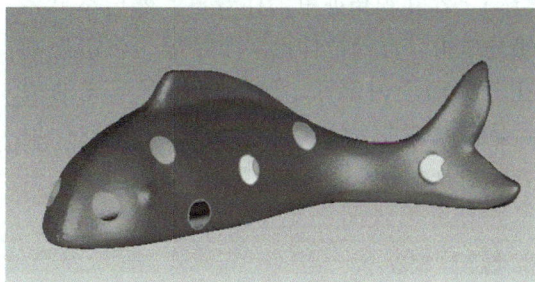

图 12-18　封装效果图

10. 保存文件

选择合适的保存路径，命名为"haitun. wrp"，单击"保存"按钮，退出命令。也可在模型管理器中选中点云模型，单击鼠标右键进行保存。

注意：该软件只能撤销一步，而且在执行相关命令时运算量较大，容易使计算机卡住或死机，因此，在数据处理过程中，要随时保存或者另存文件，避免因操作差错或突然死机导致数据丢失。

三、面片处理

模型经过点阶段处理后，经封装完成，就转换成三角面片格式，即"多边形"格式，软件自动将菜单栏最后一个选项卡变为"多边形"。在多边形阶段，需要用一些命令来调整模型的三角面片，使模型在保留原始特征的基础上，形成封闭、光滑、精简的多边形模型。多边形阶段的处理非常重要，因为处理后的模型必须具有足够高的质量，才能用于 3D 打印。多边形阶段的工具栏如图 12-19 所示。

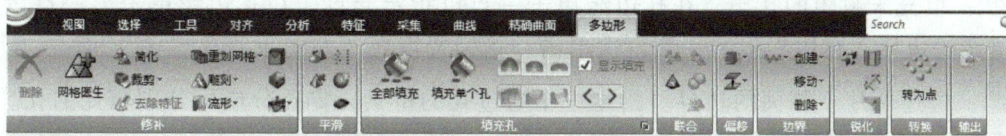

图 12-19　多边形阶段的工具栏

填充孔：探测并填补多边形模型的孔洞。

去除特征：删除选中的三角面并填充产生的孔。

网格医生：自动修复多边形网格内的缺陷。

编辑边界：修改多边形模型的边界。

简化：减少三角面的数量但不影响曲面的形状和颜色。

松弛/砂纸：最大限度地减少单独多边形间的角度。

1. 填充单个孔

单击按钮，选择填充方式的第一个按钮（曲率填充），填充类型的第一个按钮（填充内部孔），选中要填充的孔，软件将根据周边区域的曲率变化进行填充，如图 12-20 所示。

单击按钮，选择填充方式的第一个按钮（曲率填充），填充类型的第三个按钮

（搭桥），在孔拐角处单击任意点，然后至另一边缘处单击，自动拉伸出一个桥梁，将不规则大孔分成两个内部孔，然后选择需填充的边界，软件将根据周边区域的曲率变化进行填充，按<Esc>键退出命令，如图 12-21 所示。

操作命令说明：

1）填充方式：

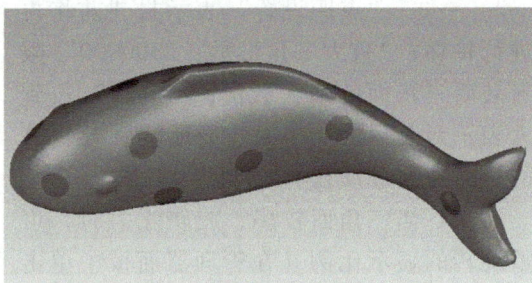

图 12-20　填充内部孔

![按钮]：以曲率方式填充（默认），指定新网格必须匹配周围网格的曲率。

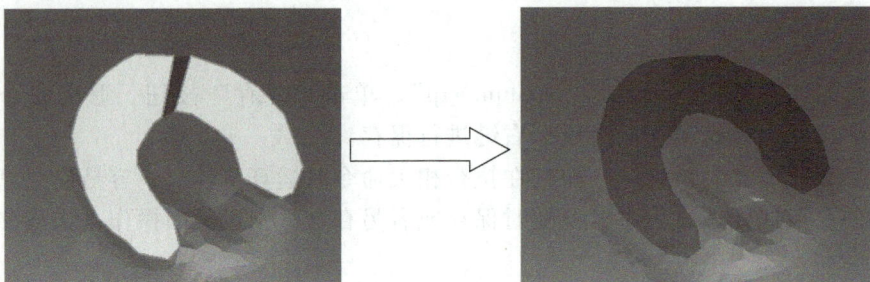

图 12-21　搭桥填充孔

![按钮]：以切线方式填充，指定新网格必须匹配周围网格的曲率，但具有大于曲率的尖端。

![按钮]：以平面方式填充，指定新网格大致平坦。

2）填充类型：

![按钮]：填充封闭的孔洞。指定填充一个完整开口。

![按钮]：填充未封闭的孔洞。在孔边缘单击一点以指定起点，在孔边缘单击另一点以指定局部填充的边界，在边界线的一侧再次单击，指定要填充"左"面还是"右"面。

![按钮]：桥连两片不相关的边界。指定一个通过孔的桥梁，将孔分成可分别填充的孔。

2. 全部填充

单击按钮![全部填充]，弹出"全部填充"对话框，在"取消选择最大项"中输入"0"，单击"应用"按钮后确定，软件将自动填充所选的孔洞，如图 12-22 所示。

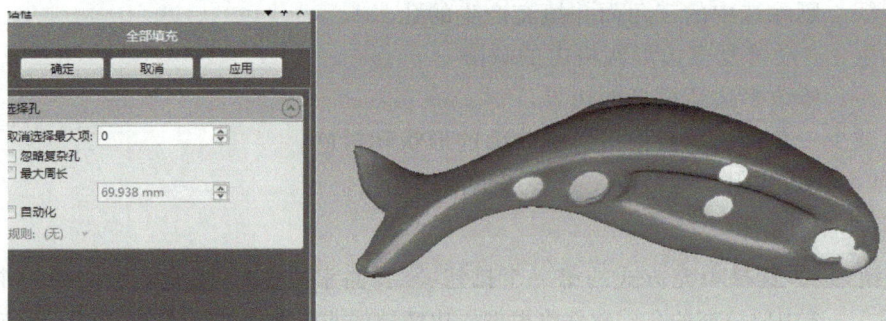

图 12-22　全部填充孔

参数说明：

1）取消选择最大项：根据边界周长大小进行排列，输入 n，则取消排在前面的 n 个孔。

2）忽略复杂孔：勾选后则不填充有复杂边界的孔洞。

3）最大周长：当孔的周长小于输入值时，才会被填充。

4）自动化：设置选择填充的孔的规则。

3. 去除特征

该命令用于删除模型中不规则的三角形区域，并且插入一个更有秩序且与周边三角形连接更好的多边形网格。但必须先用手动方式选择需要去除特征的区域，然后在"多边形"工具栏中单击"去除特征"按钮，软件将自动去除凸起部分，按<Ctrl+C>键取消选择（取消选择软件界面中红色区域）。用同样的方法，将模型点云的所有标志点引起的小凸起去除，效果如图12-23所示。

注意：手动选择需要去除特征的区域时，尽量不要选择到模型边缘上，否则曲率变化较大，特征去除效果不理想。建议采取多次选取、多次去除的方法。

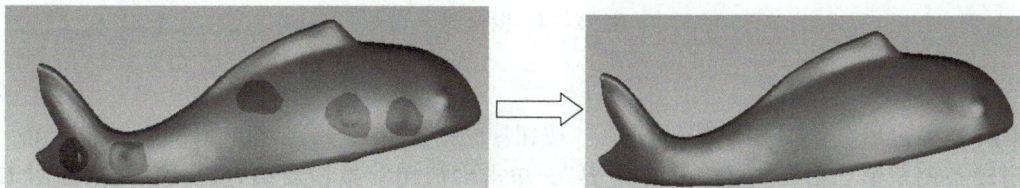

图 12-23　去除特征前后效果

4. 网格医生

单击"多边形"工具栏中的"网格医生"按钮，软件将自动选中有问题的网格面，单击"应用"按钮后确定，如图12-24所示。

"网格医生"命令能自动修复多边形内的缺陷。封装处理后的多边形模型通常不能满足要求，可能存在自相交的三角形、钉状物、间隙等不合理特征，需要用"网格医生"进行修补。

参数说明：

1）操作：包含"类型"和"操作"两个区域，"类型"有"自动修复""删除钉状物""清除""去除特征""填充孔"几种处理方式，自动修复包含所有处理方式。

自动修复：系统自动进行删除钉状物、清除、去除特征、填充孔的操作。

删除钉状物：系统自动检测出钉状物并删除。

清除：系统会删除一部分具有自相交、高度折射边和钉状物的三角形等。

填充孔：选择此选项，对话框中会出现填充孔的三种方式，即"曲率""切线""平面填充"，可选择一种填充方式填空孔洞。

在"操作"区域可选择对模型红色选中区域的处理方式，即"删除""创建流形""扩展选区"。

删除：系统自动删除选择的区域。

创建流形：系统将删除非流形的三角形。

扩展选区：系统将扩大所选择的红色区域。

2）分析：选中的三角面属于哪种错误类型及数量。

3）排查：可逐个显示有问题的三角面。

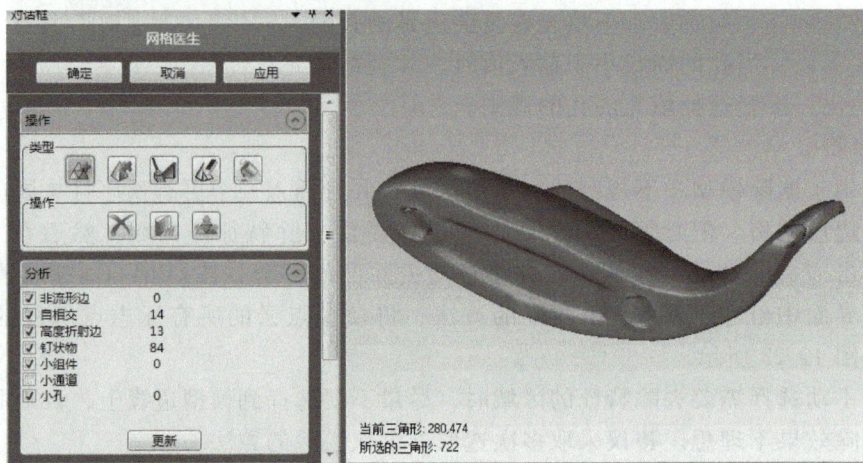

图 12-24　网格医生

5. 松弛/砂纸

单击"多边形"工具栏中的"松弛"按钮 ，弹出"松弛多边形"对话框，将"强度"滑动条调至第二格，勾选"固定边界"，单击"应用"按钮后确定，处理效果如图 12-25 所示。

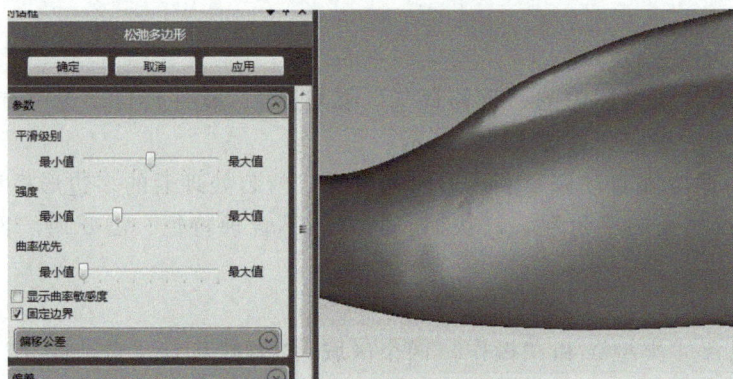

图 12-25　松弛

参数说明：

1）参数："平滑级别"用于设置松弛后多边形表面的平滑程度，"强度"用于设置松弛的力度，"曲率优先"表示在高曲率区域尽可能不进行松弛，"固定边界"表示松弛时尽量保持原有的多边形边界，"显示曲率敏感度"则在多边形模型上实时显示曲率变化图。

2）偏差：以色谱图的形式显示每块区域松弛后的偏差，也可对色谱图进行编辑（自定义颜色段，最大、最小临界值，最大、最小名义值，小数位数）。

"松弛"命令针对整个模型，而"砂纸"命令用于局部优化，如图 12-26 所示。

6. 简化

单击"多边形"工具栏中的"简化"按钮 ，弹出"简化"对话框，将"减少到

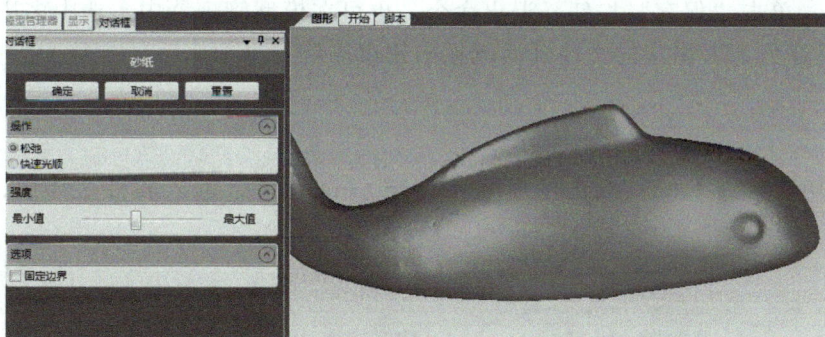

图 12-26　砂纸

"百分比"设为70%后，勾选"固定边界"，单击"应用"按钮后确定，简化前后的对比如图 12-27 所示。

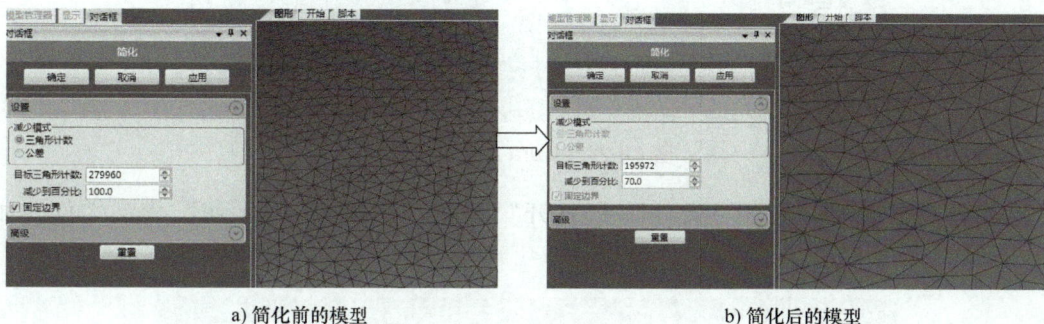

a) 简化前的模型　　　　　　　　　　b) 简化后的模型

图 12-27　简化前后的对比

参数说明：

1）设置："减少模式"用于选择简化模式，即"三角形计数"（按三角形数量变化）和"公差"（根据公差大小）两种模式。

① 当选中"三角形计数"模式时，需设置以下参数：

目标三角形计数：显示当前状态下的三角形数量。

减少到百分比：直接设定百分比进行简化。

固定边界：简化时尽量保持原有的多边形边界。

② 当选中"公差"模式时，需设置"最大公差"和"较小三角形限制"。

最大公差：指定顶点或位置移动的最大距离。

较小三角形限制：指定简化后的三角形数量。

2）高级：设置简化时的优先参数，即"曲率优先"和"网格优先"。

曲率优先：在高曲率区域尽可能保留更多三角面。

网格优先：简化时尽可能均匀分布网格。

注意：在"显示"选项卡中的"几何图形显示"中勾选"边"，可显示模型的三角边。简化多边形和细化多边形是相对的。

7. 保存文件

选择菜单栏中的"另存为"选项，在弹出的对话框中选择合适的保存路径，命名为

"haitun. wrp"，单击"保存"按钮，退出命令。也可在模型管理器中，选中多边形模型，单击鼠标右键另存为 STL 格式的文件（后续逆向建模需要）。

四、3D 打印及后处理

1）打开切片软件 Cura。双击按钮 ，打开 Cura 软件，进入软件主界面，如图 12-28 所示。

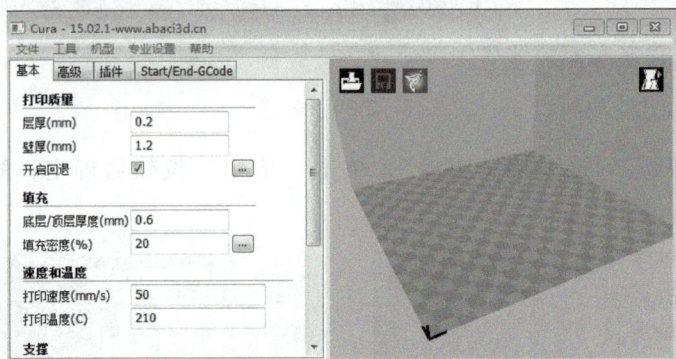

图 12-28　Cura 软件主界面

2）导入海豚模型。单击"文件"→"打开"按钮，选择"haitun. stl"模型文件，如图 12-29 所示。

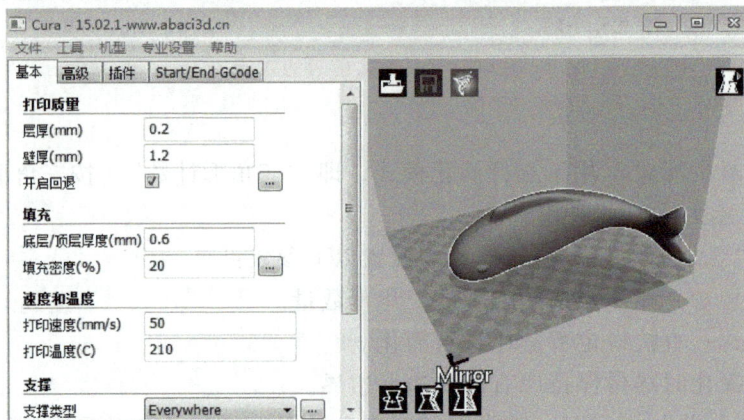

图 12-29　导入海豚模型

3）分层软件参数设置。设置层厚为 0.2mm，壁厚为 0.8mm，填充密度为 20%，打印速度为 50mm/s，打印温度为 200℃，设置支撑类型和粘附平台，设置好的海豚模型如图 12-30 所示。

4）将保存好的 GCode 文件放入存储卡中，将存储卡插入打印机卡槽。

5）打印机开机，设置打印机参数，确保热床平台高度合适，机器预热，系统归零，选择打印文件进行打印。

6）海豚模型打印完成，如图 12-31 所示。

7）取件。用铲刀插入模型和平台中间，平直地将模型铲下。

8）后处理。对模型表面进行打磨处理。

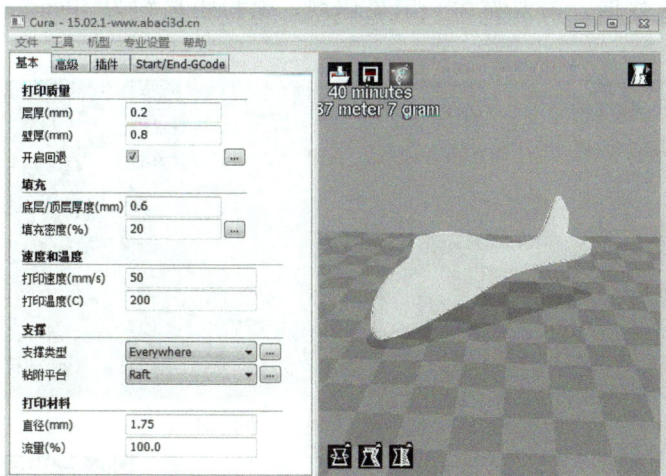

图 12-30　海豚模型分层参数设置

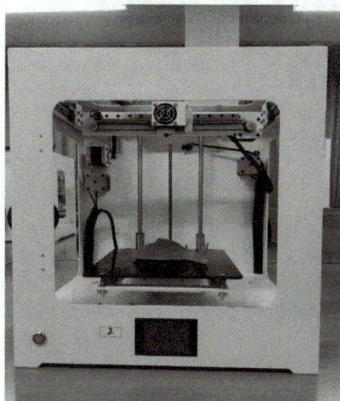

图 12-31　海豚模型打印完成

任务二　醋瓶模型的逆向设计与 3D 打印

通过实例，利用双目三维扫描仪采集醋瓶模型的三维数据，使用逆向处理软件 Geomagic Wrap 处理醋瓶模型的数据，正确使用熔融沉积成型 3D 打印机成型模型，要求成型后的醋瓶模型符合精度要求。

一、采集三维轮廓数据

本任务中采用先临三维科技股份有限公司生产的 Shining 3D Scanner 系列双目三维扫描仪进行扫描醋瓶，如图 12-32 所示。

21. 醋瓶贴点喷粉

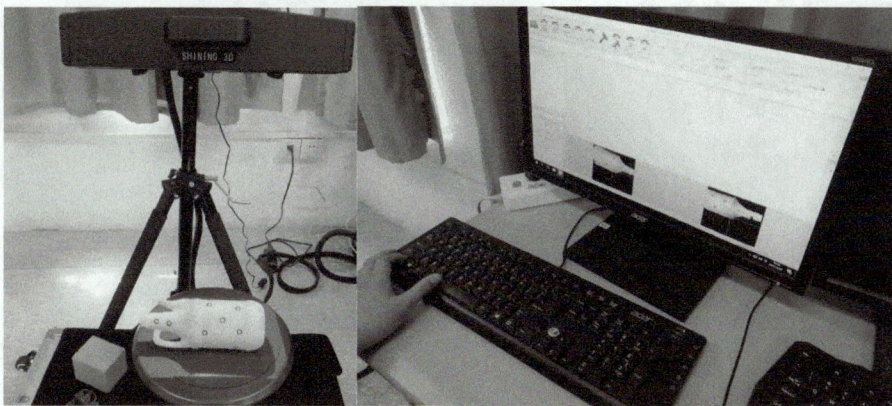

图 12-32　使用双目三维扫描仪扫描醋瓶

1. 粘贴标志点

醋瓶模型属于中等尺寸的物体，使用标志点拼接扫描的方式扫描速度较快。因要求为扫描整体点云，所以需要粘贴标志点，以进行拼接扫描，如图 12-33 所示。

2. 喷粉

为了更好地采集模型的三维轮廓数据，需要喷涂一层显像剂，喷粉距离约为 30cm，且尽可能薄且均匀，如图 12-34 所示。

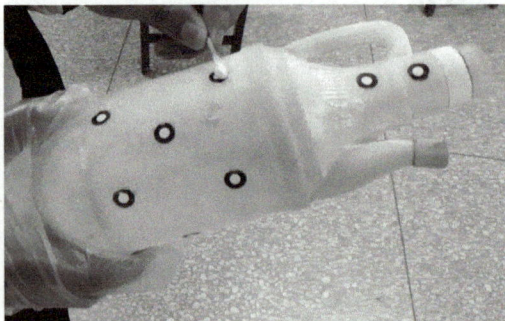

图 12-33　粘贴标志点

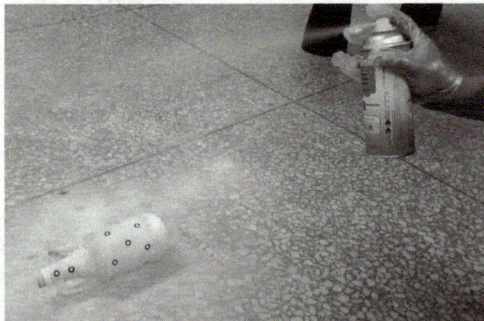

图 12-34　喷粉

3. 扫描

1）新建工程，将工程命名为"cuping"。将醋瓶模型放置在转盘上，确定转盘和醋瓶在屏幕十字中间，尝试旋转转盘一周，在软件下方实时显示区域观察，以保证能够扫描到模型整体；观察修剪器在实时显示区域的亮度，软件中可以设置相机曝光值，将其调整到适当数值；所有参数调整好即可单击"拼接扫描"按钮，开始第一次扫描，如图 12-35 所示。

22. 醋瓶三维扫描

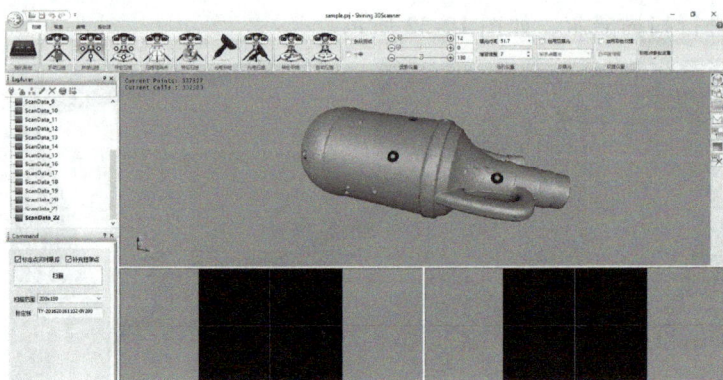

2）将转盘转动一定角度，必须保证与第一次扫描有公共重合部分。这里说的重合是指标志点重合，即两个步骤同时能够看到四个标志点。

3）与步骤 2）类似，继续将转盘旋转一定角度，然后扫描，如此重复三次。

每扫描一次，将转盘旋转一定角度，目的是得到完整的扫描数据。通过五次旋转、扫描，模型已经基本扫描完成。

图 12-35　扫描

4）在软件中选择"模型导出"，将扫描数据另存为 AC、ASC 或 TXT 格式文件即可。

提示：第一面扫描非常重要，要扫描到尽可能多的点，因为扫描第二面时要识别第一个面的至少四个点才能扫描成功。模型的摆放角度在贴标志点时就要选好，这样可以尽量减少扫描次数，减小累积误差。

二、点云数据处理

Geomagic Wrap 软件是一款应用方便，拥有强大的点云处理能力，能够将 3D 扫描数据快速转换为三角面片的专业逆向处理软件。本阶段处理要求：去掉扫描过程中产生的杂点、噪音点；将点云文件三角面片化（封装），保存为 STL 格式文件。

23. 醋瓶数据处理点阶段

具体步骤如下：

1）打开扫描保存的"cuping.ac"文件。启动 Geomagic Wrap 软件，选择菜单中的"文件"→"打开"命令或单击工具栏上的"打开"按钮，系统弹出"打开文件"对话框，查找并选中"cuping.ac"文件，然后单击"打开"按钮，在工作区显示模型，如图 12-36 所示。

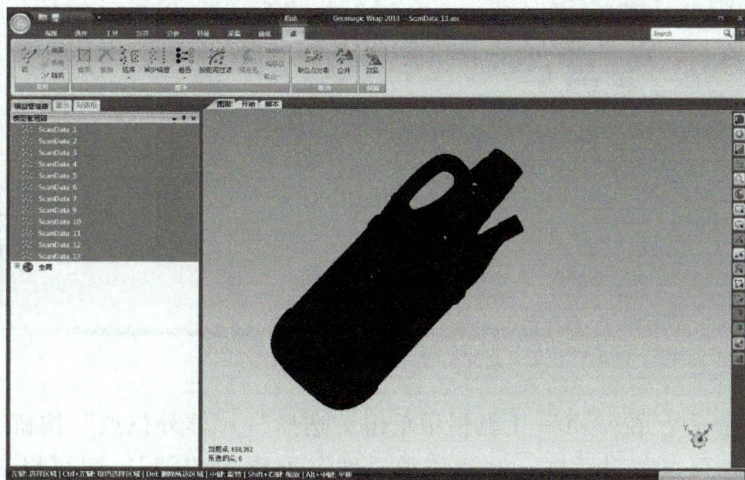

图 12-36　打开文件

2）将点云着色。为了更加清晰、方便地观察点云的形状，应将点云着色。在"点"工具栏中选择"着色"→"着色点"命令，着色后的视图如图 12-37 所示。

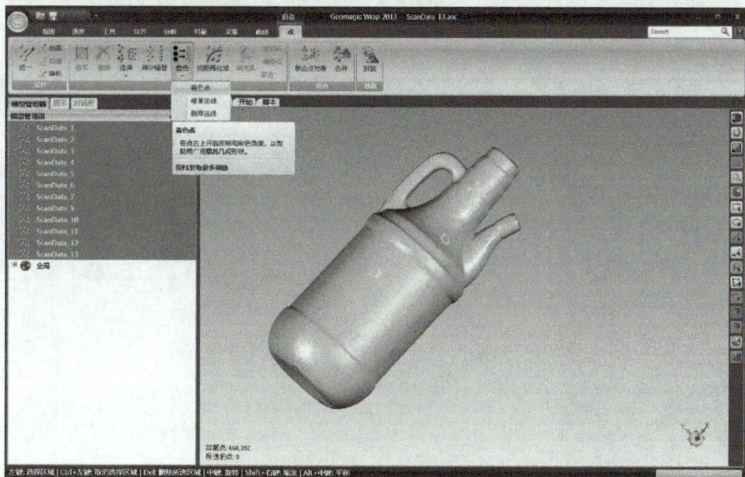

图 12-37　点云着色

3）设置旋转中心。为了更加方便地观察点云的放大、缩小和旋转，为其设置旋转中心。在操作区域单击鼠标右键，选择"设置旋转中心"，在点云的适合位置单击。

4）选择非连接项。在"点"工具栏中单击"选择"→"断开组件连接"按钮，在管理器面板中弹出"选择非连接项"对话框。在"分隔"下拉列表中选择"低"分隔方式，这样系统会选择在拐角处离主点云很近但不属于它们一部分的点。"尺寸"保持默认值"5.0"，单击"确定"按钮，点云中的非连接项被选中，并呈现红色，如图12-38所示。在"点"工具栏中单击"删除"按钮或按<Delete>键，删除点云。

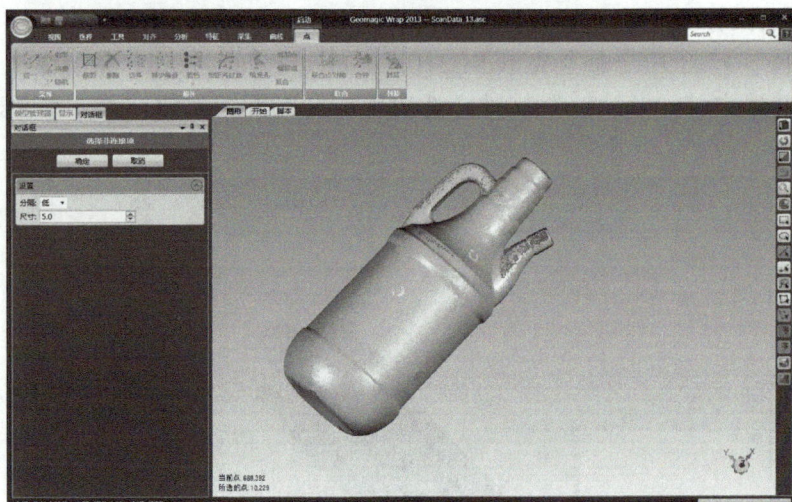

图 12-38　选择非连接项

5）去除体外孤点。在"点"工具栏中单击"选择"→"体外孤点"按钮，在管理器面板中弹出"选择体外孤点"对话框，设置"敏感度"的值为"85"，也可以通过单击右侧的两个三角号增加或减少"敏感度"的值，单击"应用"按钮，此时体外孤点被选中，呈现红色。在"点"工具栏中单击"删除"按钮或按<Delete>键删除选中的点，此命令操作2~3次为宜，效果如图12-39所示。

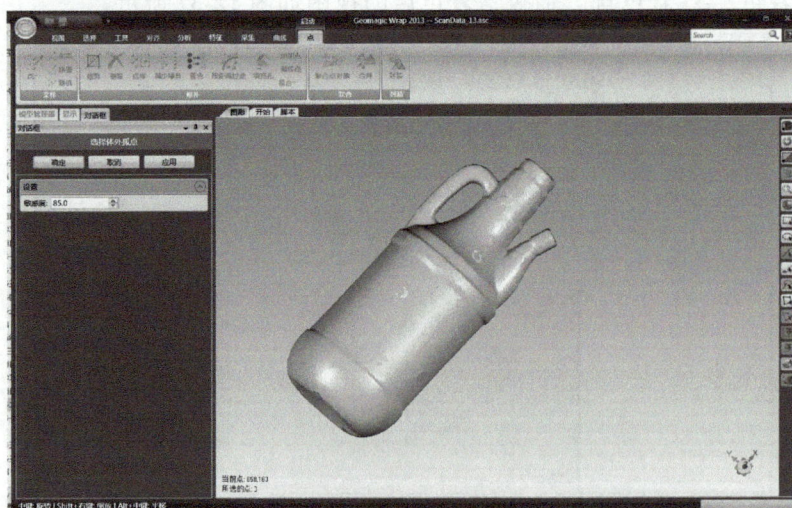

图 12-39　去除体外孤点

6）删除非连接点云。单击工具栏中的"选择"按钮，配合工具栏中的其他按钮一起使用，将非连接点云删除。

7）减少噪音。单击"点"工具栏中的"减少噪音"按钮，在管理器面板中弹出"减少噪音"对话框，如图12-40所示。选择"棱柱形（积极）"，"平滑度水平"保持默认值。"迭代"为"5"，"偏差限制"为"0.1mm"，单击"应用"按钮，完成操作。

图 12-40　减少噪音

8）联合点对象。将点云合成为一个整体。在"点"工具栏中单击"联合点对象"按钮，在管理器面板中弹出"联合点对象"对话框，设置"名称"为"cuping"，单击"应用"按钮，再单击"确定"按钮，结果如图12-41所示。

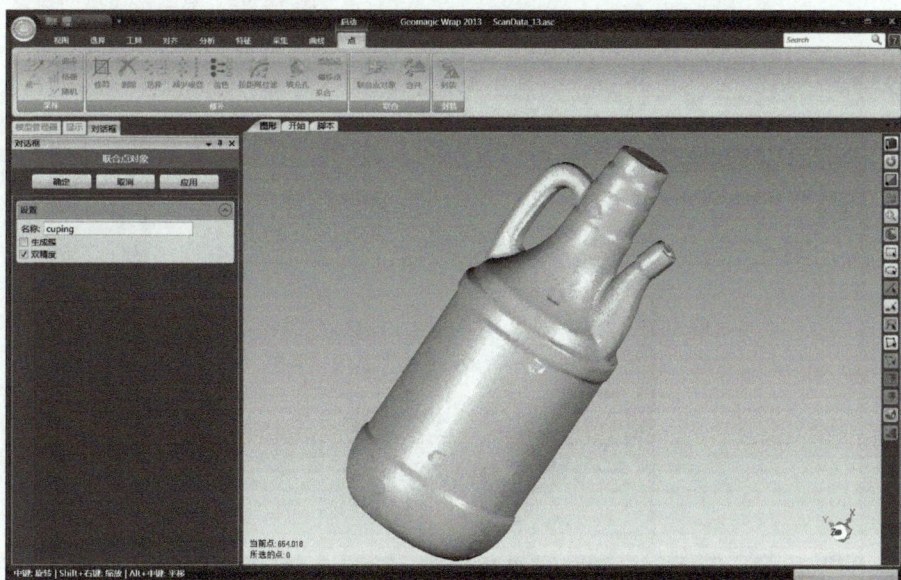

图 12-41　联合点对象

9）采样。对点云进行采样，如图 12-42 所示，通过设置点间距来进行采样。

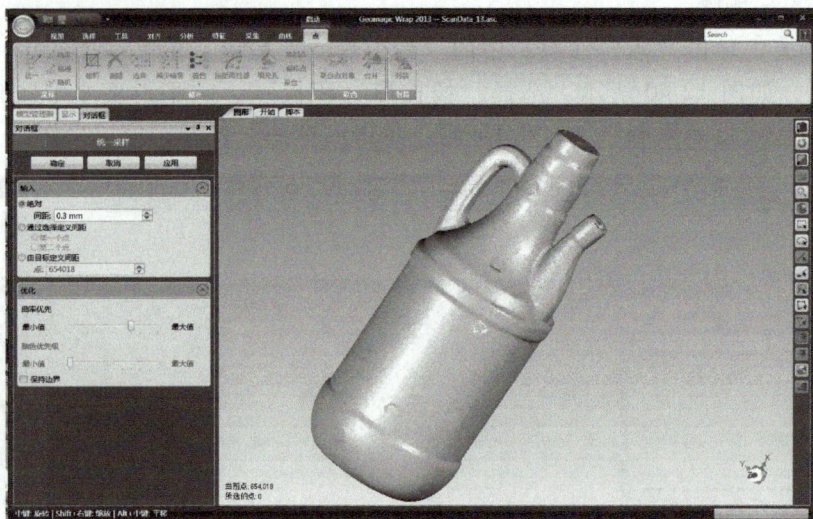

图 12-42　点云采样

10）封装数据。在"点"工具栏中单击"封装"按钮，系统弹出"封装"对话框。该命令将围绕点云进行封装计算，使点云数据转换为多边形模型，如图 12-43 所示。

11）保存数据。单击界面左上角的"保存"按钮，"保存类型"选择"STL（binary）文件"，将数据另存为"cuping.stl"文件，如图 12-44 所示。

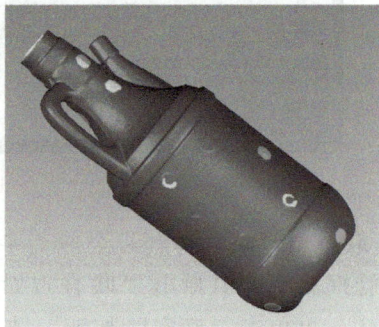

图 12-43　点云封装后的模型

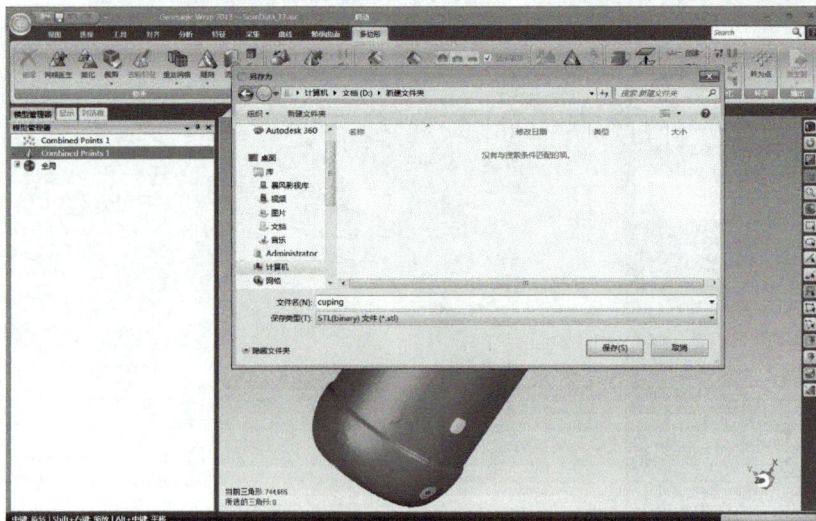

图 12-44　保存数据

三、面片处理

模型经封装后，转换成三角面片格式，需要在此阶段调整模型的三角面片，使模型在保留原始特征的基础上，形成封闭、光滑、精简的多边形模型。

1）删除钉状物。在"多边形"工具栏中单击"删除钉状物"按钮，在模型管理器面板中弹出"删除钉状物"对话框，使"平滑级别"滑动条处在中间位置，单击"应用"按钮，删除钉状物，如图 12-45 所示。

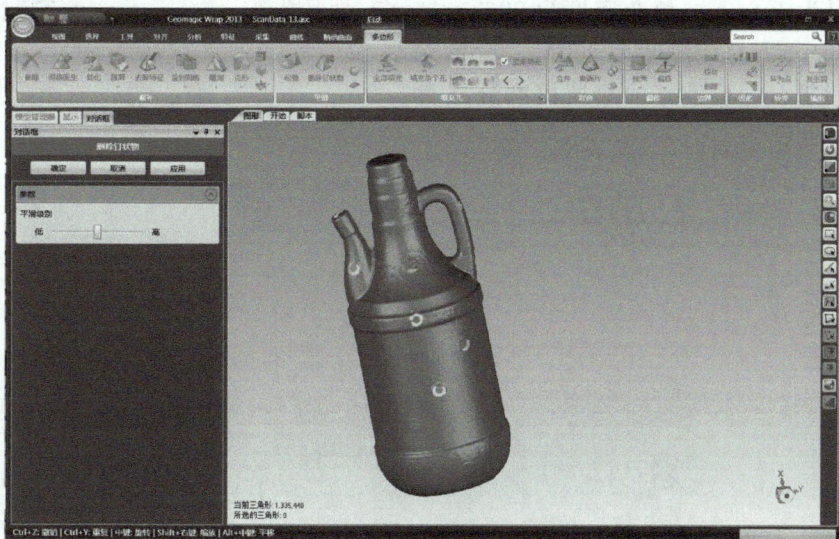

图 12-45　删除钉状物

2）全部填充。在"多边形"工具栏中单击"全部填充"按钮，在模型管理器面板中弹出"全部填充"对话框。可以根据孔的类型选择不同的方法进行填充，图 12-46 所示为三种不同的填充方法。

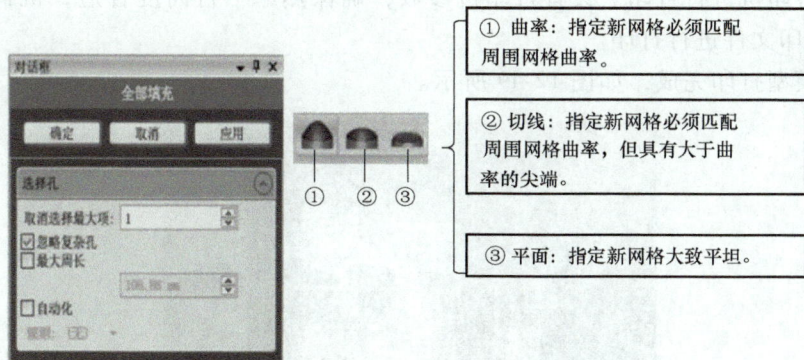

① 曲率：指定新网格必须匹配周围网格曲率。

② 切线：指定新网格必须匹配周围网格曲率，但具有大于曲率的尖端。

③ 平面：指定新网格大致平坦。

图 12-46　全部填充

3）去除特征。该命令用于删除模型中不规则的三角形区域，并且插入一个更有秩序且与周边三角形连接更好的多边形网格。但必须先用手动的方式选择需要去除特征的区域，然

后单击"多边形"工具栏中的"去除特征"按钮。面片最终处理效果如图12-47所示。

4）导出模型。单击界面左上角的"保存"按钮，将文件另存为STL格式的文件。

四、3D打印及后处理

1）将STL格式文件导入Cura分层软件。

2）分层软件参数设置。设置层厚为0.2mm，壁厚为1.5mm，填充密度为20%，打印速度为50mm/s，打印温度为200℃，设置支撑类型和粘附平台，设置好的醋瓶模型分层参数如图12-48所示。

25. 醋瓶的3D打印操作

图12-47　去除特征后的效果

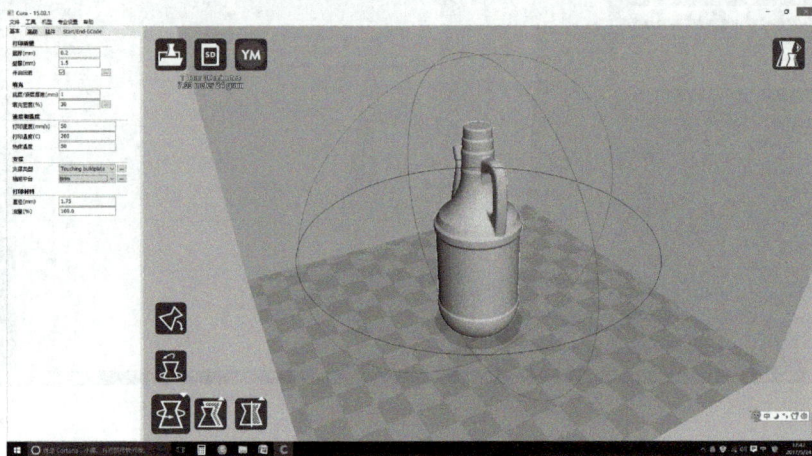

图12-48　醋瓶模型分层参数设置

3）将保存好的GCode文件存入存储卡中，将存储卡插入打印机卡槽。

4）启动打印机进行打印。设置打印机参数，确保热床平台高度合适，机器预热，系统归零，选择打印文件进行打印。

5）醋瓶模型打印完成，如图12-49所示。

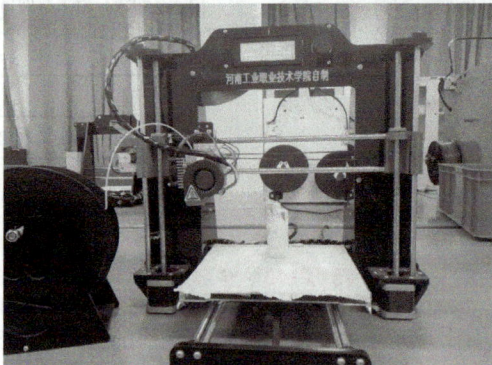

图12-49　醋瓶模型打印完成

小　结

3D打印的前期设计除了常用的正向设计方法，还可以利用三维扫描工具进行逆向设计。逆向设计方法主要针对具有复杂曲面的模型，在已有模型或产品的情况下，通过三维扫描仪采集模型的三维轮廓数据，经过数据处理后，转化为STL格式文件，导入3D打印机进行3D打印，还原模型的原貌。其具体流程为：用三维扫描仪采集轮廓数据；使用Geomagic Wrap软件处理点云数据；使用Geomagic Wrap软件处理三角面片数据；将文件导入切片软件设置参数并进行切片；启动3D打印机打印；模型后处理。

逆向设计方法是实现3D打印的技术手段之一，通过两个逆向设计实例的学习，同学们可以将逆向设计与成型加工结合起来，感受将设计变成实物的成就感。

素 养 提 升

逆向设计如同逆向思维，都是通过对似乎已成定论或者司空见惯的事物和观点反过来思考的一种方式。如果有人落水，常规的思维模式是"救人离水"，而在我们很熟悉的"司马光砸缸"的故事中，司马光面对紧急险情，运用了逆向思维，果断地用石头把缸砸破，"让水离人"，救了小伙伴性命。类似的，以前机械工厂效率低下，人围着机器和零件转，每个工人很累效率还不高，后来有人改善了工序，让人不动零件动，这样逐渐就发展出生产流水线了，效率大大提高。因此，有时候一些事情我们怎么想都想不通，但是换种方式去思考，往往就会豁然开朗，收获意想不到的惊喜。

课后练习与思考

1. 简述醋瓶的逆向设计与打印步骤。
2. 利用三维扫描工具和熔融沉积成型设备将手中现有的模型打印出来。

4

模块四　产品创新设计

项目十三

创新思维认知

【项目导入】

创新是技术和经济发展的原动力，是国民经济发展的基础，是体现综合国力的重要因素。当今世界各国在政治、经济、军事和科学技术方面的激烈竞争，实质上是人才的竞争，而人才竞争的关键是人才创造力的竞争。创新对人类科技的发展产生巨大的影响，使科技成为推动社会进步和社会变革的有力杠杆。

【学习导航】

1）了解创新思维的形成和发展。
2）了解创新思维的常见特性。
3）掌握创新思维方法。

【项目实施】

任务一　了解创新思维的形成和发展

创新思维是一个复杂的系统过程。它是发挥人的自主创新能力，以超越常规的眼光从特异的角度观察、思考问题，提出与众不同且又能经得起检验的全新观点、全新思路、全新方案来解决问题的思维方式。

创新思维的"新"可分为狭义的"新"和广义的"新"。狭义的"新"是相对于整个人类而言的"新"，指的是建立新的理论，产生新的发现、新的发明的思维活动。并且，其思维成果具有前所未有的独创性，得到了社会的认可，产生了巨大的社会效益。广义的"新"是相对于每个人而言的"新"，指的是思考自己所不熟悉的问题，而且没有现成的思路可供套用的思维活动。它强调的是，所思考的问题对思考者来说是生疏的，思维活动的进行没有老一套的思维程序和模式可以套用。

创新思维的形成过程首先是发现问题、提出问题，这样才能使思维具有方向性和动力源。发现一个好的问题，才能使人的思维更有意义和价值。爱因斯坦曾经说过："提出一个问题往往比解决一个问题更重要，因为解决一个问题也许仅是一个科学上的实验技能而已，而提出新问题、新的可能性，以及从新的角度看旧的问题，却需要创新性的想象力，而且标志着科学的真正进步。"科学发现始于问题，而问题是由怀疑产生的，因此，生疑提问是创新思维的开端，是激发创新思维的方法。

在问题已经存在的前提下，基于脑细胞具有信息接收、存储、加工、输出四大功能，创新思维的形成过程大致可分为以下四个阶段。

1. 存储准备阶段

在准备阶段，应该明确要解决的问题，围绕问题收集信息，使问题与信息在脑细胞及神经网络内留下印记。大脑的信息存储和积累是诱发创新思维的先决条件，信息存储得越多，创新思维诱发得也越多。

在这个阶段，创新主体已明确要解决的问题，收集资料信息，并力图使之概括化和系统化，形成自己的认识，了解问题的性质，澄清疑难的关键，同时开始尝试寻找解决方案。任何一项创新和发明都需要一个准备过程，只是时间长短不一而已。收集信息时，资料包括教科书、研究论文、期刊、技术报告、专利和商业目录等，而查访一些相关问题的网站，或与不同领域的专家进行深入的讨论，有时也有助于收集信息。

爱因斯坦青年时就在冥思苦想这样一个悖论问题：如果人以 c 速（真空中的光速）追随一条光线，那么就应当看到这条光线好像一个在空间里振荡着而停滞不前的电磁场。他思考这个问题长达十年之久，当考虑到"时间是可疑的"这一结论时，他忽然觉得萦绕脑际的问题得到解决了。因此，他只经过 5 周的时间，就完成了闻名世界的"相对论"。相对论的研究专题报告虽在几周时间内完成，可是从开始想到这个问题，直至全部理论的完成，其中有数十载的准备工作。因此，创新思维是艰苦劳动、厚积薄发的奖赏，也正应了"长期积累，偶然得之"的名言。

2. 悬想加工阶段

在围绕问题进行积极的探索时，神秘而又神奇的大脑不断地对神经网络中的递质、突触、受体进行能量积累，为产生新的信息而运作。这个阶段，人脑能总体上根据感觉、知觉、表象提供的信息，超越动物脑机能只停留在反映事物的表面现象及其外部联系的局限，认识事物的本质，使大脑神经网络的综合、创新能力具有超前力量和自觉性，使它能以自己特殊的神经网络结构和能量等级把大脑皮层的各种感觉区、感觉联系区、运动区都作为低层次的构成要素，使大脑神经网络进行受控的、有目的的自觉活动。

在准备阶段之后，一种研究的进行或一个问题的解决不是一蹴而就的，往往需要经过探索和尝试。若工作的效率仍然不高，或解决问题的关键仍未有线索，或所拟订的假设仍未能得到验证，在这些情况下，研究者不得不把它搁置下来。这种未得要领而暂缓进行的阶段称为悬想加工阶段。

悬想加工阶段的最大特点是潜意识的参与。对创新主体来说，需要解决的问题被搁置起来，主体并没有做什么有意识的工作。由于问题是暂时表面搁置，而大脑神经细胞在潜意识指导下仍继续朝最佳目标进行思考，因而这一阶段也常常被称为探索解决问题的潜伏期或孕育阶段。

3. 顿悟阶段

顿悟阶段称为真正的创造阶段。经过充分酝酿和长时间思考后，思维豁然开朗，从而使问题得到解决，正所谓"众里寻他千百度，蓦然回首，那人却在灯火阑珊处"。这种现象在心理学上称为灵感，没有苦苦的长期思考，灵感绝不会到来。

进入这一阶段，问题的解决一下子变得豁然开朗。创新主体突然间被特定情境下的某一特定启发唤醒，创造性的新意识猛然被发现，以前的困扰顿时一一化解，问题顺利解决。

在这一阶段中，解决问题的方法会在无意中忽然涌现出来，而使研究的理论核心或问题的关键明朗化，其原因在于当一个人的意识在休息时，他的潜意识会继续努力地深入思考。

顿悟阶段是创新思维的重要阶段，被称为"直觉的跃进""思想上的光芒"。出现这一阶段客观上是由于重要信息的启示和艰苦不懈的探索；主观上是由于在悬想加工阶段，研究者并不是将工作完全抛弃不理，只是未全身心投入去思考，从而使潜意识思维处于积极活动状态。不像专注思索时思维按照特定方向运行，这时思维范围扩大，多神经元之间的联络范围扩散，多种信息相互联系并相互影响，从而为问题的解决提供了良好的条件。

19世纪40年代，美国人伊莱亚斯·豪在研制缝纫机时，苦苦思考、勤奋钻研了很长时间，仍没有琢磨出一个可行的方案。一天，伊莱亚斯·豪观察织布工手里拿着的梭子，只见梭子在纬线中间灵活地穿来穿去，他的脑海中浮现出一个想法：如果针孔不是开在针柄上，而是开在针尖上，这样即使针不全部穿过布也能使线穿过布了，当针穿过布时，在布的背面就会出现一个线环，假如再用一个带引线的梭子穿过这个线环，这两根线不就达到了缝纫的目的吗？正是织布梭子给他的启发，使问题的解决一下子变得豁然开朗，两年后，第一台缝纫机便问世了。

4. 验证阶段

在已经产生许多构想后，必须通过评估缩小选择范围，以获得具有最大潜在利益的方案。在验证阶段，对假设方案，通过理论推导或者实际操作，来检验它们的正确性、合理性和可行性，从而付诸实践，也可能把假设方案全部否定，或对部分进行修改补充。也就是说，创新思维几乎不可能一举成功。

例如，渐开线环形齿球齿轮机构的发明就是一个典型实例。20世纪90年代初期，我国一位科研工作者在研究国外引进的一种喷漆机器人的柔性手腕时，发现这种手腕机构中采用了一种离散齿球齿轮，仔细分析后发现这种球齿轮存在传动原理误差和加工制造困难两大缺陷，因而仅限于用在对误差不敏感的喷漆机器人上。能否发明一种新机构，来克服这两大缺陷呢？他为此苦思冥想了近一个月也未能取得实质性的突破，满脑子想的都是新型球齿轮，几乎到了一种痴迷的境界。1991年10月2日，大约在凌晨3点，在迷迷糊糊、半睡半醒的状态下，他大脑中突然冒出了一个新想法：将一个薄片直齿轮旋转180°不就得到了一种新型球齿轮吗？惊喜中，他立刻翻身起床，拿出绘图工具，通宵完成了新型球齿轮的结构设计工作，第二天送到工厂加工。试验结果验证了这一灵感的正确性，于是一种首创的渐开线环形齿新型球齿轮就这样诞生了。

任务二　了解创新思维的常见特性

掌握创新思维的特点和类型，就能从习以为常的事物中发现新事物，能在纷繁杂乱的问题中理清思路，能把困难的事情变为容易的事情；能把荒谬的矛盾变成合理的解决方案。这种思维习惯不但会让一个人的生活得到意想不到的收获，还会让一个企业甚至一个国家都发生翻天覆地的变化。

不要以为创新思维是少数天才才有的专利，事实上，在我们的身边，在人类历史进步的点滴中，创新思维无处不在。其核心特征非常简单明确，其基本类型非常好懂、好用。只要真正认识到创新思维的规律，自觉学习并运用创新思维，人人都可以成为创新思维的拥有者、受益者和传播者。

创新思维具有以下九个基本特性：

1. 突破性

创新思维是突破性思维，要创新首先必须对已掌握的知识信息进行加工处理，从中发现新的关系，形成新的组合，并产生突破性的成果。科技的进步是在批判和否定事物的基础上取得和完善的。创新者要敢于怀疑、敢于批判、敢于提出问题，要用好奇的眼光，积极主动地转换视角，从尽可能多的角度去观察事物，发挥自己的潜能，激发灵感，突破各种成见、偏见和思维定式，沿着创造和创新之路一步一步地前进。

当旧的问题被突破时，人们积极主动的好奇心得到一定的满足，产生满足感和自信心；在新的问题出现时，再次激发人们的创新热情，创新的火花将绽放得更加绚丽多彩，并能使创新的冲动延续下去。

2. 新颖性

创新思维的本质是求异、求新，具有前所未有的特征。新颖性是创新思维的主要特点，思维结论超越了原有的思维框架，具有前无古人、后无来者的独到之处，能更新知识和理念，发现新的原理、新的规律，对改变人类的生活方式和促使社会进步具有极其重要的作用。

3. 多向性

多向思维是创造者应具有的思维方法，必须在创造实践中逐步认识和锻炼多向思维。根据思维方向，创新思维分为多向发散思维、顺向思维、逆向思维、侧向思维、收敛思维和"智力图像"思维等。

1）发散思维是一种多向的、立体的、开放的思维，使人们在创造的过程中，从已知的有限信息迅速扩散到四面八方。多向发散思维体现在以下三个方面：

① 流畅性。即思维畅通无阻，在很短时间内就能提出众多方案。

② 灵活性。在创新过程中，体现出随机应变的特点，能快速转换并提出新颖、实用的构思和方案，从中获得有价值的发明。

③ 独特性。提出的方案与众不同、新颖独特。

发散思维的三个特征是相互关联的，思路流畅是产生灵活性和独特性的前提；灵活转换能力则又有助于独特构思的产生。

2）顺向思维是一种按常规思维进行创造的方法，其思维方向一是沿纵向，向上或向下延伸；二是沿横向，向左或向右延伸。

3）逆向思维是指按与主流相反的方向进行思维，在创新过程中敢于标新立异，与事物的常理相悖，获得一个又一个优秀的创造成果。逆向思维可以从原理、性能、方向、状态、形状、方法等方面进行。

4）侧向思维是指当顺向思维受阻时进行思维实时转向，在沿着顺向思维方向的某一关节点上，通过侧向渗透的方法去获得问题的答案。侧向思维往往利用"局外"信息，从侧面迂回突破，从而发现解决问题的途径和可能，因此，在创造过程中得到了较多的应用。例如，在机械制造中，传统方式是利用机械传动获得刀具和零件的旋转、位移、速度、加速度、切削力等，但随着制造精度和自动化程度的提高，完全采用机械方式很困难，取而代之的是应用计算机数控系统和光电测控手段，如旋转编码器、线性或球形光栅传感器、全数字化高速、高精度交流伺服控制系统等，既简化了机械结构，又提高了精度和自动化程度。

5）收敛思维与发散思维相对应，它是使人们头脑中的多路思维聚集于某一路，运用逻辑思维方法，在已有的知识、经验基础上，把众多信息逐步条理化和规范化，通过分析、综合、抽象、概括、判断和推理等思维过程，去伪存真和集中梳理，使本质逐步显露，并最终在某一点上取得成功的思维方法。

6）"智力图像"思维把思想具体化，在脑海中构成形象，激发想象力。与逻辑思维相比，创新思维与形象思维的关系似乎更为密切，但创新思维不是形象思维，是介于具体形象和概念抽象之间的某种过渡，称之为"智力图像"思维。苯环结构的提出、场概念的提出都体现了这种"智力图像"的特征。

科学发展至今，许多现象已不能由单纯的图像描述，需要用数学语言或更为抽象的"智力图像"描述。通过"智力图像"思维，在头脑中对各种表象进行改造、重组、联想、猜想而创造出新的图像，产生新的发现。

4. 深刻性

深刻性是指思维的深度。思维深刻的人，不会满足于对问题的表面认识，而是善于分析事物的现象和本质，善于从多方面和多种联系中去理解事物，因而能正确认识事物，揭示事物内部的规律性，预测事物的发展趋势与未来状态。

5. 独立性

思维的独立性表现在不迷信、不盲从、不满足现成的方法和方案，要经过自主的独立思考，形成自己的观点和见解，突破前人的结论，超越常规，产生新的思维成果。如果没有独立自主的思考，总是墨守成规，一切照章办事，服从已有的权威，就不可能产生独特新颖的思维，也就根本谈不上是创新者。

6. 意外性

创新思维的产生一般表现出一种意外性或突发性，正所谓"茅塞顿开""眉头一皱，计上心来""踏破铁鞋无觅处，得来全不费工夫"。一般情况下，有意识的设想或创造往往不能如愿，而某种偶然因素的触发却会突然产生一种解决问题的新方法、新思路、新观念，这是科学发现通常的模式，已被许多历史事实所证明。

7. 敏捷性

思维的敏捷性是指能在短时间内迅速地调动思维能力，当机立断，迅速、正确地解决问题。思维的敏捷性是良好心理品质的前提，是以思维的灵活性为基础，具备积极思维、周密考虑、准确判断的能力，还必须依赖于良好的观察力以及注意力等优秀品质。

8. 风险性

创新思维活动是一种探索未知的活动，受到多种因素的限制和影响，如事物发展阶段及其本质暴露的程度、人的认识水平与能力、环境与实践条件等。这就决定了创新思维的风险性，不可能保证每次都能取得成功，甚至有可能毫无成效，也有可能得出错误的结论。由于社会文化的传统势力、偏见的存在，权威为了维护现有的伦理和秩序，对创新思维活动的成果往往抱有仇视的心理。例如，中世纪的西欧，宗教在社会生活中占据着绝对统治地位，一切与宗教相悖的观点都被称为"异端邪说"，都会受到"宗教裁判所"的严厉惩罚。然而，历史在发展，社会在前进，创新思维活动是扼杀不了的。伽利略、布鲁诺将生命置之度外，论证了"日心说"，证明地球不是宇宙的中心。他们为探索真理，不畏强暴、敢于冒险的伟大精神，为后人树立了永久的丰碑。无法想象，如果没有两位科学家甘冒此风险，"地心说"不知还要统治天文学领域多少年。

9. 非逻辑性

创新性思维不受形式逻辑的约束，常表现为思维操作的压缩或简化，包括两种情况：一是原有逻辑程序的简化和压缩；二是违反了原有的逻辑程序。具有丰富经验、广博知识和娴熟技巧的科技工作者在面临问题时，往往省略了中间的推理过程，直接做出判断。

弗朗西斯·培根在1605年说过："人类主要凭借机遇或其他而不是逻辑创造了艺术和科学。"一般情况下，新发现是一种奇遇，而不是逻辑思维过程的结果。敏锐的、持续的思考之所以有必要，是因为它使我们始终沿着选定的道路前进，但不一定会通向新的发现。科学工作者应养成不以逻辑推理结果为唯一判断依据的习惯。

任务三　掌握创新思维方法

创新的方法繁多，主要包括群体集智法、系统分析法、联想法、类比法、仿生法、组合创新法、反求设计法和功能设计法等。在进行创新的时候，选用合适的方法是十分重要的。

1. 群体集智法

群体集智法是针对某一特定的问题，运用群体智慧进行创新活动。群体集智法主要有三种具体的途径：会议集智法、书面集智法和函询集智法。

1）会议集智法又称智慧激励法，是美国创造学家奥斯本发明的，通常也称作奥斯本法。技术开发部门在工程设计中，经常运用会议集智法解决工程技术问题。

2）书面集智法是会议集智法的改进形式，在运用会议集智法的过程中，人们发现表现力和控制力强的人会影响他人提出的有价值的设想，因此，提出了运用书面形式表达思想的改进型技法。

3）函询集智法又称德尔菲法，其基本原理是借助信息反馈，反复征求专家的书面意见来获得创意。视情况需要，这种函询可进行数轮，以期得到更多有价值的设想。

2. 系统分析法

任何产品不可能一开始就是完美的，人们对产品的未来期望也不可能在原创产品问世时就一并实现，而大量的创新设计是在做完善产品的工作，因此，对原有产品从系统论的角度进行分析是最为实用的创造技法。系统分析法主要有三种：设问探求法、缺点列举法、希望点列举法。

设问能促使人们思考，但大多数人往往不善于提出问题，有了设问探求法，人们就可以克服不愿提问或不善于提问的心理障碍，从而为进一步分析问题和解决问题奠定基础。因为问题本身就是创造。设问探求法在创造学中被誉为"创造技法之母"。其主要原因在于，它是一种强制性思考，有利于突破不愿提问的心理障碍，也是一种多角度发散性的思考过程，是广思、深思与精思的过程，有利于创造实践。

缺点列举法是指任何事物总是有缺点的，找到这些缺点并设法克服这些缺点，事物就能日益完善。卓越的心理素质是运用缺点列举法的思想基础。

希望是人们对某种目的的心理期待，是人类需求心理的反映。设计者从社会希望或个人愿望出发，通过列举希望点来形成创造目标或课题，在创新技法中被称为希望点列举法。它与缺点列举法在形式上是相似的，都是将思维收敛于某"点"而后又发散思考，最后聚集于某种创意。

3. 联想法

联想是由于现实生活中的某些人或事物的触发而想到与之相关的人或事物的心理活动或思维方式。联想思维由此及彼，由表及里，形象生动，奥妙无穷，是科技创造活动中最常见的一种思维活动。发明创造离不开联想思维。联想是对输入头脑中的各种信息进行加工、转换、连接后输出的思维活动。联想并不是不着边际的胡思乱想。足够的知识与经验积累是联想思维纵横驰骋的保证。

1）**相似联想**。相似联想是从某一思维对象想到与它具有某种相似特征的另一对象的思维方式。这种相似可以是形态和功能上的，也可以是时间与空间意义上的。把表面差别很大，但内涵相似的事物联系起来，更有助于建设性创造思维的形成。

2）**接近联想**。接近联想是从某一思维对象想到与之接近的思维对象的思维方式。这种接近可以是时间与空间上的，也可以是功能、用途或者结构和形态上的。

3）**对比联想**。客观事物间广泛存在着对比关系，如远近、上下、宽窄、凸凹、冷热、软硬等，由对比引发联想，对于发散思维、启动创意，具有特别的意义。

4）**强制联想**。强制联想是将完全无关或关系相当远的多个事物或想法联系起来，进行逻辑型的联想，以此达到创造目的的创新技法。强制联想实际上是使思维强制发散的思维方式，它有利于克服思维定式，往往能产生许多非常奇妙、出人意料的创意。

4. 类比法

比较分析多个事物之间的某种相同或相似之处，找出共同的优点，从而提出新设想的方法称为类比法。按照比较对象的情况，类比法可分为如下四种：

1）**拟人类比**。以人为比较对象，将人作为创造对象的一个因素，从人与人的关系中，设身处地地考虑问题，在创造实物的时候，充分考虑人的情感，将创造对象拟人，把非生命对象生命化，体验问题，引起共鸣，是拟人类比创新技法的特点。不知大家注意过没有，公共汽车刚开始采用自动报站时只报到站和下一站的站名，后来在道路转弯处又加上了"请拉好扶手"，有老人和孕妇时又会播出"请给他们让个座"等，这种播音系统的设计是以消费者情感为类比的例证之一。一些公园采用拟人类比方法设计了一种新型的垃圾桶，当游客把垃圾扔进垃圾桶内时，它会说"谢谢"，由此使游客不自觉地增强了保护环境卫生的意识。拟人类比创新思想被广泛应用于自动控制系统开发中，如适应现代建筑物业管理的楼宇智能控制系统、机器人、计算机软件系统的开发等都利用了拟人类比法进行创新设计。

2）**直接类比**。在进行创新设计时，将创造对象与类似的事物或现象做比较，称为直接类比。直接类比的特点是简单、快速，可以避免盲目思考，且类比对象的本质特性越接近，则成功创新的可能性就越大。

3）**象征类比**。象征类比是借助实物形象和象征符号来类比某种抽象的概念或思维感情。象征类比依靠知觉感知，并使问题关键显现、简化。文化创作与创意中经常运用这种创造技法。

4）**因果类比**。两事物有某种共同属性，根据一个事物的因果关系推知另一事物的因果关系的思维方法，称为因果类比法。

5. 仿生法

师法自然，以此获得创造灵感，甚至直接仿照生物原型进行创造发明，就是仿生法。仿生法是相似创造原理的具体应用。仿生法具有启发、诱导、拓展创造思路的显著功效。仿生法不是简单地再现自然现象，而是将模仿自然与现代科技有机结合起来，设计出具有新功能的仿生系统，这种仿生创造思维的产物是对自然的超越。

6. 组合创新法

发明创新活动按照所采用的技术来源可分为两类：一类是采用全新技术原理取得的成果，属于突破型发明；另一类是采用已有的技术并进行重新组合取得的成果，属于组合再生型发明。从人类发明史看，初期以突破为主，随后，这类发明的数量呈减少趋势。特别在19世纪50年代以后，在发明总量中，突破型发明的比重大大下降，而组合型发明的比重急剧增加。在组合中求发展，在组合中实现创新，已经成为现代科技创新活动的一种趋势。组合创新法在工程中应用极其广泛。人类在数千年的发展历程中积累了各种大量的技术，这些技术在其应用领域中逐渐发展成熟，有些已达到相当完善的程度，这是人类极其珍贵的巨大财富。由于组合的技术要素比较成熟，组合创新一开始就站在一个比较高的起点上，不需要花费较多的时间、人力与物力去开发专门技术，不要求创造者对所应用的技术要素都有较深的造诣，所以进行创造发明的难度明显较低，成功的可能性当然要大得多。组合创新法运用的是已有的成熟的技术，但这不意味其创造的是落后或低级的产品，实际上，适当的组合不但可以产生全新的功能，甚至可以成为重大发明。将"机遇号"与"勇气号"火星探测器送上火星，这是人类伟大的发明创造，火星之旅运用的成熟技术数不胜数，如缺少其中的某项成熟技术，登陆火星和其后的勘测都无疑将以失败告终。组合创新法实际上是加法创造原理的应用。根据组合的性质，组合创新法可以分为如下四种：

1）**功能组合**。生产商品的目的是应用，一些商品的功能已为人们普遍接受，通过组合，可以使产品同时具有多种功能，以满足人类不断增长的消费需求。取暖的热空调器与制冷的冷空调器原来都是独立的，科技人员设法将这两种功能组合起来，发明了可以方便转换的两用空调，提高了人类的生活质量。手表原来只有计时功能，别出心裁的设计者将指南针与温度计的功能组合在手表上，使人们可以随时监测温度和判别方位，满足了消费者的特殊需要。功能组合在国防科技发明中有巨大的潜能。

2）**材料组合**。很多场合要求材料具有多种功能特性，而实际上单一材料很难同时兼备需求的所有性能。通过特殊的制造工艺将多种材料适当组合，可以制造出满足特殊需要的材料，如塑钢门窗材料就是铝材和塑料的组合。

3）**同类组合**。同类组合是将同一种功能或结构在一种产品上重复组合，以满足人们对此功能的更高要求，这是一种常用的创新方法。使用多个气缸的汽车、使用多个发动机的飞机、多节火箭，这些采用同类组合的运载工具，目的都是为了获得更大的动力。

4）**异类组合**。创新的目的是获得具有新功能的产品，不同的产品往往有着不同的功能，如果能将这些本属于不同产品的相异功能组合在一起，得到的新产品实际上就具有了能满足人们需求的新功能，这就是异类组合。不同的产品有某些相同的成分，将这些不同的产品加以组合，使其共用这些相同的成分，可以使总体结构简单，价格更便宜，使用也更方便。例如，由具有相似变速箱的车床、钻床、铣床组合而成的多功能机床可以分别完成几类机床的机械加工工作。

此外，技术组合和信息组合也是常用的组合创新技法。技术组合是将现有的不同技术、工艺、设备等加以组合而形成的创新方法。信息组合是将有待组合的信息元素制成表格，表格有交叉点即为可供选择的组合方案。前者特别适用于大型项目创新设计和关键技术的应用推广；后者操作简便，是信息社会中能有效提高效率的创新技法。

7. 反求设计法

反求设计是典型的逆向思维运用。反求工程是消化、吸收先进技术的一系列工作方法和技术的综合工程。通过反求设计，在掌握先进技术的基础上创新，也是创新设计的重要途径之一。

在现化社会中，科技成果的应用已成为推动生产力发展的重要手段。把别的国家的科技成果加以引进，消化、吸收，再进行创新设计，进而发展自己的新技术，是发展民族经济的捷径。这一过程称为反求工程。

反求设计法是借助已有的产品、图样、音像等已存在的可感观的事物，创新出更先进、更完美的产品。由于对实物有了进一步的了解，并以此为参考，发扬其优点，克服其缺点，再凭借基础知识、思维、洞察力、灵感与丰富的经验，为创新设计提供了良好的环境。因此，反求设计是创新的重要方法之一。

8. 功能设计法

功能设计是典型的正向思维运用。功能设计法是传统的常规设计方法，又称为正向设计法。这种设计方法步骤明确、思路清晰，有详细的公式、图表作为设计依据，是设计人员经常采用的方法。其设计过程一般为根据给定产品的功能要求，制订多个方案，进行优化设计，从中选择最佳方案，对原理方案进行结构设计，并考虑材料、强度、刚度、制造工艺、使用、维修、成本、社会经济效益等多种因素，最后设计出满足要求的新产品。正向设计过程符合人们学习过程的思维方式，其创新程度主要表现在原理方案的新颖程度，以及结构的合理性与可靠性等方面，所以正向设计也是创新的重要设计方法。

小　　结

创新设计需要创新人才作为支撑，而创新人才需要创新思维来武装，本项目论述了创新思维的内涵及培养，同时阐述了创新思维的多种方法。在学习中，注意将概念的理解与实际案例相结合来了解和掌握创新思维。

素养提升

《三国志》记载：孙权送了一头大象给曹操。大象到达的那天，曹操率领文武官员和小儿子曹冲去观看，曹操想知道这头大象的重量，可是文武官员望着面前的庞然大物，没有一人能想出称象的有效方法。这时，年仅六岁的曹冲说："把象放到船上，在水面所达到的船舷处做上记号，然后在船上改装石块，当水面到达船舷的记号处为止。这时，只要将船上的石块分批称出重量，就能知道大象的重量了。"曹操听了十分高兴，马上命人照这个办法去做了。要想获得对未知世界的认识，人们就要不断地探索前人没有采用过的思维方法、思考角度去进行思维，就要独创性地寻求没有先例的办法和途径去正确、有效地观察问题，分析问题和解决问题，从而极大地提高人类认识未知事物的能力。认识能力的提高离不开创新性思维。

课后练习与思考

1. 创新思维都有哪些特性？
2. 创新思维的方法有哪些？

项目十四

产品设计与创新设计

【项目导入】

产品设计一般要经过产品规划、方案设计、技术设计、施工设计、创新设计等几个阶段。其中，创新设计阶段是针对产品的主要功能提出创新性的构思，探索解决问题的物理和工作原理，并用机构运动简图、液路图、电路图等示意图表达构思的内容。创新设计对产品的结构、工艺、成本、性能和使用维护等都有很大影响，是关系产品水平和竞争能力的关键环节，是确定产品质量好坏、性能优劣和经济效益高低的关键步骤。由此可见，创新设计是最富有创造性、最重要的环节。

【学习导航】

1）了解产品设计要求。
2）掌握产品创新设计的方法。

【项目实施】

任务一 了解产品设计要求

一个好的产品，应该在实用功能或巧妙的结构设计方面让人"耳目一新"，产生"一探究竟"的本能欲望，如迫切希望能试用该产品，或是急于了解其内部构造等。目前，由于全球经济的快速发展，产品竞争日趋激烈，为了生存与发展，生产企业必须快速以适中的成本、高质量的售后服务来推出新产品，这对产品设计人员提出了如下要求：

1）节省产品开发的资源，如节省开发时间、降低开发费用等。
2）改进产品的功能，如增加新的功能，使用户对产品产生新的兴趣。
3）提高产品的可靠性，如在一定的期限内，尽可能降低产品失效的可能性。
4）减少产品全生命周期的成本。通过合理的设计降低产品从用户需求分析、设计、制造、销售到维护、淘汰整个过程中的成本。
5）缩短制造时间。通过合理的设计使制造更加方便。

传统的经验设计即试凑法越来越不能满足要求。设计人员迫切需要一种具有启发性、易操作的设计理论来指导其提高设计质量，减少设计时间。

设计理论是研究产品设计的科学，涉及产品设计过程、设计目标、设计者、可用资源、领域知识五个方面及其相互关系。

设计者是设计的主体，如一个或一组设计人员；可用资源是时间、空间、经费、计算机网络及设计软件等在设计中要用到的资源；领域知识是机械原理、机械零件、机构学、电工电子等设计中要用到的专门知识；设计目标是对设计产品的一种详细描述，如图样、数据文件等；设计过程是指设计者为完成设计所采取的一系列活动。所谓设计，是指设计者利用可用资源及领域知识，通过设计过程，将用户需求转变成待设计产品的一种详细描述的过程，该描述可用于产品制造。产品设计是一个复杂的过程，不同的企业设计过程也不同。为了对这些不同的设计过程进行描述，需要采用设计过程模型，该类模型是工业界真实设计过程的一种抽象，并能回答真实设计过程中的问题。这些模型一方面应与工业界真实的设计过程基本相符，另一方面又要提出规范的或优化的设计过程，并为设计者提供设计方法与工具。后一方面正是许多研究者的研究目标。

任务二 掌握产品创新设计的方法

设计是人类社会最基本的生产实践活动之一，是人类创造精神财富和物质文明的重要环节，创新设计是技术创新的重要内容。

工程设计是工业生产过程的第一道工序，产品的功能是通过设计确定的，设计水平决定了产品的技术水平和产品开发的经济效益，产品成本的75%~80%是由设计决定的。

创新是设计的本质特征。没有任何新的技术特征的技术不能称为设计。设计的创新属性要求设计者在设计过程中充分发挥创造力，充分利用各种最新的科技成果，利用最新的设计理论，设计出具有市场竞争力的产品。

1. 设计过程

设计过程一般分为产品规划、方案设计、技术设计和施工设计四个阶段。

1）产品规划。在产品规划阶段，要通过调查研究确定社会需求的内容和范围，进行市场预测，将社会需求定量化、书面化，确定设计参数和约束条件，制订设计任务书，作为设计、评价、决策的依据。

2）方案设计。方案设计（也称为概念设计）阶段确定实现功能的原理性方案，对产品的原动系统、传动系统、执行系统和控制系统进行方案性设计，产生原理方案图。

3）技术设计。技术设计（也称为细节设计）阶段在方案设计的基础上将原理方案具体化、参数化、结构化，根据功能要求确定零件的材料，通过失效分析确定结构的具体参数，通过功能分析和工艺分析确定零件的具体形状和装配关系。为了提高产品的市场竞争力，需要应用各种最新的设计理论与方法，对技术方案进行优化设计和系列化设计；根据人机工程学（工效学）原理进行人性化设计；根据工业设计的原则进行产品的外观设计，使产品进入市场的形态更赏心悦目，使产品既实用，又满足产品商品化的要求，成为能够经得起市场竞争考验的商品；最后通过技术设计产生装配图。

4）施工设计。施工设计阶段是在装配图的基础上，根据施工的需要产生零件图，完成全部设计图样，并编制设计说明书、使用说明书及其他设计文档。在产品投产前要通过产品试制，检验产品的加工工艺和装配工艺，根据试制过程进行产品的成本核算，对产品设计提出修改意见，进一步完善产品设计。

采用计算机辅助设计（CAD），可以充分利用计算机运算速度快、存储容量大、检索能力强的优势，提高设计速度；通过对大量可行方案的设计、分析、比较、评价、优选，提高设计质量；通过便捷的信息传播手段，充分调动分布在不同地域的优质设计资源，同时对产品的不同部分进行设计，对产品的材料、功能和工艺进行并行设计，缩短设计周期；充分利用分布在不同媒体上的有效信息，保证设计的有效性。

2. 创新设计

根据设计的特点，可以将创新设计分为开发设计、变异设计和反求设计三种类型。

1）**开发设计**。根据设计任务提出的功能要求，提出新的原理方案，通过产品规划、方案设计、技术设计和施工设计的全过程完成全新的产品设计。

2）**变异设计**。在已有产品设计的基础上，根据产品存在的缺点或新的应用环境、新的用户群体、新的设计理念，通过修改作用原理、动作原理、传动原理、连接原理等方法，改变已有产品的材料、结构、尺寸、参数，设计出更加适应市场需求、具有更强的市场竞争力的产品。或在已有产品设计的基础上，通过在合理的范围内改变设计参数，设计在更大范围内适应市场需求的系列化产品。

3）**反求设计**。根据已有的产品或设计方案，通过深入的分析和研究，掌握设计的关键技术，在消化、吸收的基础上，开发出同类型的创新产品。

创新具有上述各种类型设计的共同特征，是设计的本质属性。在设计过程中，设计人员需要充分发挥创造性思维，掌握设计的基本规律与方法，在设计实践中不断提高创新设计的能力。

3. 创新设计的特点

创新设计必须具有独创性和实用性。充分考虑各种可行的工作原理，对多种可行性方案进行对比分析，是确定创新设计方案的基本方法。创新设计具有如下特点：

1）**独创性**。独创性是创新设计的根本特征。

创新设计必须具有某些与其他设计不同的技术特征，这就要求设计者采用与其他设计者不同的思维模式，打破常规思维模式的限制，提出新功能、新原理、新机构、新结构、新材料、新外观等，在求异和突破中实现创新。

洗衣机的结构有搅拌式、滚筒式、波轮式等，其工作原理是通过合理水流的排渗和冲刷作用带走织物上的污渍。为了提高洗衣机的工作效率和质量，减少洗衣机工作时对环境的污染，人们开发出了多种新型的洗衣机。例如，超声波洗衣机通过超声波在水中产生大量的微小气泡，利用微小气泡破裂时的作用去除织物上的污垢，活性氧洗衣机利用电解水产生的活性氧分解衣服上的污垢，电磁去污洗衣机用夹子夹住衣物，通过电磁线圈产生的频率高达2500Hz的微振去除衣物上的污垢。

2）**实用性**。工程领域的创新必须具有实用性，需要通过实践来检验其原理和结构的合理性，需要得到使用者的支持，使创新实践可以持续进行。

工程创新成果是一种潜在的社会财富，只有将其转化为现实的生产力才能真正为社会经济发展和社会文明进步服务。我国现在的科技成果转化为实际生产力的比例还很低，专利成果的实施率也很低。在从事创新设计的过程中要充分考虑成果实施的可能性，设计完成后要积极推动成果的实施，促进潜在社会财富转化为现实社会财富。

创新设计的实用性主要表现在对市场的适应性和可生产性两方面。

创新设计对市场的适应性指创新设计必须有明确的社会需求，有些产品开发行为缺乏对市场的调查，只凭主观判断，造成产品开发失误。例如，某企业曾经开发了一款新型多功能机床，其中采用了多项新技术、新结构，但是当时市场对这类产品的需求已经饱和，产品开发后无法推向市场，造成大量的浪费。又如，在20世纪70年代，有关研究表明作为制冷剂使用的氟利昂具有破坏高空臭氧层的作用，影响臭氧层对紫外线的吸收作用，某制冷机厂及时注意到这一信息，较早地针对这一可能对全行业产生重大影响的关键技术开展研究，设计出使用溴化锂制冷剂的新型制冷机，代替原来用于大、中型空调机上的氟利昂制冷设备，这项创新设计的成功为企业带来了巨大的经济效益。

创新设计的可生产性指成果应具有较好的加工工艺性和装配工艺性，容易采用工业化生产的方式进行生产，能够以较低的成本推向市场。

3）多方案优选。要用较好的方法实现创新设计，就要充分考察可以实现给定功能的各种方法。从事创新设计要能够从多方面、多角度、多层次考虑问题，广泛考查各种可能的方法，特别是那些在常规思维下容易被忽视的方法。只有充分地考查各种可能的途径，才有可能从中找到最好的实现方法。

从一种要求出发，向多方向展开思维，广泛探索各种可能性的思维方式称为发散性思维。创新设计首先通过发散性思维寻求各种可能的途径，然后再通过收敛性思维从各种可能的途径中寻求最好的（或较好的）途径。创新设计中要不断地通过先发散、再收敛的思维过程寻求适宜的原理方案、结构方案和工艺方案。与收敛性思维相比，发散性思维更重要，更难掌握。

科学技术的发展可以为创新设计不断提供新的原理、机构、结构、材料、工艺、设备、分析方法等。在不断发展的技术背景下，人们可以更新已有的技术系统，提供新的解决方案，促进技术系统的进化。例如，最早的打印设备采用手工驱动，以字符为单位打印，虽然形式各异，但是打印速度都很难提高。为了提高打印速度，采用了电动机驱动的电动打印方法；为了减轻打印机运动部分的惯性，人们设计了多种不同的字模结构，为只有几十个字符的拼音文字的快速打印提供了解决方案。随着计算机技术的发展，针式打印机的出现推出了一种全新的点阵打印模式，引发了打印技术的一场革命，为多字符集文字的快速打印提供了途径。最早出现的点阵式打印机是针式打印机，之后又出现了喷墨打印机、激光打印机、热敏打印机等，打印速度和分辨率不断提高，并实现了彩色打印。可以预见，随着新技术的不断出现，还会有更新颖、性能更好的打印机出现。

小 结

通过本项目的学习，了解了创新设计的一般方法，即从功能分析入手，通过总体方案分析，构思各功能的工作原理方案，再进行功能分解得到功能树，进而求出功能解，得出系统的多种原理解方案，再运用系统工程的方法来分析各组成部分之间的有机联系和系统与外界环境的关系，然后进行技术经济评价，再经优化筛选，求得最佳原理方案。

素养提升

习近平总书记在党的二十大报告中指出:"必须坚持科技是第一生产力、人才是第一资源、创新是第一动力,深入实施科教兴国战略、人才强国战略、创新驱动发展战略,开辟发展新领域新赛道,不断塑造发展新动能新优势。""加快实施创新驱动发展战略。加快实现高水平科技自立自强。""嫦娥"奔月、"墨子"传信、"北斗"导航、"天宫"揽胜……一系列重大创新成果相继问世,中国科技发展呈现出日新月异的面貌。2022 年,中国位列全球创新指数排名第 11 位,中国全社会研究与试验发展经费迈上 3 万亿元新台阶;而在十年前,这两个数字分别为第 34 名、10240 亿元。两条上升曲线,见证着中国科技创新爬坡过坎的拼搏历程。同学们也要增强创新意识,勇于开拓进取,踔厉奋发、勇毅前行,为国家贡献力量。

课后练习与思考

1. 产品设计对设计人员提出了哪些要求?
2. 创新设计过程分为哪几个阶段?
3. 创新设计分为哪几种类型?

项目十五

机械结构的创新设计

【项目导入】

机械结构设计实际上就是确定产品、零部件的材料、形状、尺寸及相互配置关系，是原理方案设计的具体化，以满足产品的功能要求。结构设计是一个从抽象到具体、从粗略到精确的过程，它根据既定的原理方案，确定总体空间布局，选择材料和加工方法，通过计算确定尺寸，检查空间相容性等，由主到次逐步进行结构的细化。结构设计也具有多解性特征，需反复、交叉进行分析、计算和修改，寻求最好的设计方案，最后完成总体方案结构设计。

【学习导航】

1）了解机构的结构设计原则。
2）掌握机构的组合与创新。
3）掌握机构的选型与创新。
4）掌握常用机构的结构创新设计方法。
5）掌握工业产品设计方法。

【项目实施】

任务一　了解机构的结构设计原则

机构型式设计具有多样性和复杂性，满足同一原理方案的要求可采用或创造不同的机构类型。在进行机构型式设计时，除满足运动形式、运动规律或运动轨迹要求外，还应遵循以下几项原则：

1. 机构尽可能简化

1）机构运动链尽量简短。满足同样的运动要求，应优先选用构件数和运动副数较少的机构，这样可以简化机器的构造，从而减小质量，降低成本，同时也可减少由于零件的制造误差而形成的运动链的累积误差，增强机构工作的可靠性。运动链简短还有利于提高机构的刚度，减少产生振动的环节。考虑以上因素，在机构选型时，有时宁可采用有较小设计误差的简单近似机构，也不采用理论上无误差但结构复杂的机构。图15-1所示为两个直线轨迹机构，其中图 15-1a 所示为 E 点有近似直线轨迹的四杆机构，图 15-1b 所示为理论上 E 点有精确直线轨迹的八杆机构。但是，实际结果表明，在保证同一制造精度的前提下，后者的实际传动误差为前者的 2 ~ 3 倍，其主要原因在于后者运动副数目较多，造成运动累积误差增大。

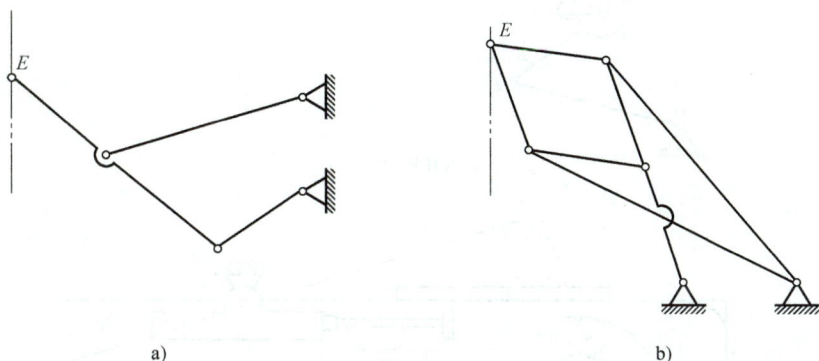

图 15-1 直线轨迹机构

2）**适当选择运动副**。在基本机构中，高副机构只有三个构件和三个运动副，低副机构则至少有四个构件和四个运动副。因此，从减少构件数和运动副数及简化设计等方面考虑，应优先采用高副机构；但从低副机构的运动副元素加工方便、容易保证配合精度以及有较高的承载能力等方面考虑，应优先采用低副机构。究竟选择何种机构应根据具体设计要求全面衡量得失，尽可能做到扬长避短。在一般情况下，应先考虑低副机构，而且尽量少采用移动副。在执行构件的运动规律复杂，采用连杆机构很难完成精确设计时，应考虑采用高副机构，如凸轮机构或连杆-凸轮组合机构。

3）**适当选择原动机**。执行机构的形式与原动机的形式密切相关，不要仅局限于选择电动机驱动形式。在只要求执行构件实现简单的工作位置变换的机构中，采用图 15-2 所示的气压或液压缸作为原动机比较方便，同采用电动机驱动相比，可省去一些减速传动机构和运动变换机构，从而缩短运动链，简化结构，且具有传动平稳、操作方便、易于调速等优点。再如，图 15-3 所示的钢板叠放机构的动作要

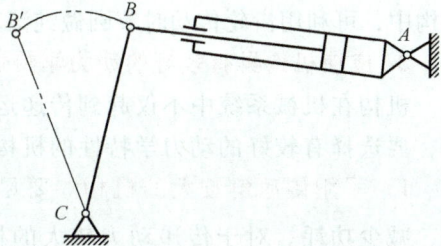

图 15-2 实现位置变换的机构

求是将轨道上的钢板顺滑到叠放槽中（图中右侧未示出）。图 15-3a 所示为六杆机构，采用电动机作为原动机，带动机构中的曲柄转动（未画出减速装置）；图 15-3b 所示为连杆-凸轮（固定件）机构，采用液压缸作为原动件直接带动执行构件运动。可看出后者比前者要简单。以上两例说明，改变原动件的驱动方式有可能使机构结构简化。

此外，改变原动机的传输方式也可能使结构简化。在多个执行构件运动的复杂机器中，若由单机统一驱动改成多机分别驱动，虽然增加了原动机的数目和电控部分的要求，但传动部分的运动链却可大为简化，功率损耗也可减少。因此，在一台机器中只采用一个原动机驱动不一定就是最简方案。

a) 六杆机构

b) 连杆-凸轮机构

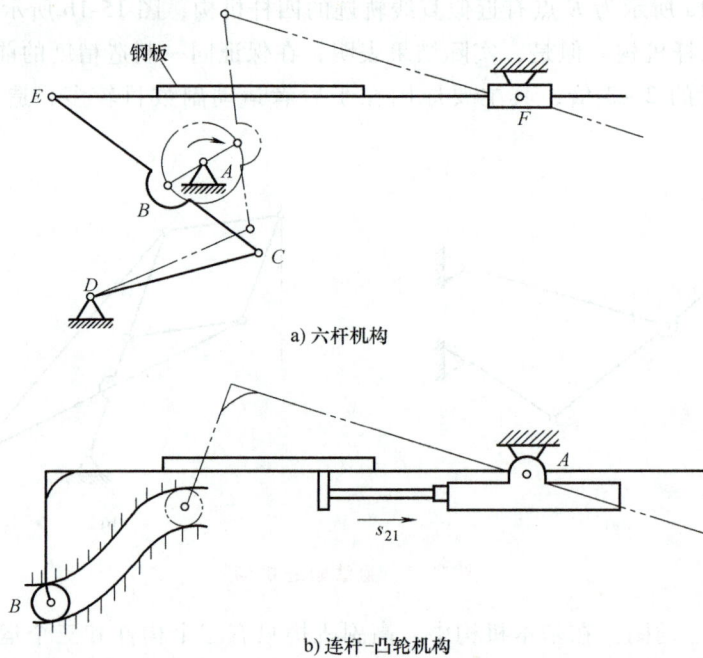

图 15-3 钢板叠放机构

4）选用广义机构。不要仅限于刚性机构，还可选用柔性机构或利用光、电、磁以及摩擦、重力、惯性等原理的机构，许多场合选用此类机构可使机构更加简单、实用。

2. 尽量缩小机构尺寸

机械设备的尺寸和质量随所选用的机构类型不同而有很大差别。众所周知，在传动比相同的情况下，周转轮系减速器的尺寸和质量比普通定轴轮系减速器要小得多。在连杆机构和齿轮机构中，可利用齿轮传动时节圆做纯滚动的原理及杠杆放大或缩小的原理等来缩小机构尺寸。

3. 应使机构具有较好的动力学特性

机构在机械系统中不仅起到传递运动的作用，还要起到传递和承受力或力矩的作用，因此，要选择有较好的动力学特性的机构。

1）采用传动角较大的机构。要尽可能选择传动角较大的机构，以提高系统的传动效率，减少功耗。对于传递动力较大的机构，这一点更为重要。如在执行构件为往复摆动的连杆机构中，摆动导杆机构最为理想，其压力角始终为零。从减小运动副摩擦、防止机构出现自锁现象考虑，则尽可能采用全由转动副组成的连杆机构，因为转动副制造方便，摩擦小，机构传动灵活。

2）采用增力机构。对于执行构件行程不大，但短时克服工作阻力很大的机构（如冲压机械中的主体机构），应采用"增力"的方法，即瞬时有较大机械增益的机构。图 15-4 所示为某压力机的主操作机构，曲柄 1 为原动件，滑块 3 为冲头。当冲压工件时，机

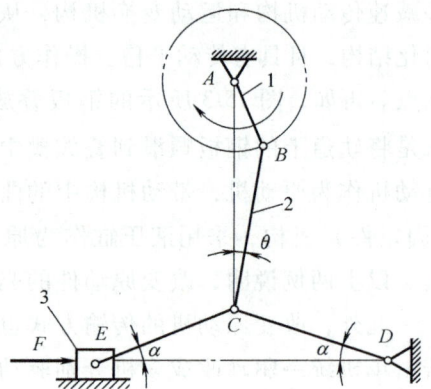

图 15-4 压力机的主操作机构

1—原动件 2—连杆 3—滑块

构所处位置的 α 和 θ 角都很小。通过分析可知，虽然冲头受到较大的冲压力 F，但曲柄传给连杆 2 的驱动力 R_{12} 很小。当 $\theta \approx 0°$、$\alpha = 2°$ 时，R_{12} 仅为 F 的 7% 左右。由此可知，采用这种增力方法后，即使瞬时需要克服的工作阻力很大，但电动机的功率也不需要很大。

3）采用对称布置的机构。对于高速运转的机构，不论是做往复运动和平面一般运动的构件，还是偏心的回转构件，它们的惯性力和惯性力矩较大，在选择机构时应尽可能考虑机构的对称性，以减小运转过程中的动负荷和振动。图 15-5 所示为对称布置的连杆机构，由于两个共曲柄的曲柄滑块机构关于点 A 对称，所以在每一瞬间其所有的惯性力都相互抵消，达到了惯性力的平衡，从而减小了运转过程中的动负荷和振动。

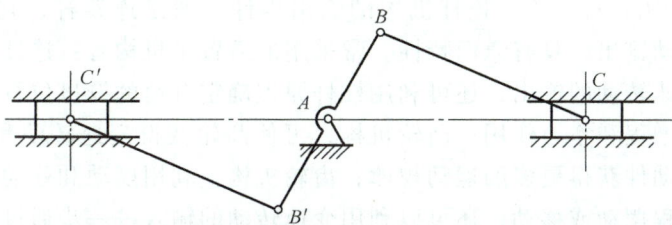

图 15-5　对称布置的连杆机构

任务二　掌握机构的组合与创新

机械系统常由简单的基本机构组合而成。例如，内燃机是由连杆机构、凸轮机构、齿轮机构等组合而成的；电风扇摇头机构是由连杆机构和齿轮机构组合而成的；点阵打印机是一种现代机械产品，它也是由许多基本机构组合而成的。这些机械系统都是用多种基本机构组合来实现某些复杂的运动，因此，进行机构的组合设计是实现机械结构创新的一个重要途径。机构的组合原理，是指将几个基本机构按一定的原则或规律，组合成一个复杂的机构。这个复杂的机构有两种形式，一种是由几种基本机构融合成性能更加完善、运动形式更加多样化的新机构——组合机构；另一种则是由几种基本机构组合在一起，组合体的各基本机构还保持各自特性，但需要各个机构的运动或动作协调配合，以实现组合的目的，这种形式被称为机构的组合。

基本机构主要是指机械中最常用、最简单的一些机构，如工程技术人员较熟悉的四杆机构、凸轮机构、齿轮机构、间歇运动机构等。这些基本机构应用较广，但随着生产过程机械化、自动化的发展，对机构输出的运动和动力性能提出了更高的要求，而单一的基本机构的运动和动力性能都具有一定的局限性，使其在某些性能上不能满足要求。例如，四杆机构不能完全精确地实现任意给定的运动规律；凸轮机构虽然可以实现任意运动规律，但不能使从动件做整周的转动；齿轮机构只能实现一定规律的连续单向转动；棘轮机构、槽轮机构等间歇运动机构只能实现单向的间歇运动。为解决这些问题，必须进行创新设计，充分利用各种基本机构的良好性能，改善它们的不良特性，运用机构组合原理构造出既满足工作要求，又具有良好运动和动力性能的机构。机构的组合方式很多，下面主要介绍串联式机构组合、并联式机构组合、复合式机构组合和叠加式机构组合。

1. 串联式机构组合与创新

串联式机构组合是指若干个单自由度的基本机构顺序连接，以前一个机构的输出构件作为后一个机构的输入构件的机构组合方式。若连接点设在前一个机构中做简单运动的连架杆上，则称其为Ⅰ型串联；若连接点设在前一个机构中做平面复杂运动的构件上，则称其为Ⅱ型串联。串联式机构组合的特点是运动顺序传递，结构简单。下面结合具体实例，介绍串联式机构组合的两种结构形式，分析其运动和动力性能，以及如何满足各种特殊要求。

（1）Ⅰ型串联式组合　下面主要讨论两个基本机构的串联组合问题，假设这两个基本机构分别为前置子机构和后置子机构。在对基本机构进行串联组合时，需要了解每种基本机构的性能特点，分析各种基本机构在什么条件下适合作为前置子机构或后置子机构，这样才能完成合理的组合。可推荐的串联组合方式有以下几种：

1）前置子机构为连杆机构。连杆机构的输出构件一般是连架杆，它能实现往复摆动、往复移动及变速转动输出，具有急回特性。常采用的后置子机构有：连杆机构，可利用变速转动的输入获得等速转动的输出，还可利用杠杆原理确定合适的铰接位置，在不减小机构传动角的情况下实现增程和增力作用；凸轮机构，可使凸轮获得变速转动和往复移动的输入，使后置子机构的从动件获得更多的运动规律；齿轮机构，利用摆动和移动的输入，使从动齿轮或齿条获得大行程摆动或移动，还可以利用变速转动的输入进一步通过后置的齿轮机构减速或增速；槽轮机构，利用变速转动的输入，减小槽轮转位时的速度波动；棘轮机构，利用往复摆动和移动输入拨动棘轮间歇转动。

图15-6所示的缝纫机梭心摆动机构中，前置子机构为铰链四杆机构，后置子机构为导杆机构，其中导杆 $O_B C$ 与摇杆 $O_B B$ 连为一体。当主动曲柄 $O_A A$ 回转时，从动摇杆 $O_B B$ 做往复摆动，其最大摆角为 ψ_3，该摆角满足不了缝纫机梭心摆动的摆角要求，为此，串联一导杆机构，则摇杆 $O_C C$ 的摆角 ψ_5 可达200°左右，增大了输出摆角，即可满足缝纫机梭心的摆动要求。该串联式机构组合实现了增大输出摆角的作用。

2）前置子机构为凸轮机构。凸轮机构的输出通常为移动或摆动，可实现任意的运动规律，但行程太小，通常后置子机构利用凸轮机构输出构件的运动规律，改善后置子机构的运动特性，使其运动行程增大。后置子机构可以是连杆机构、齿轮机构、槽轮机构等。

图15-7为使运动行程增大的凸轮-连杆机构示意图，前置子机构为摆动从动件凸轮机构，后置子机构为摇杆滑块机构。凸轮机构的从动件与摇杆滑块机构的主动件连为一体。该机构利用一个输出端半径 r_2 大于输入端半径 r_1 的摇杆 BAC，使 C 点的位移大于 B 点的位移，从而可在凸轮尺寸较小的情况下，使滑块获得较大的行程。

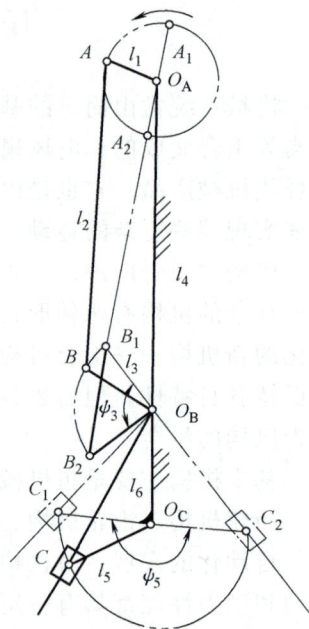

图15-6　缝纫机梭心摆动机构

3）前置子机构为齿轮机构。齿轮机构的输出通常为转动或移动。后置子机构可以是各种类型的基本机构，可满足各种减速、增速以及其他的功能要求。

图15-8所示的齿轮-圆柱凸轮组合的行程增大（减小）机构中，前置子机构为齿轮机构，后置子机构为圆柱凸轮机构。齿轮2与凸轮3、5固定连接，齿轮1转动时，齿轮2带动凸轮一起转动，但由于右侧凸轮机构中的从动件4不能左右移动，故凸轮5边转动边移

动，凸轮 3 也边转动边移动，带动从动件 6 往复移动，使从动件 6 的行程增大或减小。若凸轮 3、5 曲线槽的升程分别是 S_3、S_5，从动件 6 的移距 S_6 则是 S_3 与 S_5 的合成，即

$$S_6 = S_3 \pm S_5$$

当两凸轮的曲线槽同向时，上式用正号，即机构为行程增大机构；两凸轮的曲线槽反向时用负号，即机构为行程减小机构。

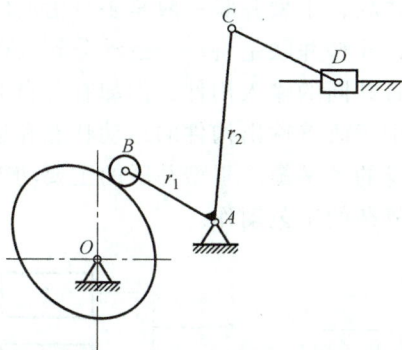

图 15-7　使运动行程增大的凸轮-连杆机构

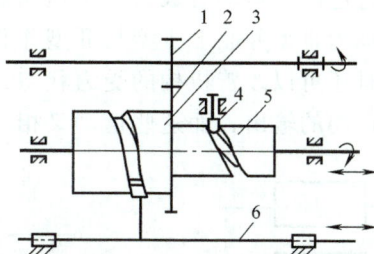

图 15-8　齿轮-圆柱凸轮组合机构
1、2—齿轮　3、5—凸轮　4、6—从动件

综上所述，Ⅰ型串联式组合机构常用于改善输出构件的运动和动力性能，常见于后置子机构输出的运动性能不很满足要求的情况。如速度与加速度有较大波动，从而造成运转不稳定，并且产生振动等。为改变这种状况，可串联一个输出非匀速运动的前置子机构，用以中和后置子机构的速度变化，改善输出构件的运动和动力性能。此外，Ⅰ型串联式组合机构还用于运动或力的放大，此时可根据运动或力放大的具体要求选择不同的方式。若选择连杆机构则按杠杆原理确定支点的位置，即确定相关杆的长度比；若选择齿轮机构，则需要确定适当的传动比。

（2）Ⅱ型串联式组合　在Ⅱ型串联式组合中，后置子机构的输入构件，一般与前置子机构中做平面复杂运动的连杆在某一点连接。若前置子机构为周转轮系，则后置子机构的输入构件与前置子机构中的行星轮连接。这主要是利用前置子机构与后置子机构连接点处的特殊运动轨迹，如直线、圆弧曲线、"8"字自交形曲线等，使机构的输出构件获得某些特殊的运动规律，如停歇、行程两次重复等。

图 15-9 所示的六杆机构在一个运动循环内，滑块可实现两个不同的行程。在铰链四杆机构 BCDE 中，连杆 2 的 A 点的运动轨迹为一个具有自交点的横向 "8" 字形的曲线（图中双点画线所示），构件 4 与连杆 2 在 A 点铰接，与滑块 5 在 F 点铰接，滑块 5 可沿固定导路移动。这样当曲柄 1 回转一周时，滑块 5 可往复移动两次。这就是利用连杆机构中连杆上某点的特殊轨迹串联一个后置子机构，以满足特殊的运动要求。

在串联式机构的组合中，输入构件的运动是通过各基本机构，依次传递给输出构件的。根据这个特点，在

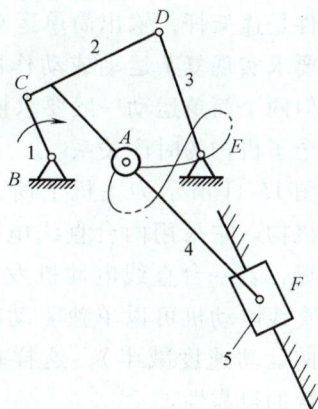

图 15-9　实现从动件两次往复移动的六杆机构
1—曲柄　2—连杆　3—摇杆
4—构件　5—滑块

进行运动分析时，可以从已知运动规律的第一个基本机构开始，按照运动的传递路线顺序解决的方法，求得最后一个基本机构的输出运动。显然，串联式机构组合的位移关系是各基本机构位移函数的复合函数。

2. 并联式机构组合与创新

两个或多个基本机构并列布置称为并联式机构组合。如图 15-10 所示，每个基本机构具有各自的输入构件，而共有一个输出构件，称为 I 型并联，I 型并联一般是多自由度的；各个基本机构有共同的输入和输出构件，称为 II 型并联，II 型并联是将一个运动分解为两个运动，再将这两个运动合成为一个运动输出；各个机构有共同的输入构件，但却有各自的输出构件，称为 III 型并联。I 型与 II 型并联组合类似，都用于改善输出构件的运动状态和运动轨迹，同时还可以改善机构的受力状态，使机构获得自身的动平衡。III 型并联的主要功能是实现多个运动的输出，而这些运动又相互配合，完成较复杂的工艺动作。

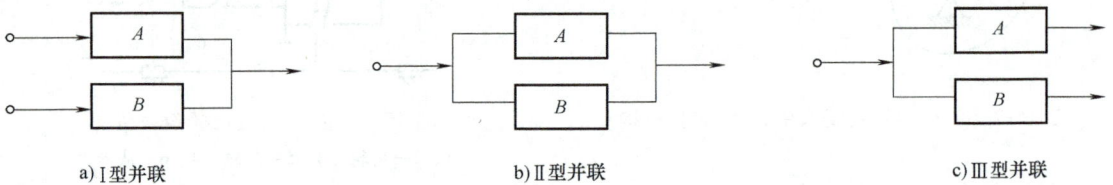

a) I 型并联　　　　　　　　　b) II 型并联　　　　　　　　　c) III 型并联

图 15-10　并联式机构的组合

简单型并联式机构组合，要求并联的两个子机构类型、形状和尺寸完全相同，并且对称布置。它主要用于改善机构的受力状态、动力特性、自身的动平衡，解决机构运动中的止点问题及输出运动的可靠性等问题。并联的两个子机构常采用连杆机构或齿轮机构，它们共同的输入或输出构件，一般是两个子机构共有的同一构件，输入或输出运动是简单的移动、转动或摆动。

复杂型并联式机构组合的两个并联子机构，可以是不同类型的基本机构，也可以是同一类型但具有不同结构尺寸的基本机构，还可以是经过串联组合的机构。它主要用于实现复杂的运动或动作，输出形式一般按功能要求而设定。如果用于运动的合成，则一个子机构的输出构件是连架杆，输出简单运动，而另一个子机构的输出构件与其通过运动副连接，并按预定的要求实现复杂运动或动作的输出。如果用于运动的分解，则两个子机构均输出简单运动，但两个简单运动一般要求协调配合。对于这类复杂型的并联组合问题，设计时要严格控制两个子机构的时序关系。

图 15-11 所示为飞机上所采用的襟翼操纵机构。它采用两台直线电动机共同驱动襟翼，若一台直线电动机发生故障，另一台直线电动机可以单独驱动襟翼（这时襟翼的运动速度减半），这样就增大了操纵系统的可靠性。

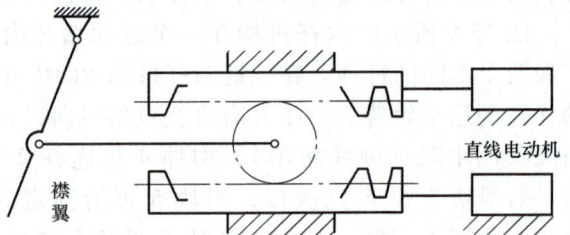

图 15-11　襟翼操纵机构

图 15-12 所示为刻字成型机构，两个凸轮为原动件，当凸轮转动时，推动两个推杆运动，进而推动双移动副构件上的点走出图中的轨迹。

3. 复合式机构组合与创新

一个具有两个或两个以上自由度的基本机构和一个附加机构并联在一起的组合形式称为复合式机构组合。这是一种比较复杂的组合形式，基本机构的输入运动除来自自身的主动构件外，必有一个来自附加机构。复合式机构组合中的基本构件一般为二自由度机构，如五杆机构、差动齿轮机构等，或引入空间运动副的空间运动机构，而附加机构则为各种基本机构及其串联式组合。复合式机构组合一般是不同类型的基本机构的组合，且各种基本机构有机地融合为一体，成为一种新机构，如齿轮-连杆机构、凸轮-连杆机构、齿轮-凸轮机构等。其主要功能是可以实现任意

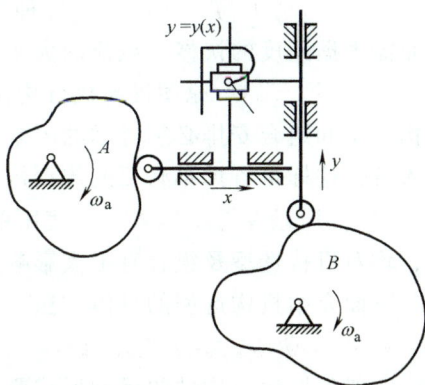

图 15-12　刻字成型机构

运动规律的输出，如一定规律的停歇、逆转、加速、减速、前进、倒退等，但设计比较复杂，缺乏共同规律，需要根据具体的机构进行分析和综合。

4. 叠加式机构组合与创新

将一个机构安装在另一个机构的某个运动构件上的组合形式，称为叠加式机构组合，其输出运动是若干个机构输出运动的合成。叠加式机构组合的主要功能是实现特定的输出，完成复杂动作。设计的主要任务是根据所要求的运动和动作，选择各子机构的类型和解决输入运动的控制。对于控制问题，主要借助于机械、液压、气压、电磁等控制系统解决，使输出的复杂动作适度并符合工作要求。而各子机构的类型通常选择单自由度的，使其运动的输入、输出形式简单，以达到容易控制的目的，例如，实现水平移动，选择移动式液压缸或气缸、齿轮齿条机构等；实现垂直移动，选择移动式液压缸或气缸、"X"形连杆机构、螺旋机构等；实现转动，采用齿轮机构、带传动机构或链传动机构等；实现平动，采用平行四边形机构等；实现伸缩、仰俯、摆动，可选择摆动液压缸或气缸、曲柄摇块机构等。叠加式机构组合的运动关系有两种情况，一种为运动独立式，即各机构的运动关系是相互独立的，其最后一个子机构动作要求往往比较复杂，如搬运、夹持、抓取等，可采用的机构类型较多，如连杆机构、齿轮机构、液压机构、挠性件机构等，常见于各种机械手；另一种为运动相关式，即各机构之间的运动有一定的影响，通常设定一个子机构为基础机构，另一个子机构为附加机构，附加机构叠加在基础机构的一个活动构件上，同时附加机构的从动件又与基础机构的另一个活动构件固连，致使输入一个独立运动，却输出两个运动合成的复合运动，如摇头电风扇的传动机构。

任务三　掌握机构的选型与创新

所谓机构的选型，是指利用发散思维的方法，将前人创造发明出的各种机构按照运动特性或功能进行分类，然后根据原理方案确定的执行构件所需要的运动特性或功能进行搜索、选择、比较和评价，选出合适的机构型式。进行机构选型时应考虑的主要条件如下：

1）运动规律。执行构件的运动规律及其调节范围是机构选型及机构组合的基本依据。

2）运动精度。运动精度低则所选机构简单，易于设计、制造。

3）**承载能力与工作速度**。各种机构的承载能力和所能达到的最大工作速度是不同的，因而需根据速度的快慢、载荷的大小及其特性等选用合适的机构。

4）**总体布局**。原动机与执行构件的工作位置，以及传动机构与执行机构的布局要求是机构选型和组合安排必须考虑的因素。要求总体布局合理、紧凑，尽量使机械的输出端靠近输入端，这样可省掉不必要的传动机构。

5）**使用条件与工作条件**。使用单位对生产工作的要求、车间的条件、使用和维修要求等，均对机构选型及组合有很大影响。

下面介绍机构选型的具体方法。

1. 按运动形式要求选择机构

一般先按执行构件的运动形式要求选择机构，同时还应考虑机构的功能特点和原动机的形式。下面以原动机采用电动机为例，说明机构选型的基本方法。

机械系统中，电动机输出轴的运动为转动，经过速度变换后，执行机构的原动件的运动形式也为转动时，而完成各分功能的执行构件的运动形式却是各种各样的。表15-1给出了当机构的原动件为转动时，各种执行机构的不同运动形式、机构类型及应用实例，供机构选型时参考。当机构执行动作的功用很明确，如夹紧、分度、定位、制动、导向等，设计者可遵照这些功用查阅有关机构手册，分析相应功能的各类机构后进行选择。实现同一功能或运动形式的机构可以有多种类型，选型时应尽可能将现有的各种机构列出来，以便选出最优方案。例如，能使牛头刨床的刨刀具有急回特性的往复直线运动机构有多种初选方案，如图15-13所示，可对这些方案进行分析、评价，最终选出理想方案。

表 15-1　实现不同运动形式的执行机构的类型及应用实例

运动形式	机构类型	应用实例
匀速转动	平行四边形机构	机车车轮联动机构
	双转块机构	联轴器
	齿轮机构	减速、增速、变速装置
	摆线针轮机构	减速、增速、变速装置
	行星轮系	减速、增速、运动合成和分解装置
	谐波传动机构	减速器
	挠性件传动机构	远距离传动、无级变速装置
	摩擦轮机构	无级变速装置
非匀速转动	非圆齿轮机构	机床、自动机、压力机
	双曲柄机构	惯性振动筛
	转动导杆机构	刨床
	曲柄滑块机构	发动机
	铰链四杆机构	联轴器
往复移动	曲柄摇杆机构	破碎机
	摇杆滑块机构	车门启闭机构
	摆动导杆机构	牛头刨床机构
	曲柄滑块机构	液压摆缸自卸装置

（续）

运动形式	机构类型	应用实例
间歇运动	棘轮机构	机床进给、转位、分度等机构
	槽轮机构	车床刀架的转位装置
	凸轮机构	分度装置、间歇回转工作台
	不完全齿轮齿条机构	间歇回转、移动工作台
特定轨迹的运动	行星轮系	研磨机构、搅拌机构
	铰链四杆机构	鹤式起重机、搅拌机构

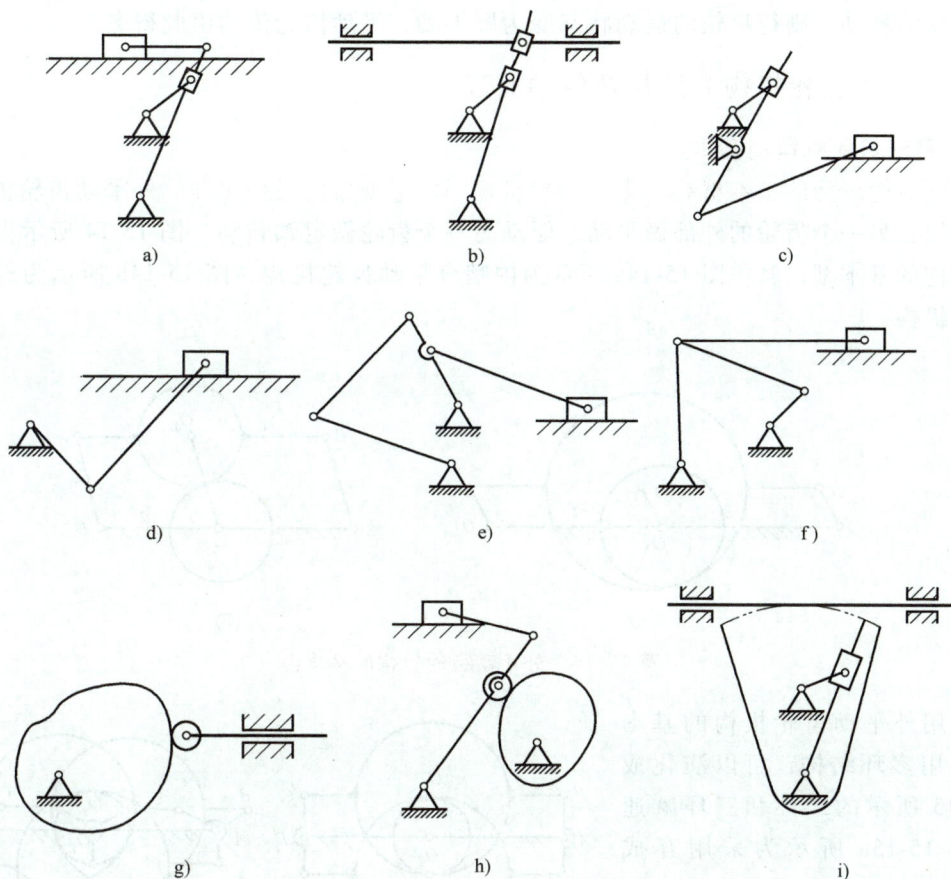

图 15-13　牛头刨床刨刀往复直线运动机构的初选方案

2. 按机构特定功能进行选型

当机构执行动作的功能（如夹紧、分度、定位、制动、导向等）很明确时，设计者可按照其功能要求查阅有关手册，分析具有相应功能的各类机构后进行选择，如飞剪机剪切机构的选型。飞剪机的功能是能够横向剪切运行中的轧件，将飞剪机安装在连续轧制线上，用于剪切轧件的头、尾或将轧件切成规定的尺寸。飞剪机的设计应满足的基本要求是剪刀在剪切轧件时要随着轧件一起运动，即剪刀应同时完成剪切与移动两个动作，其剪刃在轧件运行方向的瞬时分速度与轧件运行速度相等。

3. 按不同的动力源形式选择机构

常用的动力源有电动机，气、液压动力源，直线电动机等。当有气、液压动力源时常选用气动、液压机构，尤其是对具有多个执行构件的功能机械、自动生产线和自动机等，更应优先考虑。

任务四　机构创新设计实例

本任务中以平动齿轮传动机构的设计为例介绍结构创新设计的方法。以 K-H 型少齿差行星齿轮传动为原始机构，应用运动变换原理，给整个机构一个与行星轮角速度相同而转动方向相反的转动，则行星轮的运动状态变为圆平动，平动齿轮传动由此得名。

一、平动齿轮机构的结构及传动原理

1. 平动齿轮机构的基本型

平动齿轮机构的基本型有外平动齿轮机构和内平动齿轮机构两种。外平动齿轮机构是指一个齿轮在另一个齿轮的外部做平动，驱动另一个齿轮做定轴转动。图 15-14 所示为外平动齿轮机构的基本型，其中图 15-14a 所示为内啮合平动齿轮机构，图 15-14b 所示为外啮合平动齿轮机构。

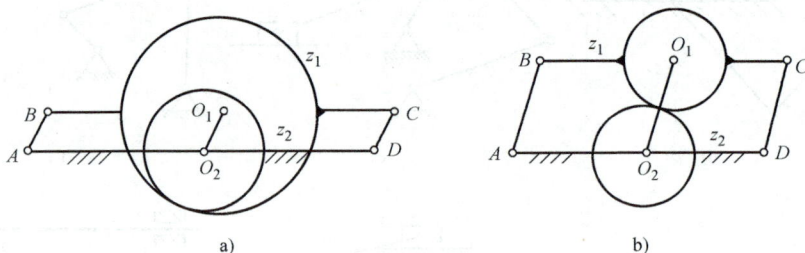

图 15-14　外平动齿轮机构的基本型

应用外平动齿轮机构的基本型，采用多环结构，可以演化成图 15-15 所示的二环和三环减速器。图 15-15a 所示为采用互成 180°的两个内齿平动齿轮的二环减速器。由于二环减速器存在运动不确定的缺点，还需采取必要的措施加以克服。图 15-15b 所示为采用互成 120°的三个内齿平动

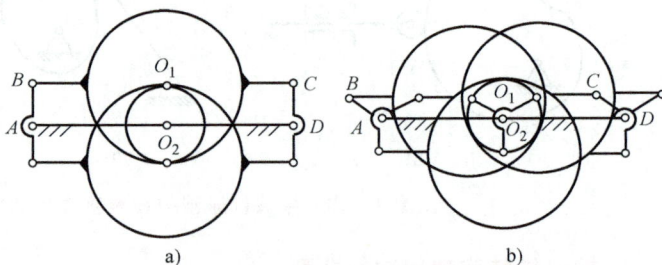

图 15-15　外平动齿轮机构基本型的组合

齿轮的三环减速器。它们的特点是可以平衡惯性力，提高运动的平稳性和承载能力。

图 15-16 所示为三环传动的结构简图及传动原理图。该机构由两根互相平行的各有三个偏心轴颈的高速轴 H、三个内齿轮 G 和一个宽齿外齿轮 K 组成。两根高速轴上的三个偏心轴颈的相位差为 120°，三个内齿轮 G 呈片状，又称内齿板，通过轴承安装在两根高速轴 H

上；宽齿外齿中心轮与低速轴固连，其轴线与两根高速轴 H 的轴线平行。高、低速轴均通过轴承支承在机架上。三个内齿轮 G 同时与宽齿外齿轮 K 啮合，啮合的瞬时相位差为120°。

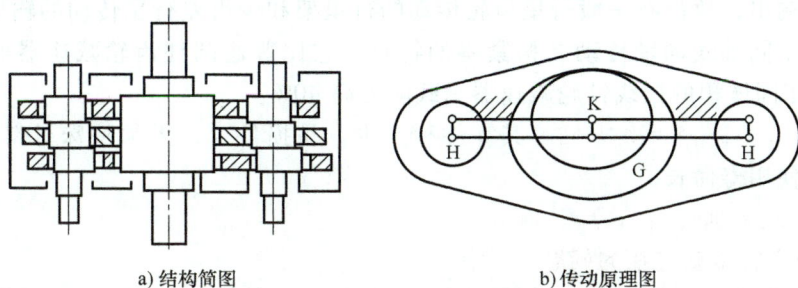

a) 结构简图　　　　　　　　　　　　　　b) 传动原理图

图 15-16　三环传动的结构简图及传动原理图

当运动和动力从两根高速轴 H 之一输入时，支承在两根高速轴上的内齿轮 G 做平动（行星轮 G 上每一点的轨迹都是以高速轴偏心轴颈的偏心距为半径的圆），并驱动与之啮合的定轴外齿中心轮 K，使运动和动力从与其固连的从动轴输出，从而实现了大速比减速。运动和动力也可以同时从两根高速轴输入，它们的传动原理是相同的。

由图 15-16b 可知，两根高速轴上的偏心轴颈与内齿轮形成了平行四边形双曲柄机构。由平行四边形双曲柄机构的运动特性可知，当单轴输入时，每个行星轮在 0° 和 180° 位置时，是不能传递运动和转矩的，所以必须要用三个以上的内齿轮才能正常工作。故三环传动中选择三个环状内齿板 G 作为平动齿轮，三环传动由此得名。

三环传动以高速轴 H 为主动件，从动件是外齿中心轮 K。由少齿差行星传动的传动比通用方程，得到三环传动的传动比为

$$i_{HK}^{G} = \frac{z_K}{z_G - z_K}$$

上式计算结果为负数表示主、从动件回转方向相反。

上式表明，传动比大小与平动齿轮 G 和中心轮 K 的齿数 z_G、z_K 及其齿数差 $\Delta z(z_G - z_K)$ 有关。在齿数差一定的情况下，中心轮齿数越多，传动比数值越大；在中心轮齿数一定的情况下，齿数差 Δz 越小，传动比数值越大。

2. 外平动齿轮传动的特点

1）**传动比大、分级密集。** 少齿差行星传动类型的同轴线动轴传动，传动比大，单级传动比为 11～99，双级传动比可达 9801。

2）**承载能力大。** 少齿差内啮合曲率半径接近，齿型相差极小，啮合时几乎是面接触，齿面应力小。单偏心轴中心输入改为双偏心轴外侧输入后，单个行星架轴承变换为多个行星架轴承分担载荷，行星架轴承的寿命可达 20000h，而 K-H-V 型的行星架轴承的寿命只有 5000～10000h，解决了少齿差行星传动行星架轴承为薄弱环节的技术难题，且行星架轴承等基本构件不受内啮合齿轮尺寸的限制，可以按强度要求确定，有利于提高整机的承载能力，使其瞬时过载能力突出，是额定载荷的 2.7～4.0 倍。输出轴的转矩高达 400kN·m。外平动齿轮机构对大、中、小功率的传动都适用。

3）**传动效率高。** 同 K-H-V 型少齿差行星传动相比，因省去了输出机构，且行星架轴承受力仅为 K-H-V 型少齿差行星传动行星架轴承受力的 60%，所以传动效率高，单级传动效

率可达 92% ~ 96%。

4）结构紧凑、体积小、重量轻。三个内齿圈类似于三个行星轮，转速变换后的低转速由外齿轮直接输出，故没有一般行星齿轮传动的行星架和少齿差行星传动的输出机构，简化了机构，保留了同轴线动轴传动结构紧凑的特点。它比普通圆柱齿轮减速器的重量减少了 1/3 ~ 2/3，比相同体积的摆线针轮减速器承载能力高 40%。

5）制造简单、维修拆装方便。其零件种类少、易损件少，无须特殊材料及加工设备，制造成本低，使用寿命长。

6）能单轴或多轴传输动力。

3. 外平动齿轮传动存在的问题

1）为避免传动发生渐开线齿廓重叠干涉，应满足不发生齿廓重叠干涉的限制条件。为此，内齿轮副应采用角变位齿轮传动中的正传动（$x_1 + x_2 > 0$），并降低齿高，形成非标准的短齿，当齿数差（$z_G - z_K$）很小又要避免发生齿廓重叠干涉时，则必须增大传动机构的正变位系数，传动机构的啮合角 α' 将随齿数差（$z_G - z_K$）的减小而增大。啮合角 α' 值的大致范围为：$z_G - z_K = 1$ 时，α' 为 54° ~ 56°；$z_G - z_K = 2$ 时，α' 为 38° ~ 41°；$z_G - z_K = 3$ 时，α' 为 28° ~ 30°；$z_G - z_K = 4$ 时，α' 为 25° ~ 27°。啮合角 α' 增加时，将使传动机构的动力学性能变差。

2）结构上需要三个相位差为 120° 的内齿啮合副，这为装配工艺增加了难度，同时也为精度设计增加了限制条件。

3）传动机构的振动大、噪声高，并会随着转速的提高迅速增加。

上述问题不是加工方法或结构参数选择不当造成的，而是由这种传动的基本原理所决定的，所以克服这些缺点的难度很大。因此，除提高现有类型的性能外，改进传动原理，开发新的传动类型是平动齿轮传动发展的重要途径。

4. 内平动齿轮机构的基本型及其演化

图 15-17 所示为内平动齿轮机构的基本型。图 15-17a 与图 15-17b 所示机构的运动特性完全相同，均能保证外齿轮做圆平动。应用内平动齿轮机构的基本型组合，可以演化成图 15-18 所示的内二环减速器和内三环减速器。

为减小机构尺寸，可把 AB、CD

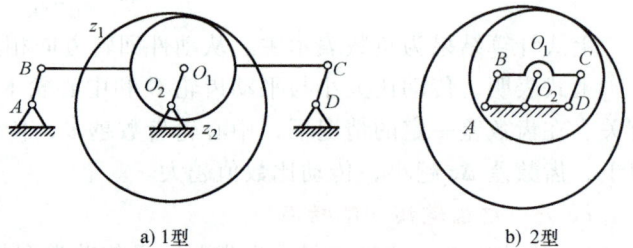

a) 1型　　　　b) 2型

图 15-17　内平动齿轮机构的基本型

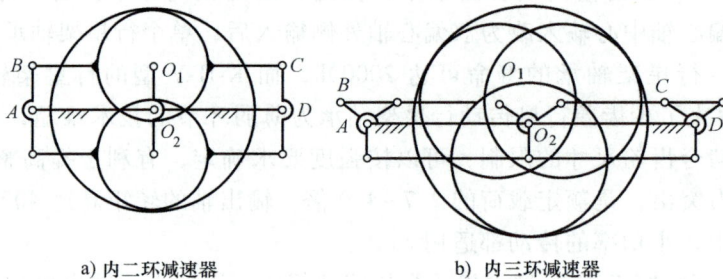

a) 内二环减速器　　　　b) 内三环减速器

图 15-18　内平动齿轮机构的组合

两个曲柄向内平移到平动齿轮的辐板内部,如图 15-17b 所示,其性能与图 15-17a 所示机构完全相同,均能保证外齿轮做圆平动。因为内平动齿轮机构可获得较小的尺寸和重量,其整机性能优于外平动齿轮机构,所以以此理论为基础设计的内平动齿轮减速机构优于外平动齿轮减速器。

二、平动齿轮传动的关键技术

平动齿轮传动的关键技术是采用了"圆平动齿轮"。做无自转行星运动的动轴齿轮称为圆平动齿轮,齿轮做平动,其圆心的运动轨迹是一个圆。与圆平动齿轮啮合的另一个齿轮做定轴转动,且为输出构件。使齿轮实现圆平动运动的机构为圆平动机构。常用的圆平动机构有以下几种。

1. 用平行四边形机构实现齿轮圆平动

圆平动齿轮可以是内齿轮,也可以是外齿轮。图 15-19a 所示机构是通过外平行四边形机构实现内齿轮做圆平动的机构,外齿轮做定轴转动,且为输出构件。图 15-19b 所示机构是通过外平行四边形机构实现外齿轮做圆平动的机构,内齿轮做定轴转动,且为输出构件。图 15-19c 所示机构是通过内平行四边形机构实现内齿轮做圆平动的机构,外齿轮做定轴转动,且为输出构件。图 15-19d 所示机构是通过内平行四边形机构实现外齿轮做圆平动的机构,内齿轮做定轴转动,且为输出构件。

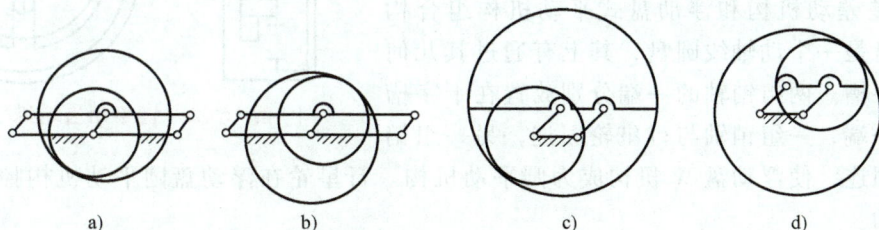

图 15-19 实现齿轮圆平动的平行四边形机构

应用机构同性异形变换原理,以平行四边形机构为原始机构,可以演化出多种性能相同而结构不同的圆平动机构。

2. 用正弦机构实现齿轮圆平动

图 15-20 所示为实现齿轮圆平动的正弦机构。在图 15-20a 中,正弦机构带动内齿轮做圆平动,外齿轮做定轴转动,且为输出构件。在图 15-20b 中,正弦机构带动外齿轮做圆平动,内齿轮做定轴转动,且为输出构件。

3. 用孔销机构实现齿轮圆平动

图 15-21 所示为实现齿轮圆平动的孔销机构,由设在齿轮上的销孔和与机架固连的柱销组成。在图 15-21a 中,行星架 H 带动外齿轮 G 做行星运动,

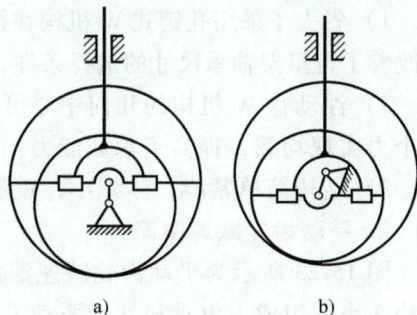

图 15-20 实现齿轮圆平动的正弦机构

受固定柱销与外齿轮上的销孔连续接触的约束,外齿轮的角速度 $\omega_G = 0$,即外齿轮的运动状态为圆平动。在图 15-21b 中,行星架 H 带动内齿轮 G 做行星运动,受固定柱销与内齿轮上

的销孔连续接触的约束，限制了内齿轮的自转，使其实现了圆平动。

应用机构同性异形变换原理，还可以演化出多种圆平动机构。因为圆平动机构是平动齿轮传动的关键技术，它的性能决定了平动齿轮传动的性能，所以每组合出一种圆平动机构，就得到一种新型平动齿轮传动。

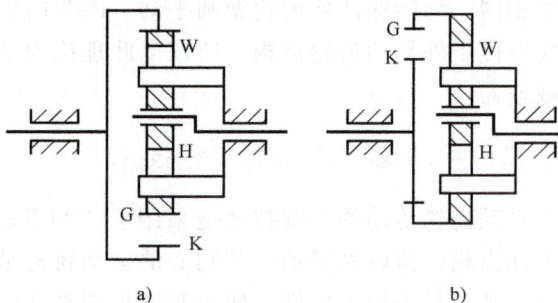

图 15-21　实现齿轮圆平动的孔销机构

三、平动齿轮机构的演化

平动发生器是平动齿轮机构的关键技术。不同的平动发生器会演化出结构不同的平动齿轮机构，相同的平动发生器结构不同，也会演化出性能差异很大的平动齿轮传动装置。

1. 浮动盘式平动齿轮机构

根据机构同性异形变换原理，用浮动盘式 W 机构去替代孔销式 W 机构，就形成了图 15-22 所示的圆平动齿轮机构。浮动盘式平动齿轮传动机构由 N 型少齿差差动机构和浮动盘式平动机构组合构成。浮动盘是一个动轴线圆盘，其上有通过其几何中心的十字槽。两组销轴的一端分别放置在十字槽中，而另一端，一组销轴与行星轮固连，另一组销轴与机架固连，使浮动盘 W 机构成为圆平动机构。行星轮在浮动盘圆平动机构控制下，做圆平动运动。

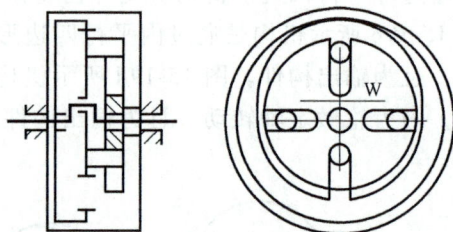

图 15-22　圆平动齿轮机构

（1）传动原理　运动由行星架输入，带动行星轮做行星运动，由于浮动盘销轴的约束，行星轮 G 在行星运动中不能自转，即做圆平动运动，使少齿差差动机构的自由度变成 1，于是圆平动齿轮机构完成了转速变换。

（2）圆平动齿轮机构的特点

1）省去了采用孔销式 W 机构在行星轮 G 上必须设置的直径等于 2 倍销轴直径的孔，大幅度改善了行星架轴承尺寸的选择条件，解决了少齿差行星传动行星架轴承寿命不长的难题。

2）浮动盘 W 机构的几何中心可以在传力过程中自由浮动，使作用在浮动盘十字槽上的四个力实现均载，提高了承载能力。

3）结构简单紧凑，体积小，重量轻，基本构件的工艺性好。

2. 平动齿轮减速滚筒

图 15-23 所示为平动齿轮减速滚筒的结构简图，由电动机 1、滚筒 2 和孔销式平动齿轮机构 3 串联组成。电动机 1、平动发生器销轴与机架固连，内齿中心轮与滚筒固连为输出件，形成平动齿轮减速装置。

（1）传动原理　主动件电动机轴通过偏心轴驱动平动齿轮，在孔销式平动发生器的约束下做圆平动，平动齿轮与内齿中心轮啮合，实现齿差式减速，减速后的低速由与中心轮固连的滚筒输出。

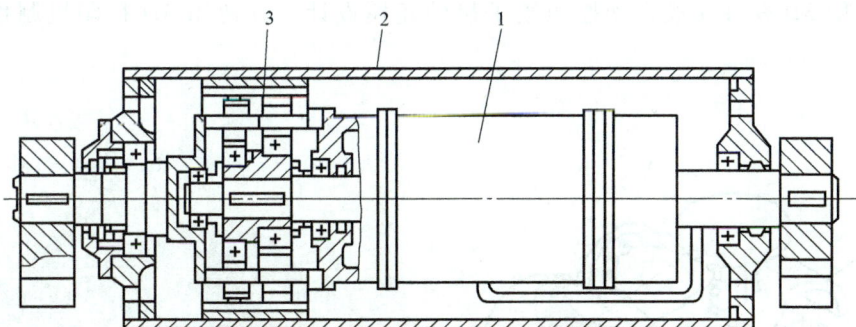

图 15-23　平动齿轮减速滚筒

1—电动机　2—滚筒　3—孔销式平动齿轮机构

（2）平动齿轮减速滚筒的特点　传动比大，机械效率高，结构紧凑，尺寸小，重量轻，均载性能好。

（3）多曲柄平动齿轮机构　由于前述三环减速器结构复杂，装配困难，要求加工精度高，使制造成本增加。为克服三环减速器的缺点，工程技术人员应用载荷分解原理，对平动齿轮机构进行演化，以二环减速器为原始机构，将单偏心轴输入演化为双偏心轴输入或多偏心轴输入，仍保持输入、输出轴的同轴性，并能大幅度提高机构的承载能力，开发出结构更合理、性能更优良、实用性更强的组合二环减速器多曲柄平动齿轮机构，如图 15-24 所示。

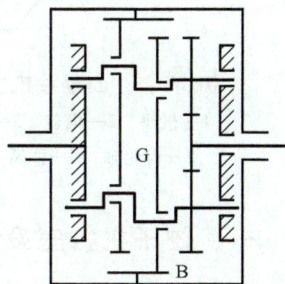

图 15-24　多曲柄平动齿轮机构

多曲柄平动齿轮机构的传动原理为：输入轴的转速经第一级减速后，由平动发生器传递给平动齿轮 G，同时限制了平动齿轮的自转，再经第二级减速后，由内齿中心轮 B 输出。这种由内齿中心轮输出的曲柄平动齿轮传动机构适用于卷扬机、纹车、滚筒等可以置于输出件内部的传动装置，其传动比的统一表达式为

$$i_{1B}^{H} = \frac{z_2 z_B}{z_1(z_G z_B)} = i_1 i_2$$

式中　i_1——第一级减速传动比；

　　　i_2——第二级减速传动比。

在不改变第二级参数的条件下，仅调整第一级齿轮副的齿数 z_1、z_2（保持齿轮副 1、2 的中心距不变），即可改变整机的传动比。这一特点为双曲柄平动齿轮机构的标准化、系列化创造了有利条件，使这种减速器具有极大的应用前景。

任务五　工业产品设计综合案例

3D 打印广泛应用到工业产品设计开发中，本任务利用中望 3D 软件设计一款自动按压饺子机，图 15-25 所示为装配图，图 15-26 所示为效果图。自动按压饺子机由机座、机盖、轴、齿条、齿轮轴、弹簧和限位钉组成，除弹簧外其余零件均可用 3D 打印制作。本任务利用中望 3D 软件完成自动按压饺子机的建模设计，并使用 3D 打印机制作出自动按压饺子机。

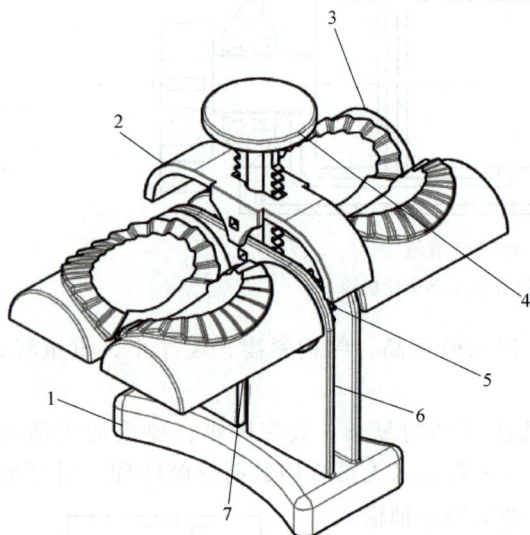

图 15-25　自动按压饺子机装配图

1—机座　2—机盖　3—轴　4—齿条
5—齿轮轴　6—弹簧　7—限位钉

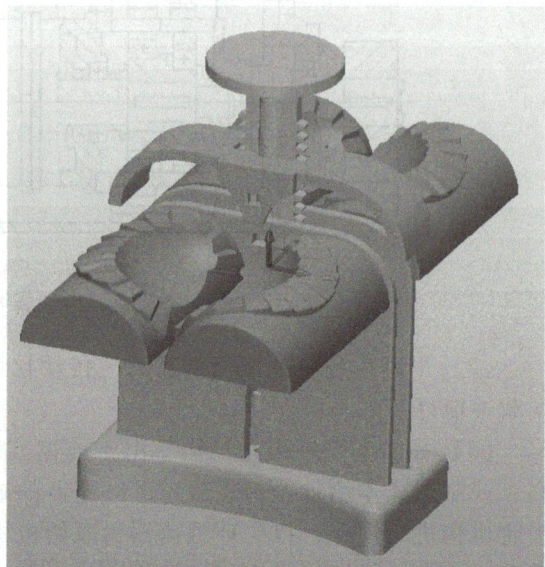

图 15-26　自动按压饺子机效果图

一、饺子机机座设计

（1）新建文件　单击"新建文件"按钮 ⬜，零件名称输入为"机座"，如图 15-27 所示。保存文件。

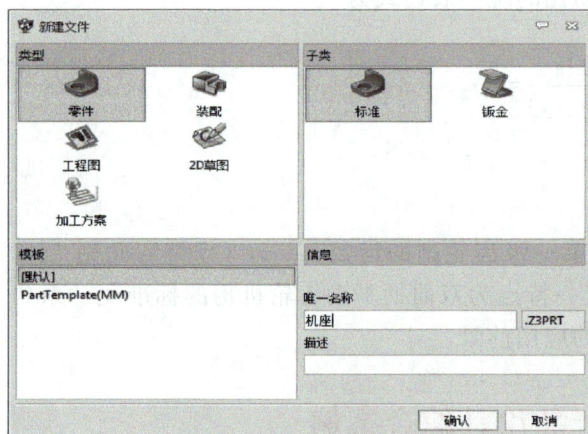

图 15-27　新建"机座"文件

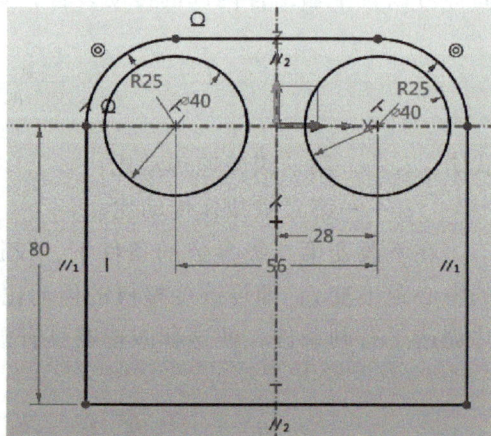

图 15-28　机座草图 1

（2）创建机座草图 1　选择 XOZ 平面绘制草图 1，如图 15-28 所示，完成草图并单击"退出"按钮 ⬅。

（3）拉伸机座草图 1　单击"造型"→"拉伸" 按钮，选择"对称"拉伸类型，先选择机座外轮廓，拉伸距离为 10mm，如图 15-29 所示。选择两个圆形曲线，拉伸距离为12.5mm，布尔运算设为"加"，如图 15-30 所示。

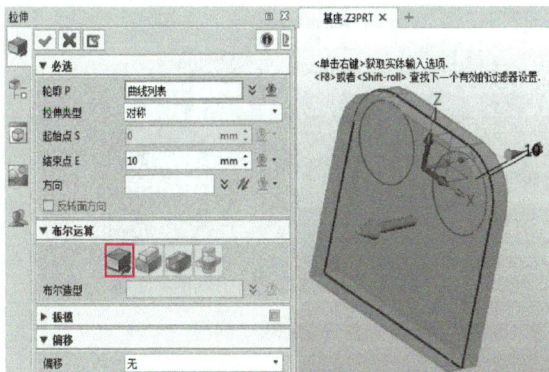

图 15-29　拉伸机座草图 1 外轮廓

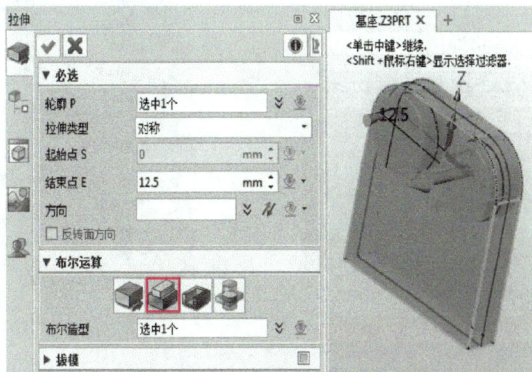

图 15-30　拉伸机座草图 1 中的两个圆形曲线

（4）创建机座草图 2　选择底面绘制机座草图 2，如图 15-31 所示，完成草图并单击"退出"按钮 。

（5）拉伸机座草图 2　单击"造型"→"拉伸" 按钮，选择"1 边"拉伸类型，选择草图 2，拉伸距离为 20mm，布尔运算设为"加"，如图 15-32 所示。

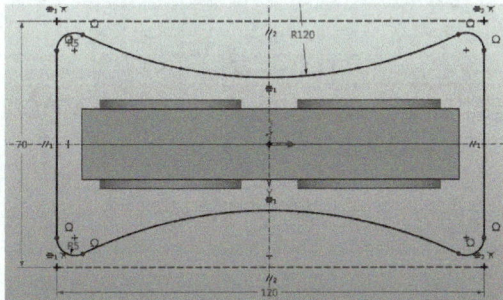

图 15-31　机座草图 2

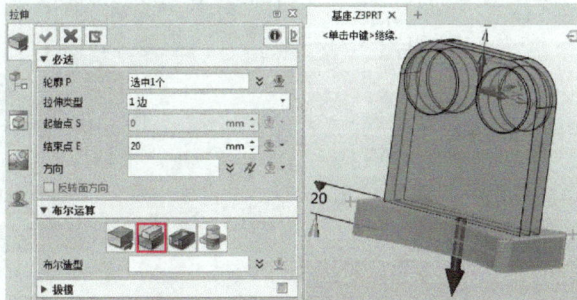

图 15-32　拉伸机座草图 2

（6）拉伸草图 3　单击"造型"→"拉伸" 按钮，选择要拉伸的轮廓曲线时，在绘图区域单击鼠标右键插入机座草图 3，如图 15-33 所示；选择"2 边"拉伸类型，拉伸起始点和结束点分别为 30mm 和−80mm，布尔运算设为"减"，如图 15-34 所示。

（7）打台阶孔　单击"造型"→"孔"按钮 ，选择"台阶孔"，如图 15-35 所示。

（8）拉伸机座草图 4　单击"造型"→"拉伸"按钮 ，选择要拉伸的轮廓曲线时，在绘图区域单击鼠标右键插入机座草图 4，如图 15-36 所示；选择"2 边"拉伸类型，拉伸起始点和结束点分别为 10mm 和−80mm，布尔运算设为"加"，如图 15-37 所示。

（9）拉伸草图 5　单击"造型"→"拉伸"按钮 ，选择要拉伸的轮廓时，在绘图区域单击鼠标右键插入机座草图 5，如图 15-38 所示；选择"对称"拉伸类型，拉伸起始点和结束点分别为 0 和 20mm，布尔运算设为"减"，如图 15-39 所示。

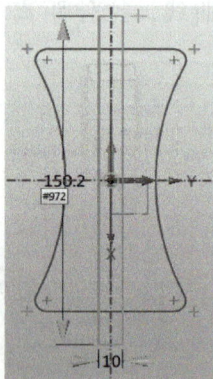

图 15-33　机座草图 3

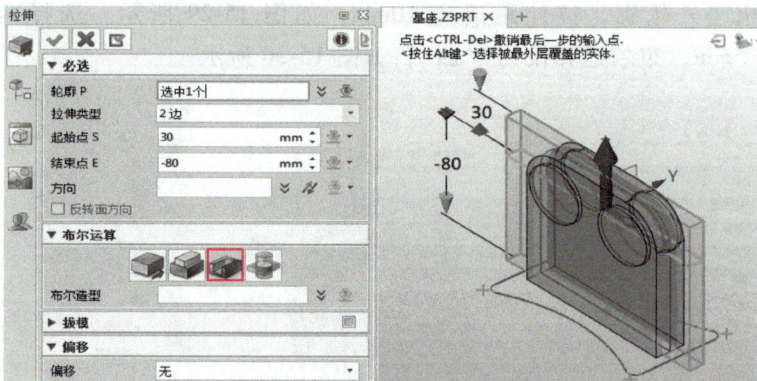

图 15-34　拉伸机座草图 3

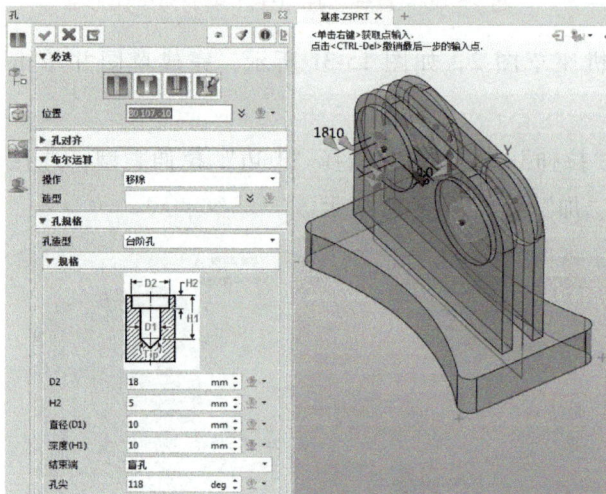

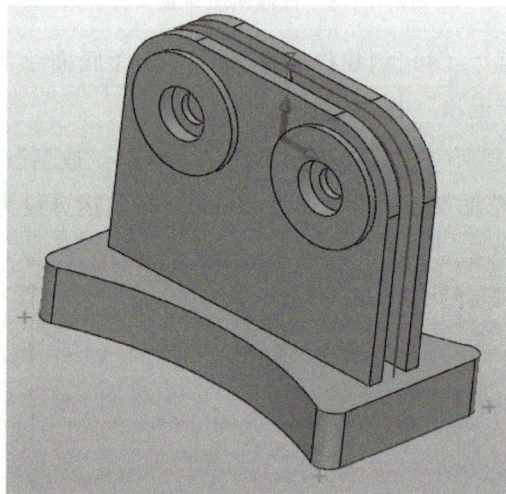

图 15-35　打台阶孔及效果

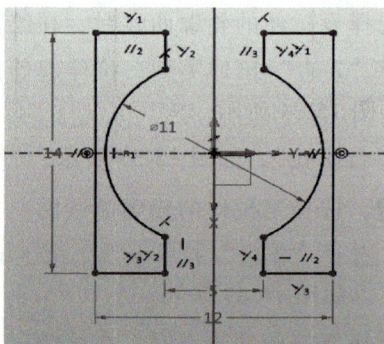

图 15-36　机座草图 4

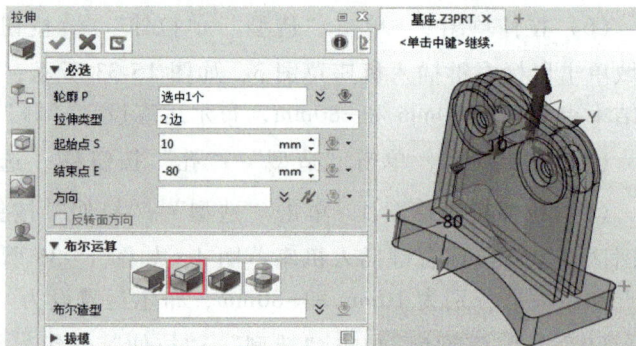

图 15-37　拉伸机座草图 4

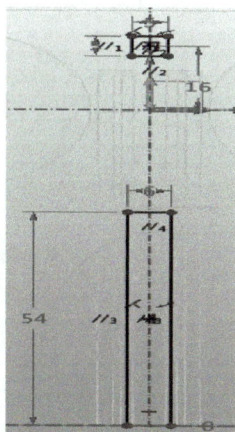

图 15-38 机座草图 5

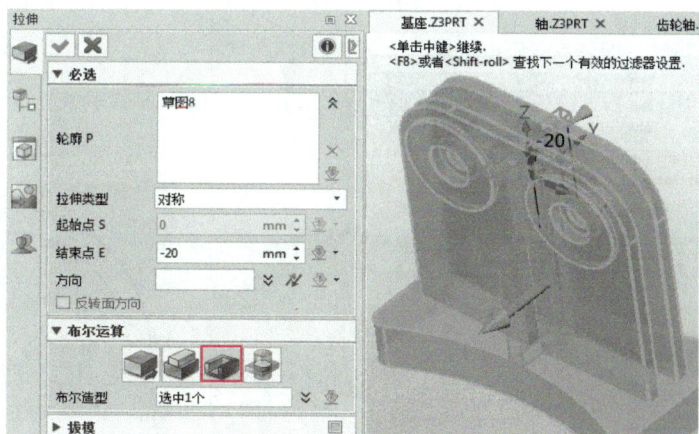

图 15-39 拉伸机座草图 5

（10）打孔底座上的孔 单击"造型"→"圆柱"按钮 ⬛，设置"半径"为"3mm"，"长度"为"-10mm"，布尔运算为"减"，如图 15-40 所示。

（11）创建圆角 单击"圆角"按钮，完成机座的倒圆角，效果如图 15-41 所示。

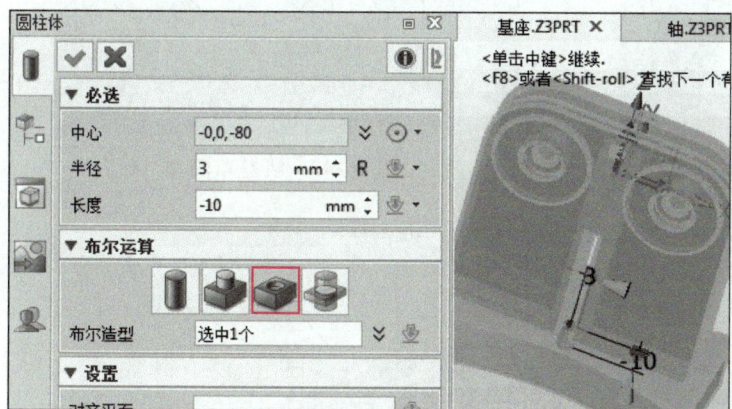

图 15-40 打底座孔

图 15-41 底座及效果

二、饺子机机盖设计

（1）新建文件 单击"新建文件"按钮 ⬜，零件名称输入为"机盖"如图 15-42 所示。保存文件。

（2）拉伸机盖草图 1 单击"造型"→"拉伸"按钮 ⬛，选择要拉伸的轮廓时，在绘图区域单击鼠标右键插入机盖草图 1，如图 15-43 所示；选择"对称"拉伸类型，拉伸起始点和结束点分别为 0 和 10mm，如图 15-44 所示。

（3）拉伸机盖草图 2 单击"造型"→"拉伸"按钮 ⬛，选择要拉伸的轮廓时，在绘图区域单击鼠标右键插入机盖草图 2，如图 15-45 所示；选择"对称"拉伸类型，拉伸起始点和结束点分别为 0 和 40mm，布尔运算设为"减"，如图 15-46 所示。

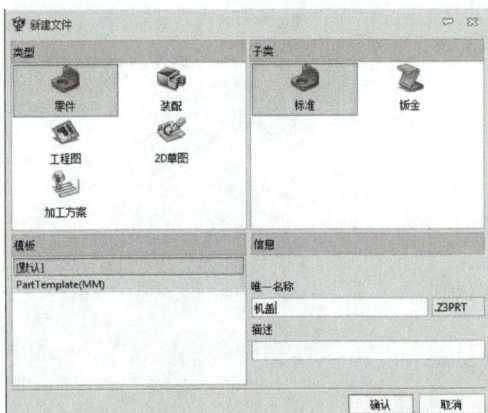

图 15-42　新建"机盖"文件

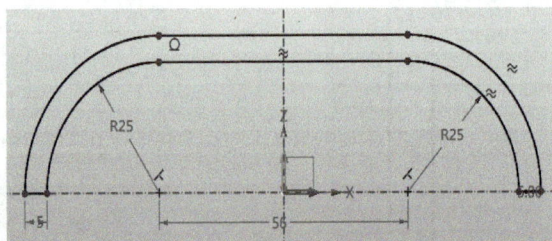

图 15-43　机盖草图 1

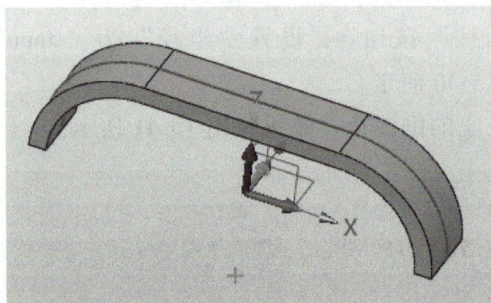

图 15-44　拉伸机盖草图 1

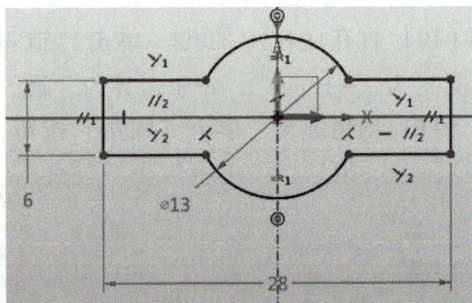

图 15-45　机盖草图 2

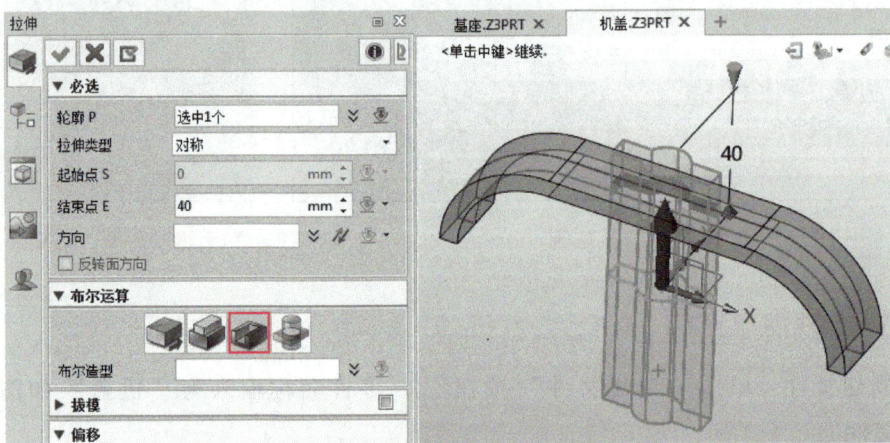

图 15-46　拉伸机盖草图 2

（4）拉伸机盖草图 3　单击"造型"→"拉伸"按钮，选择要拉伸的轮廓时，在绘图区域单击鼠标右键插入机盖草图 3，如图 15-47 所示；选择"2 边"拉伸类型，拉伸起始点和结束点分别为 10mm 和 13mm，布尔运算设为"基体"，如图 15-48 所示。

（5）镜像几何体　单击"造型"→"镜像几何体"按钮，布尔运算设为"加"，效果如图 15-49 所示。

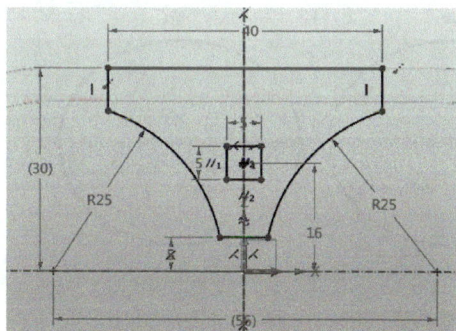

图 15-47　机盖草图 3

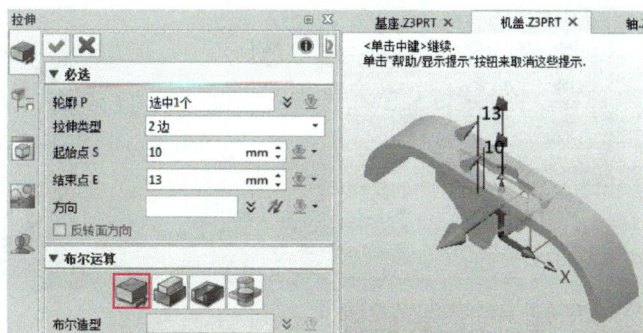

图 15-48　拉伸机盖草图 3

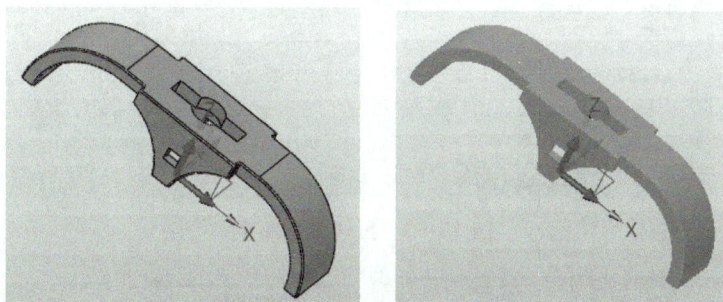

图 15-49　镜像几何体效果

（6）创建圆角　单击"圆角"按钮，完成机盖的倒圆角，效果如图 15-50 所示。

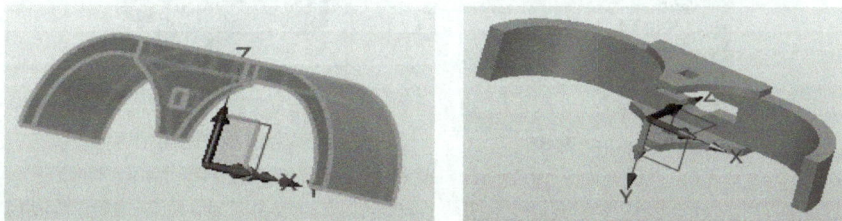

图 15-50　机盖倒圆角效果

三、轴的设计

（1）新建文件　单击"新建文件"按钮 📄，零件名称输入为"轴"，如图 15-51 所示。保存文件。

（2）拉伸轴草图 1　单击"造型"→"拉伸"按钮 🔲，选择要拉伸的轮廓时，在绘图区域单击鼠标右键插入轴草图 1，如图 15-52 所示；选择"对称"拉伸类型，拉伸起始点和结束点分别为 0、44mm，布尔运算设为"基体"，如图 15-53 所示。

（3）建立基准面 1　单击"造型"→"基准面"按钮 🔳，选择"偏移平面"，"偏移"设为"27mm"，如图 15-54 所示。

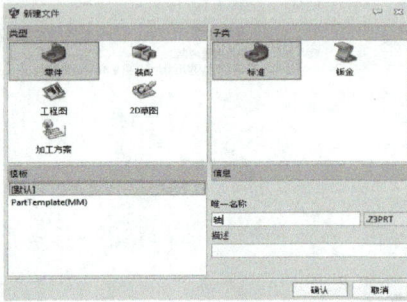

图 15-51 新建文件"轴"

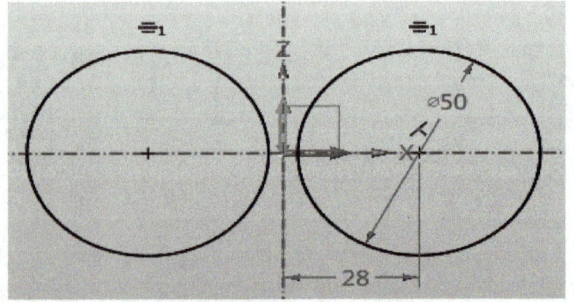

图 15-52 轴草图 1

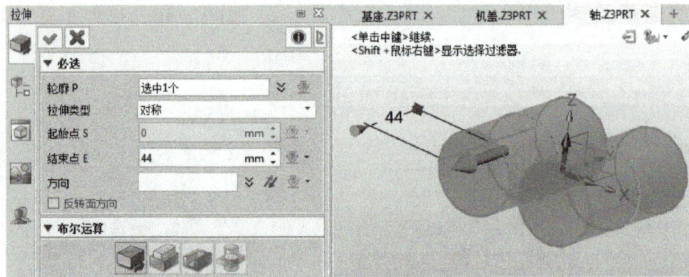

图 15-53 拉伸轴草图 1

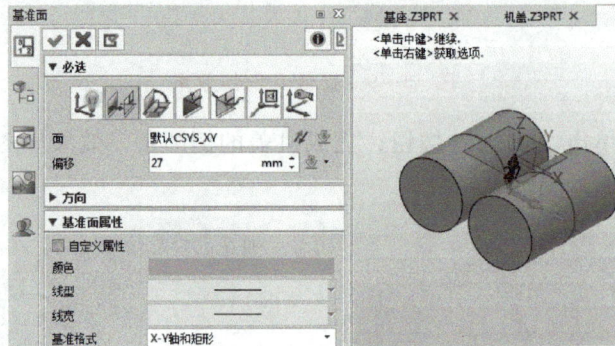

图 15-54 建立基准面 1

（4）拉伸轴草图 2 单击"造型"→"拉伸"按钮 ，选择要拉伸的轮廓时，在绘图区域单击鼠标右键插入轴草图 2，如图 15-55 所示；选择"对称"拉伸类型，拉伸起始点和结束点分别为 0、2mm，布尔运算设为"基体"，如图 15-56 所示。

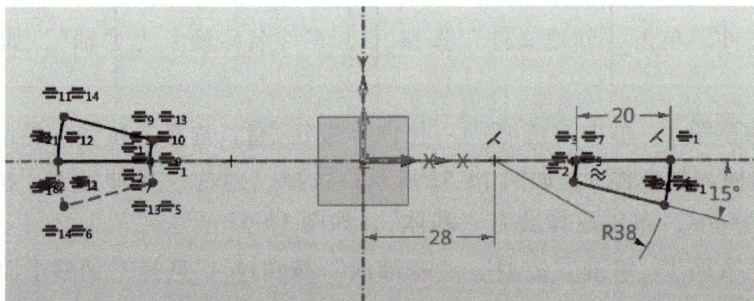

图 15-55 轴草图 2

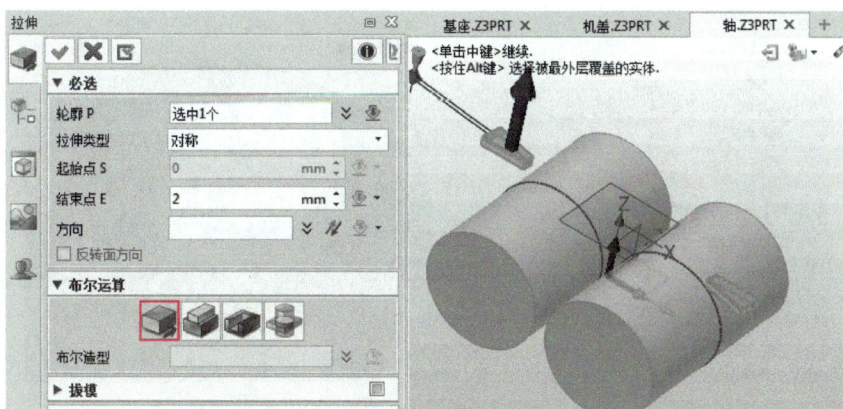

图 15-56　拉伸轴草图 2

（5）创建倒角　单击"造型"→"倒角"按钮，按照图 15-57 所示进行倒角。

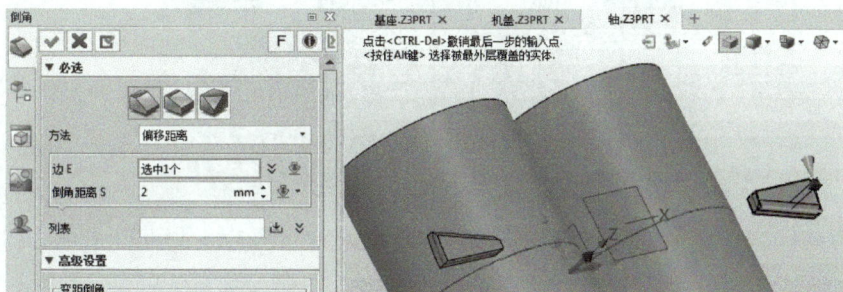

图 15-57　倒角

（6）建立投影线　单击"线框"→"直线"→"投影到面"按钮，绘制直线，并将其投影到拉伸几何体侧面上，如图 15-58 所示。

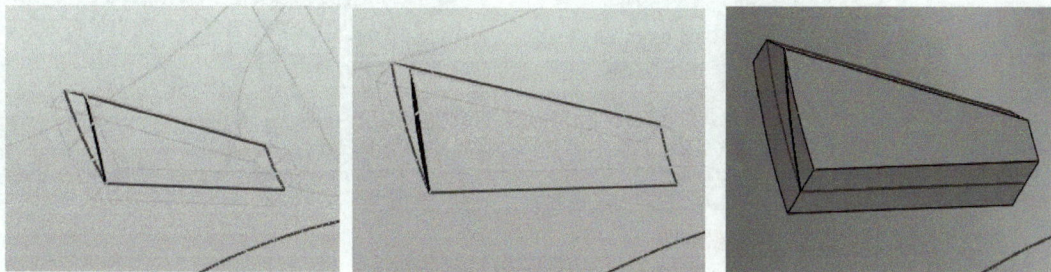

图 15-58　投影线及效果

（7）拉伸投影线　单击"造型"→"拉伸"按钮，选择投影线进行拉伸，具体参数设置如图 15-59 所示。

（8）建立轴草图 3　选择 XOZ 平面，建立图 15-60 所示的轴草图 3，完成并退出草图绘制。

（9）阵列几何体　单击"造型"→"阵列几何体"按钮，具体参数设置如图 15-61 所示。

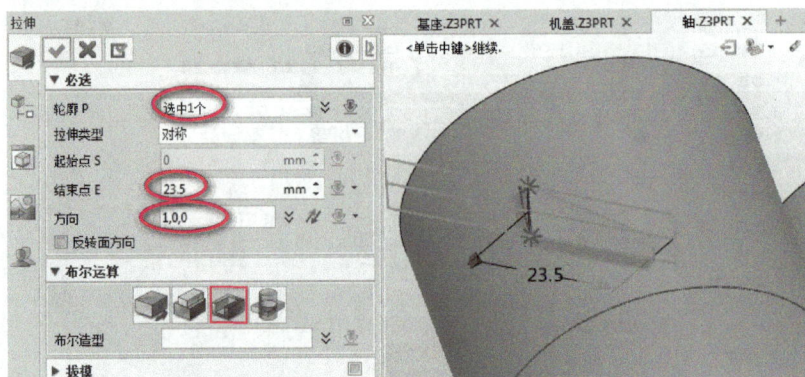

图 15-59　拉伸投影线

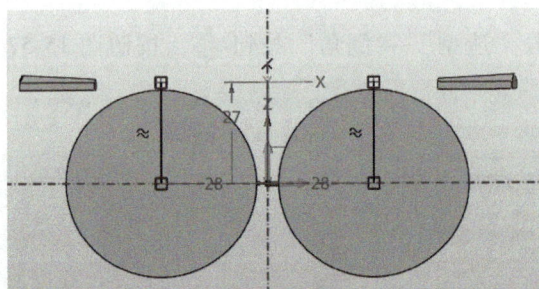

图 15-60　轴草图 3

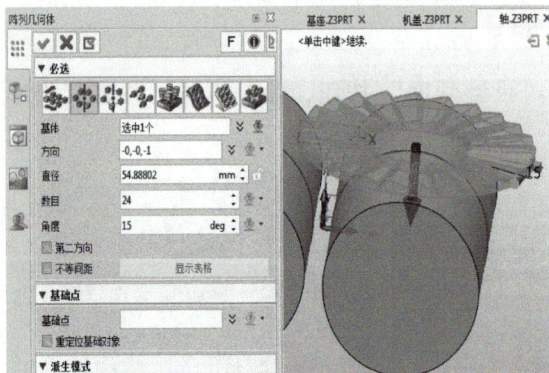

图 15-61　阵列几何体参数设置

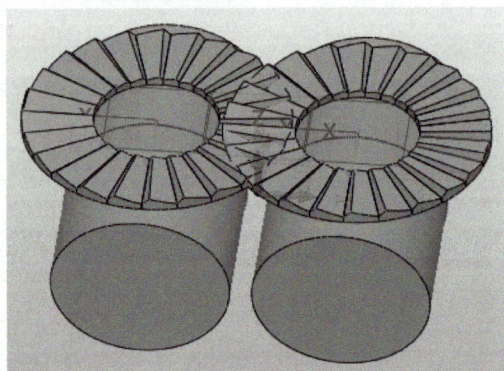

图 15-62　基准面 2

（10）建立基准面 2　单击"造型"→"基准面"按钮，分别在两轴上表面中心建立基准面，如图 15-62 所示。

（11）圆柱折弯　单击"造型"→"圆柱折弯"按钮，具体参数设置如图 15-63 所示。

（12）移动几何体　单击"造型"→"移动"按钮，具体参数设置如图 15-64 所示。

（13）重复步骤（11）、（12），完成另一侧几何体的"圆柱折弯"和"移动几何体"，注意"角度"为"-35deg"，效果如图 15-65 所示。

（14）修整几何体　删除多余部分、合并几何体、倒圆角，效果如图 15-66 所示。

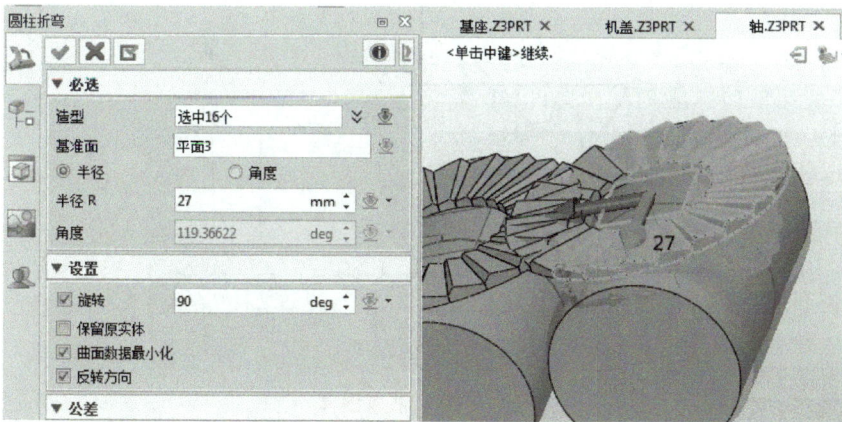

图 15-63 圆柱折弯

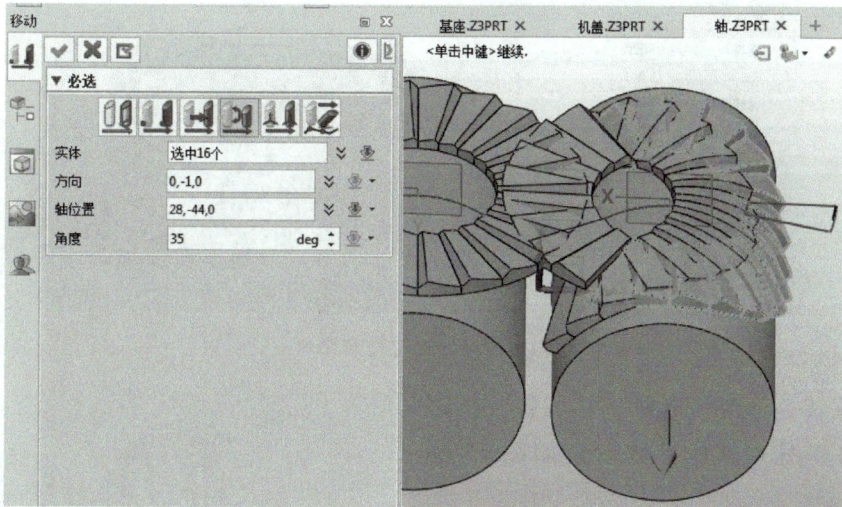

图 15-64 移动几何体

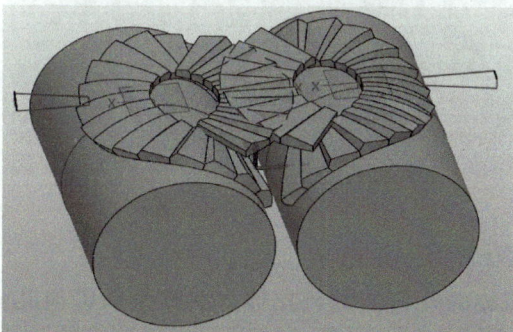

图 15-65 另一侧几何体的"圆柱折弯"
和"移动几何体"

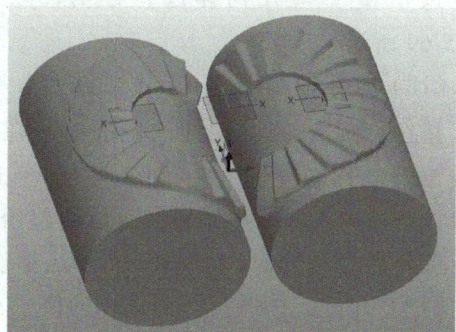

图 15-66 修整几何体

（15）建立轴草图 4 选择 XOZ 平面，建立图 15-67 所示的轴草图 4，完成并退出草图绘制。

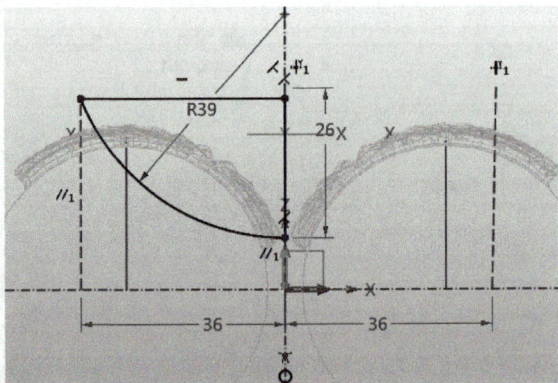

图 15-67　轴草图 4

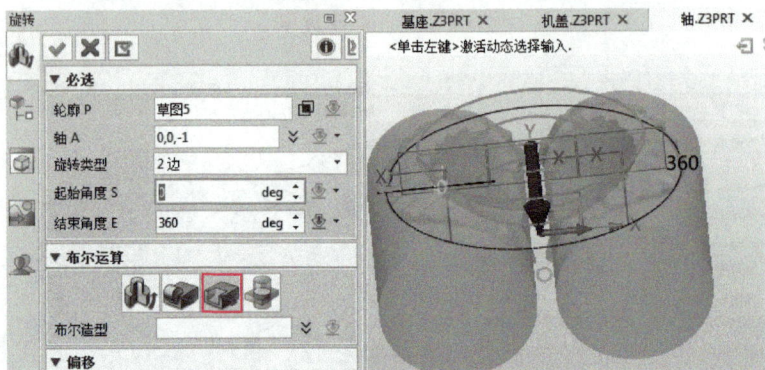

图 15-68　旋转轴草图 4

（16）旋转　单击"造型"→"旋转"按钮 ，旋转轴草图 4 具体参数设置如图 15-68 所示。

（17）修剪几何体　单击"造型"→"修剪"按钮 ，对几何体进行修剪，效果如图 15-69 所示。

（18）拉伸轴草图 5　单击"造型"→"拉伸"按钮 ，选择要拉伸的轮廓时，在绘图区域单击鼠标右键插入轴草图 5，如图 15-70 所示；选择"2 边"拉伸类型，拉伸起始点和结束点分别为-25mm、45mm，布尔运算设为"基体"，如图 15-71 所示。

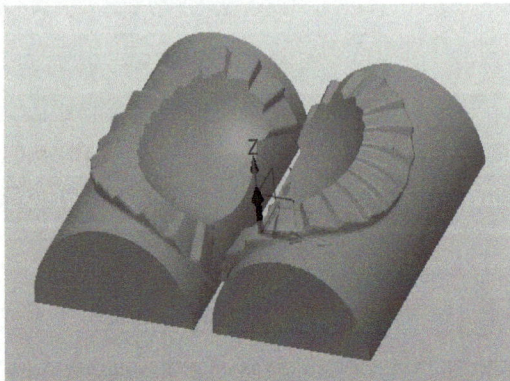

图 15-69　修剪几何体

（19）拉伸、倒圆角和镜像几何体　对创建完成的几何体进行拉伸、倒圆角和镜像几何体操作，完成轴建模，效果如图 15-72 所示。

四、齿条设计

（1）新建文件　单击"新建文件"按钮 ，零件名称输入为"齿条"，如图 15-73 所示。保存文件。

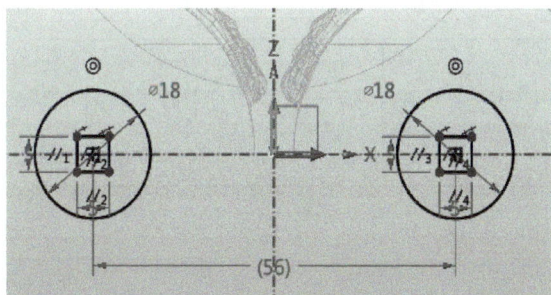

图 15-70　轴草图 5

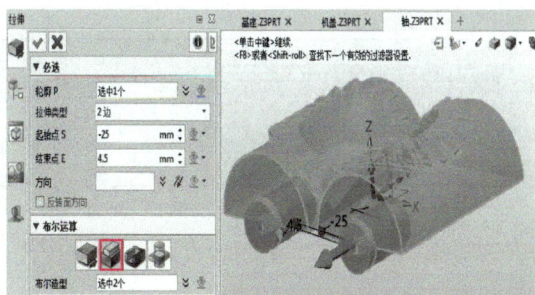

图 15-71　拉伸轴草图 5

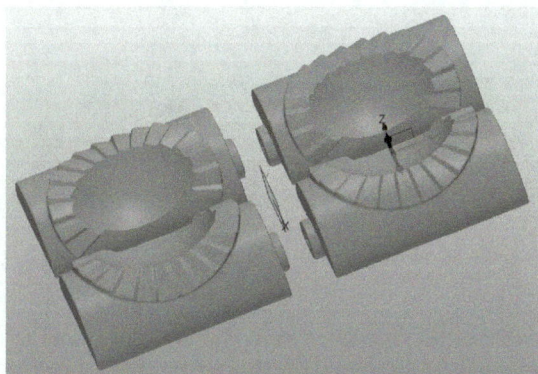

图 15-72　轴建模效果

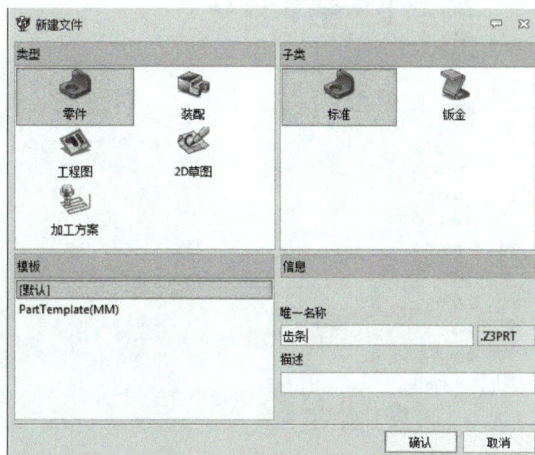

图 15-73　新建文件"齿条"

（2）建立齿条草图 1　选择 XOZ 平面，建立图 15-74 所示的草图，完成并退出草图绘制。

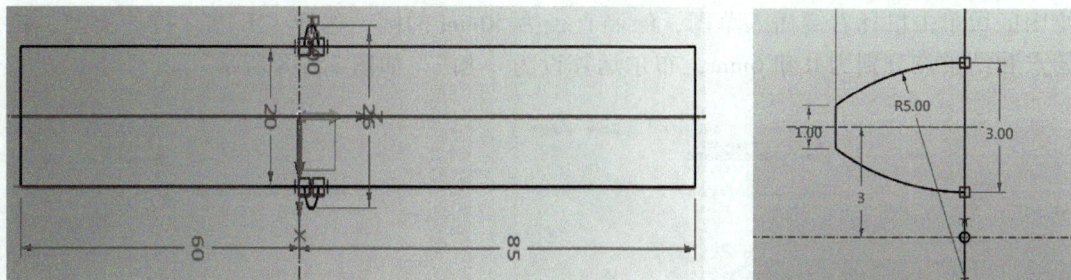

图 15-74　齿条草图 1

（3）拉伸齿条草图 1　单击"造型"→"拉伸"按钮 ，选择"对称"拉伸类型，拉伸起始点和结束点分别为 0 和 2mm，效果如图 15-75 所示。

（4）阵列几何体　单击"造型"→"阵列几何体"按钮 ，具体参数设置如图 15-76 所示。

（5）拉伸直径为 10mm 的圆　单击"造型"→"拉伸"按钮 ，选择要拉伸的轮廓时，

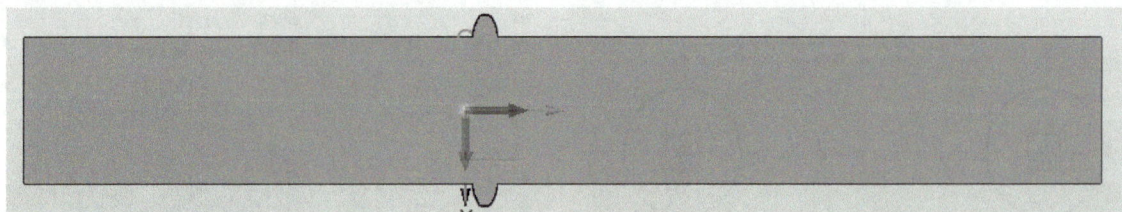

图 15-75　拉伸齿条草图 1

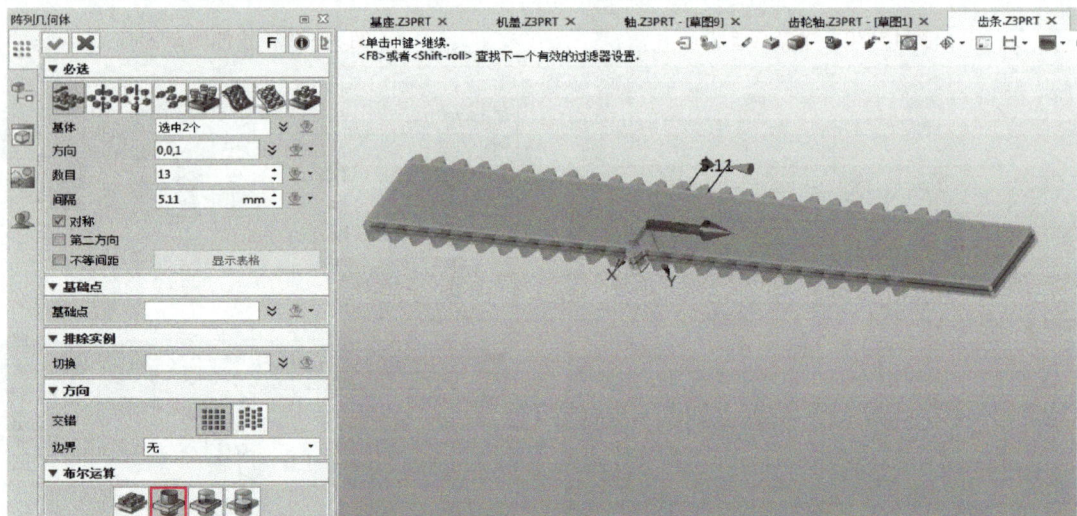

图 15-76　阵列几何体

在绘图区域单击鼠标右键插入草图，绘制直径为 10mm 的圆；选择"2 边"拉伸类型，拉伸起始点和结束点分别为 60mm 和-85mm，布尔运算设为"加"，如图 15-77 所示。

（6）拉伸直径为 50mm 的圆　单击"造型"→"拉伸"按钮 ，选择要拉伸的轮廓时，在绘图区域单击鼠标右键插入草图，绘制直径为 50mm 的圆；选择"1 边"拉伸类型，拉伸起始点和结束点分别为 0 和 6mm，布尔运算设为"加"，如图 15-78 所示。

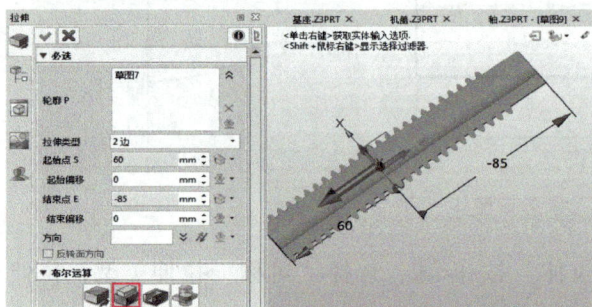

图 15-77　拉伸直径为 10mm 的圆

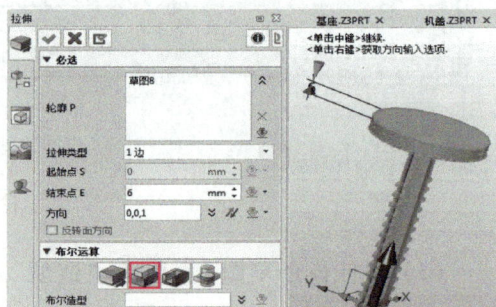

图 15-78　拉伸直径为 50mm 的圆

（7）打孔　单击"造型"→"圆柱"按钮 ，具体参数设置如图 15-79 所示。

（8）圆角　单击"圆角"按钮，对齿条模型倒圆角，效果如图 15-80 所示。

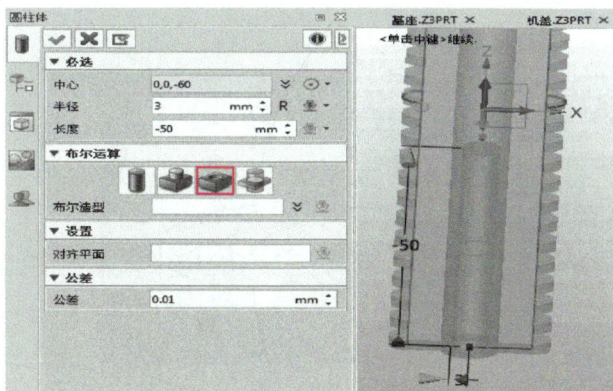

图 15-79　打孔参数设置

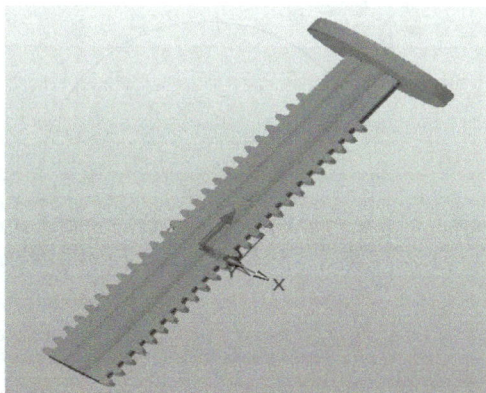

图 15-80　倒圆角效果

（9）拉伸边长为 5mm 正方形　单击"造型"→"拉伸"按钮，选择要拉伸的轮廓时，在绘图区域单击鼠标右键插入草图，绘制边长为 5mm×5mm 的正方形；选择"对称"拉伸类型，拉伸起始点和结束点分别为 0 和 6mm，布尔运算设为"减"，拉伸齿条建模如图 15-81 所示。

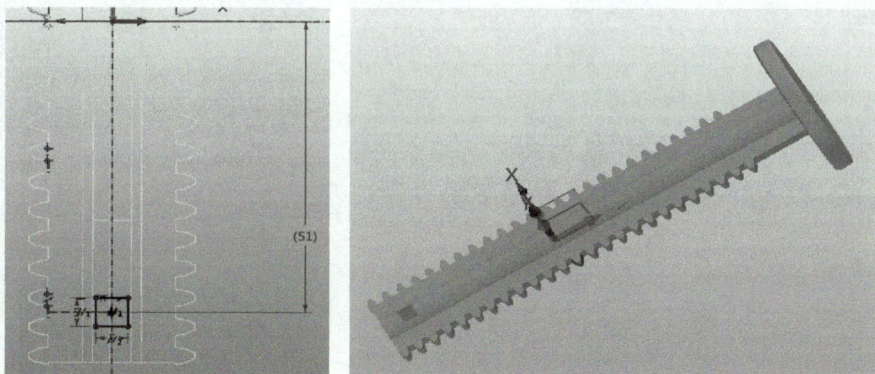

图 15-81　拉伸完成齿条建模

五、齿轮轴设计

（1）新建文件　单击"新建文件"按钮，零件名称输入为"齿轮轴"如图 15-82 所示。保存文件。

（2）拉伸齿轮轴草图 1　单击"造型"→"拉伸"按钮，选择要拉伸的轮廓时，在绘图区域单击鼠标右键插入齿轮轴草图 1，如图 15-83 所示；选择"对称"拉伸类型，拉伸起始点和结束点分别为 0 和 2.5mm，布尔运算设为"基体"，如图 15-84 所示。

（3）阵列几何体　单击"造型"→

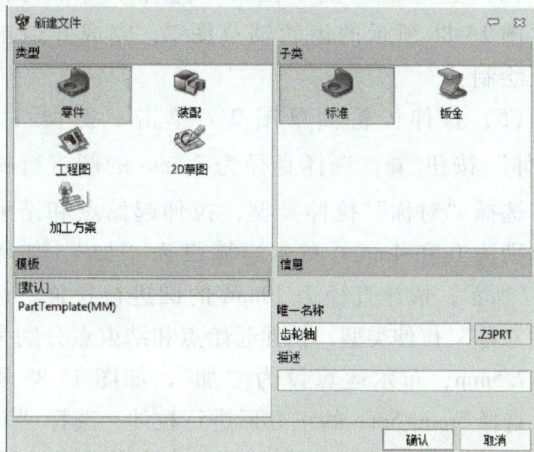

图 15-82　新建文件"齿轮轴"

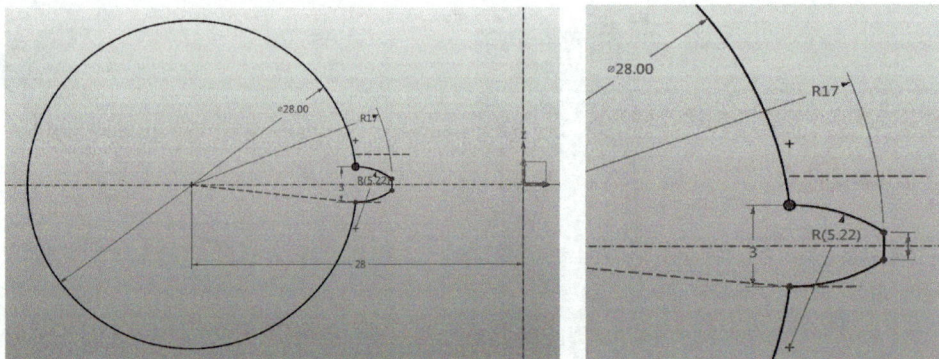

图 15-83 齿轮轴草图 1

"阵列几何体"按钮 ⠿，选择"圆"阵列，"数目"为"15"，"角度"为"24deg"，如图 15-85 所示。

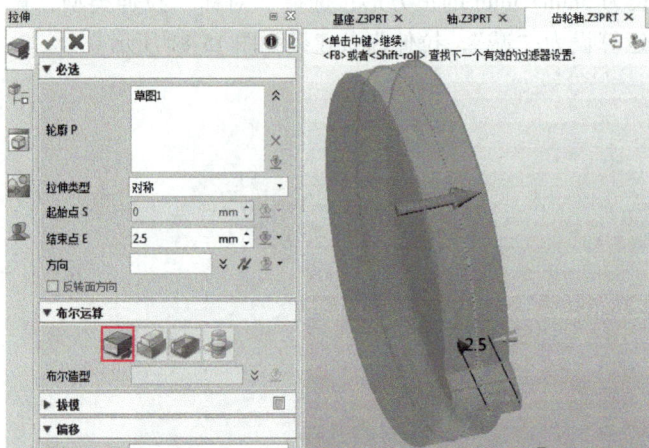

图 15-84 拉伸齿轮轴草图 1

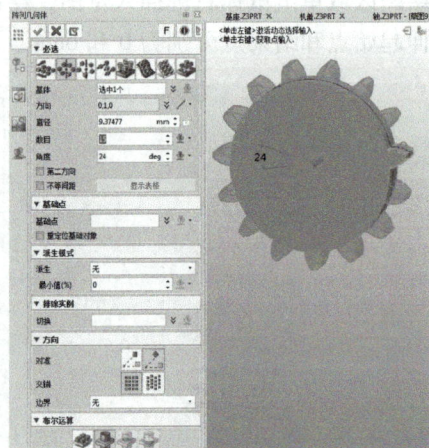

图 15-85 阵列几何体

（4）建立齿轮轴草图 2 选择 XOZ 平面，建立图 15-86 所示的齿轮轴草图 2，完成并退出草图绘制。

（5）拉伸齿轮轴草图 2 单击"造型"→"拉伸"按钮，选择直径为 20mm 的圆进行拉伸，选择"对称"拉伸类型，拉伸起始点和结束点分别为 0 和 4mm，布尔运算设为"加"，如图 15-87 所示；选择直径为 10mm 的圆进行拉伸，选择"对称"拉伸类型，拉伸起始点和结束点分别为 0 和 7.5mm，布尔运算设为"加"，如图 15-88 所示；选择 5mm×5mm 的正方形进行拉伸，选择"对称"拉伸类型，拉伸起始点和结束点分别为 0 和 7.5mm，布尔运算设为"减"，如图 15-89 所示。

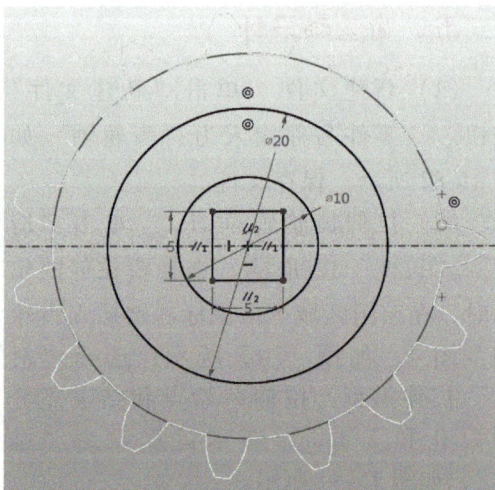

图 15-86 齿轮轴草图 2

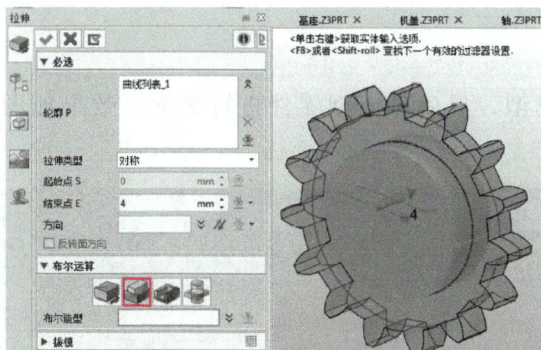

图 15-87　拉伸直径为 20mm 圆

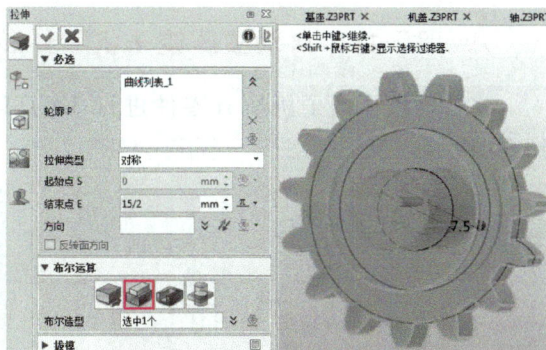

图 15-88　拉伸直径为 10mm 圆

（6）圆角　单击"圆角"按钮，对齿轮轴模型倒圆角，完成齿轮轴建模，效果如图 15-90 所示。

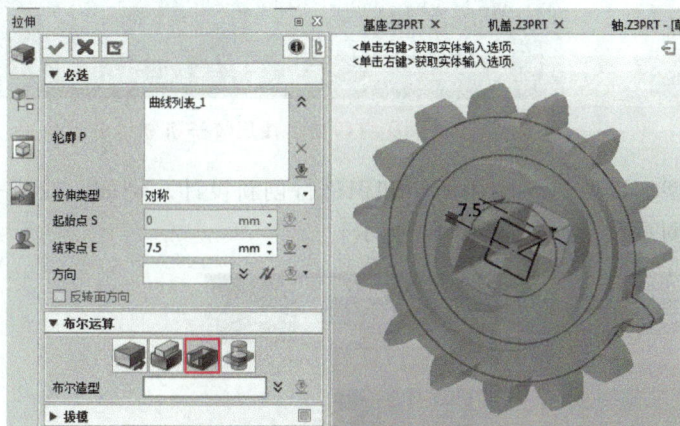

图 15-89　拉伸 5mm×5mm 正方形

图 15-90　齿轮轴建模效果

六、弹簧和限位钉

弹簧和限位钉自行设计，模型图如图 15-91 所示。

a) 弹簧

b) 限位钉

图 15-91　弹簧和限位钉

七、自动按压饺子机零件装配

将以上创建的所有零件进行组装。自动按压饺子机装配图如图 15-92 所示。

八、3D 打印自动按压饺子机零件装配

将自动按压饺子机所有零件进行 3D 打印成型，然后将成型零件进行装配，效果如图 15-93 所示。

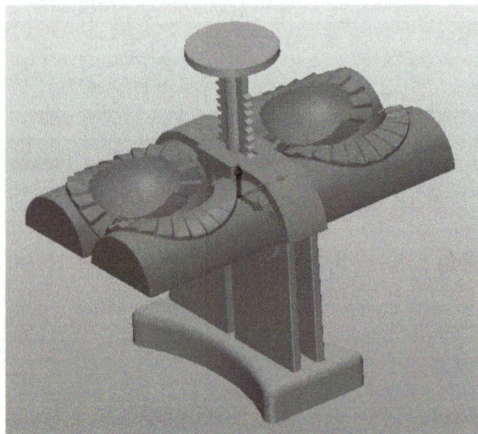

图 15-92　自动按压饺子机装配图

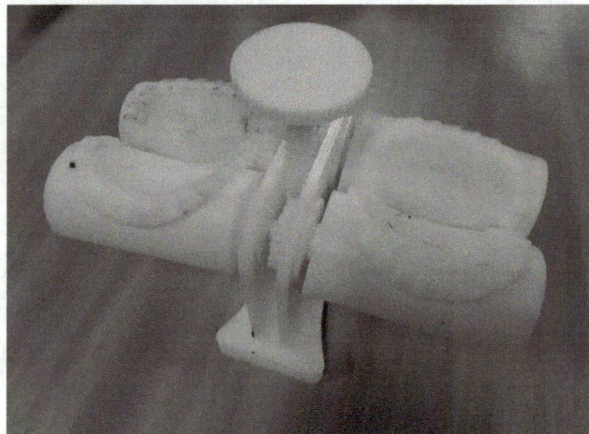

图 15-93　3D 打印自动按压饺子机零件装配效果

同学们也可以发挥想象，对模型加以改进，应用所学知识进行创新设计，例如，改成一对滚筒，滚筒上的花纹也可以进行创意设计，如图 15-94 所示。

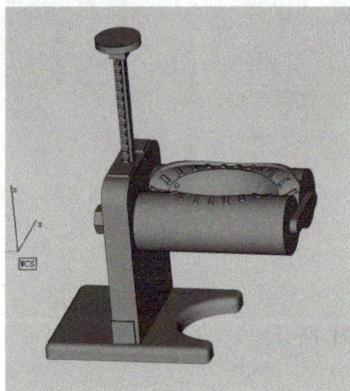

图 15-94　自动按压饺子机创新设计及打印效果

小　结

本项目讨论的是机构结构设计原则、结构类型、运动副结构类型、结构方案的变异和机构的组合、演化、变异等，都属于机械结构创新设计的基础。在学习机构结构设计时，要从材料选择出发，所确定的结构除应能够实现原理方案所规定的动作外，还应该满足对结构的强度、刚度、稳定性、精度、工艺性、寿命、装配、经济性、可靠性等方面的要求。满足同一设计要求的机械结构并不是唯一的，结构设计中得到一个可行的结构方案一般并不很难，然而，机械结构设计的任务是在众多的可行结构方案中寻求较好的或最好的方案。

因此，要熟悉各种常见结构方案的变异，掌握结构设计方案的分析方法，以便找到合适的结构方案来满足功能要求。通过了解和掌握各种机构的组合方式，能够将各种基本机构组合起来，创新设计出机构组合系统，进行创新思维方法的具体应用。

素 养 提 升

17世纪初人们开始研究用人力驱动车轮的交通工具，1816～1818年间，在法国出现了两轮间用木梁连接的双轮车，骑车者骑坐在梁上，用两脚交替蹬地来推动车子前进，这种车称为"趣马"。1879年英格兰人劳森考虑采用后轮驱动，设计了链传动的自行车，采用较大的传动比，排除了大轮子的必要性，使骑行者安全地骑坐在合适高度的座位上，称为安全自行车。

随着科学技术的发展，自行车结构做了不少改进，1888年邓洛普引入充气轮胎，使自行车行走更加平稳。经过种种改革，自行车的功能和结构逐步完善起来。现在随着人们生活水平的不断提高，在原有自行车的基础上开发研制了多种新型自行车。

小小普通的自行车可以有多种新型原理和结构，而且还会不断改进，可见处处有创新之物，创新设计是大有可为的。

课后练习与思考

1. 机械结构设计有哪些特点？
2. 机械形式设计有哪些原则？
3. 在机构选型时，为什么经常采用简单近似机构？
4. 机构创新选型的方法有哪些？
5. 机械结构创新设计包括哪些内容？

项目十六

逆向工程中的产品创新设计

【项目导入】

任何产品问世，不管是创新、改进还是仿制，都蕴含着对已有科学、技术的继承、应用和借鉴。逆向工程通过重构产品的 CAD 模型，为产品的再设计以及创新设计提供了数字原型，各种先进的计算机辅助技术手段也为此提供了强有力的支持。

【学习导航】

1) 了解产品模型组织结构。
2) 掌握支持创新的逆向建模方法。

【项目实施】

任务一　了解产品模型组织结构

目前应用逆向工程的产品设计主要有两种方式：一种是由设计师、美工师事先做好产品的油泥或木制模型，由坐标测量机将模型的数据扫入，再建立计算机模型；另一种是针对已有的产品实物，通常是一些最新的设计产品，这种产品的逆向设计也就是通常所说的仿制。尽管仿制是一种快速产品开发模式，但仿制是一种低层次的逆向工程，如果对方的产品是受专利保护的，则这种仿制是一种不合法的行为。在逆向工程技术中，经过数字化测量和模型重建，获得产品的数字模型，这个数字模型和计算机辅助技术为产品的再设计乃至创新设计提供了实现基础和支持平台，可以对这个数字模型进行修改、再设计，以获得一个与原产品不完全相同甚至完全不同的新产品，最终达到产品设计创新的目的。基于逆向工程的产品创新设计的过程如图 16-1 所示。这里主要讨论产品外观设计的创新。

要进行产品的外观创新设计，应满足以下要求：

1) 满足内部结构要求。
2) 可方便地修改模型。
3) 有支持创新的 CAD 系统。

目前模型重建的主要方式还是先拟合曲面片，然后再建立产品的曲面整体模型以及实体模型，这样的建模方法对恢复原型是有效的。但如果要对 CAD 模型进行修改或再设计，操作起来就显得十分困难。这种模型孤立的曲面片表示及拟合就成为模型修改的瓶颈。因此，这样的建模方法和模型表示对创新设计是不适宜的，应寻求新的模型表达及建模方法。

基于约束的 CAD 造型技术发展至今仍占据主流地位，以 PTC 公司的 Creo 软件为代表的参数化造型理论和以 EDS 公司的 I-DEAS 软件为代表的变量化造型理论两大技术流派，都属于基于约束的实体造型技术。

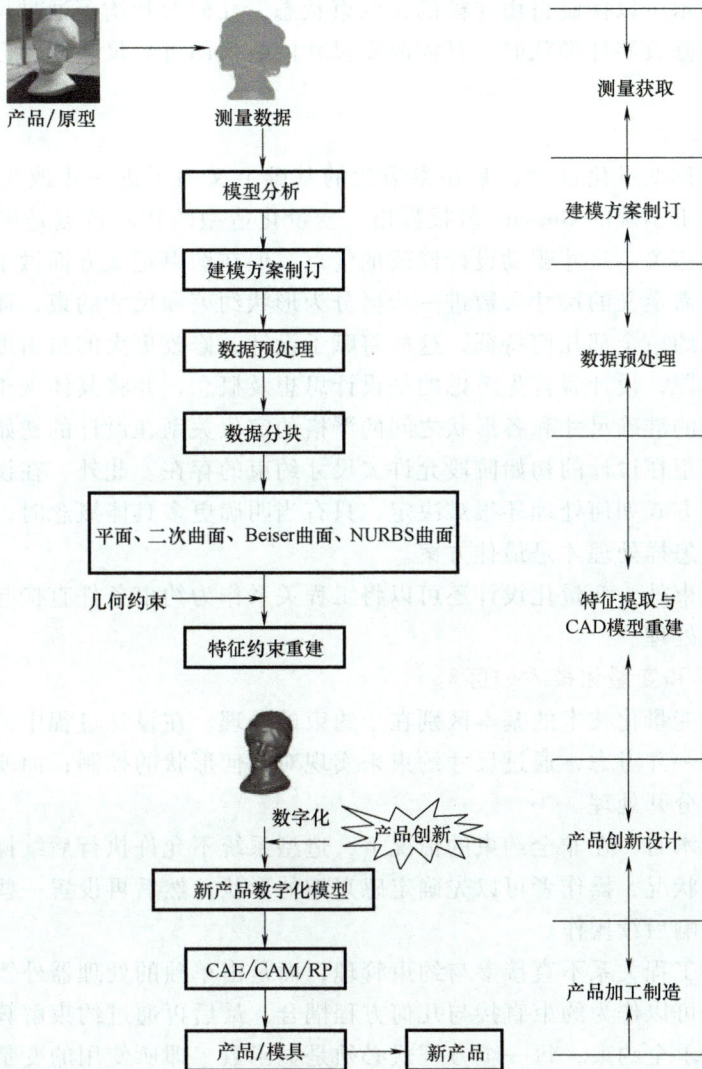

图 16-1 逆向创新设计过程

1. 参数化技术

参数化技术是由编程者预先设置一些几何图形约束，供设计者在造型时使用，与一个几何图形相关联的所有尺寸参数可以用来产生其他几何图形。其主要技术特点是：基于特征、全尺寸约束、尺寸驱动设计修改、全数据相关。

1）基于特征。将某些具有代表性的平面几何形状定义为特征，并将其所有尺寸设定为可调参数，以此为基础来进行复杂的几何形体的构造。

2）全尺寸约束。将形状和尺寸联合起来考虑，通过尺寸约束来实现对几何形状的控制。造型必须以完整的尺寸参数为出发点（全约束），不能漏注尺寸（欠约束），不能多注尺寸（过约束）。

3）尺寸驱动设计修改。通过编辑尺寸数值来驱动几何形状的改变。

4）全数据相关。尺寸参数的修改导致其他相关模块中的相关尺寸得以全盘更新。

采用参数化技术可以摆脱自由建模的无约束状态，几何形状均可通过尺寸的设置而牢牢地控制住。如需要修改零件形状时，只需改变尺寸的数值即可。尺寸驱动已经成为当今造型系统的基本功能。

2. 变量化技术

变量化技术或称变量化设计，是在参数化的基础上又做了进一步改进后提出的设计思想，最早由麻省理工学院的 Gossard 教授提出。变量化造型的技术特点是保留了参数化技术基于特征、全数据相关、尺寸驱动设计修改的优点，但在约束定义方面做了根本性改变。它将参数化技术中所需定义的尺寸参数进一步区分为形状约束和尺寸约束，而不是像参数化技术那样只用尺寸来约束全部几何特征，这样将赋予设计、修改更大的自由度。因为在新产品开发的概念设计阶段，设计者首先考虑的是设计思想及概念，并将其体现于某些几何形状之中，这些几何形状的准确尺寸和各形状之间的严格的定位关系在设计的初始阶段还很难完全确定，所以自然希望在设计的初始阶段允许欠尺寸约束的存在。此外，在设计初始阶段，尺寸基准及参数控制方式如何处理还很难决定，只有当明确更多具体概念时，一步步借助已知条件才能逐步确定怎样处理才是最佳方案。

除考虑几何约束外，变量化设计还可以将工程关系作为约束条件直接与几何方程联立求解，无须另建模型处理。

3. 参数化技术和变量化技术的区别

参数化技术和变量化技术的基本区别在于约束的处理。在设计过程中，参数化技术将形状和尺寸联合起来一并考虑，通过尺寸约束来实现对几何形状的控制；而变量化技术是将形状约束和尺寸约束分开处理。

应用参数化技术时，在非全约束的情况下，造型系统不允许执行后续操作；变量化技术则可适应各种约束状况，操作者可以先确定感兴趣的形状，然后再设置一些必要的尺寸，尺寸是否完整并不影响后续操作。

参数化技术的工程关系不直接参与约束管理，而是由单独的处理器外置处理；在变量化技术中，工程关系可以作为约束直接与几何方程耦合，最后再通过约束解算器统一解算。

参数化技术苛求全约束，每一个方程式必须是显函数，即所使用的变量必须在前面的方程式内已经定义过并赋值于某尺寸参数，其几何方程的求解只能是顺序求解；变量化技术为适应各种约束条件，采用联立求解的数学手段，与方程求解顺序无关。

参数化技术解决的是特定情况（全约束）下的几何图形问题，表现形式是尺寸驱动几何形状修改；变量化技术解决的是任意约束情况下的产品设计问题，不仅可以做到尺寸驱动，还可以实现约束驱动，即由工程关系来驱动几何形状的改变，这对产品结构优化是十分有意义的。由此可见，是否要全约束以及以什么形式来施加约束是两种技术的根本区别。

4. 参数化技术和变量化技术的不同应用场合

由于参数化系统的内在限定是求解特殊情况，因此，系统必须对所有可能发生的特殊情况通过程序全面描述。这样，设计方法就被系统寻求特殊情况解的技术限制了。参数化系统的指导思想是：只要按照系统规定的方式去操作，系统就保证生成的设计的正确性及效率性，否则拒绝操作。造型过程类似工程师读图的过程，由关键尺寸、形体尺寸、定位尺寸一直到参考尺寸，造型必须按部就班，过程必须严格。这种思路及苛刻的规定带来了相当大的副作用：一是使用者必须遵循系统内在机制，如绝不允许欠尺寸约束，不可以逆序求解等；二是当零件截面形状比较复杂时，参数化系统规定必须将所有尺寸表达出来的要求让设计者为难，满屏幕的尺寸让人无从下手；三是由于只有尺寸驱动这一种修改手段，那么究竟改变哪一个（或哪几个）尺寸会导致形状朝着设计者满意的方向改变这很难判断；四是尺寸驱动的范围是有限制的，如果给出了一个极不合理的尺寸参数，致使某特征变形过分，与其他特征相干涉，就会引起拓扑关系的改变，导致造型失败。

因此，从应用上来说，参数化系统特别适用于那些技术已相当稳定成熟的零配件行业。这些行业，零件的形状改变很少，经常只需采用类比设计，即形状基本固定，只需改变一些关键尺寸就可以得到新的系列化设计结果。

变量化系统的指导思想是：可以用先形状后尺寸的设计方式进行设计，允许采用不完全尺寸约束，只需给出必要的设计条件，造型过程是一个类似工程师在脑海里思考设计方案的过程，满足设计要求的几何形状是第一位的，尺寸细节是后来才逐步完善的。其设计过程相对自由、宽松，设计者可以有更多的时间和精力去考虑设计方案，符合工程师的创造性思维规律，所以变量化系统的应用领域也更广阔一些。除了一般的系列化零件设计，变量化系统在做概念设计时特别得心应手，适用于新产品开发、老产品改形设计这类创新式设计。

5. VGX 技术

VGX（Variational Geometry Extended）即超变量化几何，是变量化技术发展的一个里程碑。它的思想最早体现在 I-DEAS Master series 第一版的变量化构图中，历经变量化整形、变量化方程、变量化扫掠几个发展阶段后，引申应用到具有复杂表面的三维变量化特征之中。

设计过程从来都是一个不断改进、不断完善的过程。也可以说设计就是修改，或更进一步说，设计就是灵活的修改。VGX 正是充分利用了形状约束和尺寸约束分开处理、不需全约束的灵活性，让设计者可以针对零件上的任意特征直接以拖动方式非常直观地、实时地进行图示化编辑修改，在操作上特别简单、方便，能够直接地体现出设计者的创作意图，给设计者带来了空前的易用性。

与参数化技术相比，VGX 具有以下优点：

1）不要求全尺寸约束，在全约束及欠约束的情况下均可顺利完成造型。

2）模型修改可以基于造型历史树也可以超越造型历史树，例如，不同"树干"上的特征可以直接建立约束关系。

3）可直接编辑 3D 实体特征，无须回到生成此特征的 2D 线框初始状态。

4）可以拖动方式修改 3D 实体模型，而不是仅用尺寸驱动一种修改方式。

5）拖动时显现任意多种设计方案，而不是尺寸驱动一次仅得到一个方案；放下时即完成形状修改，尺寸随之自动更改。

6）以拖动方式编辑 3D 实体模型时，可以直观地预测与其他特征的关系，控制模型形状按需要的方向改变，不像尺寸驱动那样无法准确预估驱动后的结果。

7）模型修改允许形状及拓扑关系发生变化，而并非仅是尺寸的数据发生变化。

综上所述，可以看出，变量化技术是一种设计方法，它将几何图形约束与工程方程耦合在一起联立求解，以图形学理论和强大的计算机数值解析技术为设计者提供约束驱动能力。而参数化技术是一种建模技术，应用于非耦合的几何图形和简易方程式的顺序求解，为设计者提供尺寸驱动能力。两种技术最根本的区别在于是否要全约束以及以什么形式来施加约束。

逆向工程的模型重建技术也离不开现有的 CAD 基础理论，目前重建方法的缺陷在于组成模型的曲面片不易修改。根据上面介绍的参数化和变量化技术的特点，两种技术都在一定程度上支持模型的修改设计，而且都操作方便，因此可选为逆向工程的模型表示技术。

模型的外形几何表示为参数化形式，可以通过修改尺寸实现模型的修改。根据外形几何特点，将模型分成两种类型，一种是具有规则几何特征的外形，另一种是由自由曲面组成的复杂外形。对前者来说，较适宜采用参数化表示，而且也容易实现；自由曲面（曲线）从整体来说，较难表示为某种几何及尺寸约束，但对一些以确定的解析计算公式表示的曲线或曲面，仍可选择参数化表示。

因为直接对三维模型建立参数化表示仍然存在困难，因此，目前的参数化造型都是先绘制全尺寸约束的二维草图，再经过拉伸、旋转、扫掠等操作形成三维模型。为将重建模型表现为参数化模型，应将模型分解为由一系列特征和操作组合而成的三维形体，逆向模型多选择曲面表示，因此，参数化也主要针对曲面进行。图 16-2 给出了重建模型的参数化表示。

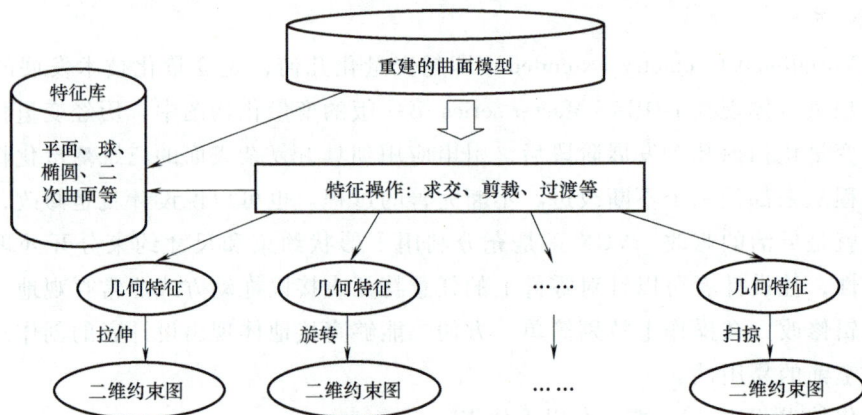

图 16-2　重建模型的参数化表示

从图 16-2 可以看出，模型实现参数化表示的关键是特征分解和约束施加，即将组成模型的所有几何特征分解成二维特征约束图加特征操作，这样整个模型即可实现尺寸驱动。

变量化技术赋予了模型表示和修改更大的自由度，因此，变量化表示既适用于规则外形又适用于由自由曲面组成的外形。基于变量化的逆向模型结构基本和参数化结构相同，只是二维特征图可以是欠约束的。

任务二　掌握支持创新的逆向建模方法

一、参数化建模方法

在 CAD 造型技术中，实现参数化设计的方法主要有编程参数化、交互参数化、离线参数化和三维参数化等。

1. 编程参数化

编程参数化就是通过编程来进行参数化设计。例如，对于系列化产品或标准件，只要设定不同的初始参数，就可得到不同的图形，达到参数化的目的。编程参数化一个较大的优点是可以通过条件判断生成实际产品设计中需要的类似结构的图形，即所谓变异式设计，这是其他许多参数化技术所不具备的。但编程参数化设计不直观、费时、易出错。

2. 交互参数化

通过交互的方法来进行参数化设计应运而生。交互参数化的生成方法又包括多种。

（1）变动几何法　先绘制草图，后加约束，并将几何约束转变为以一系列的特征点为变元的非线性方程组，通过求解方程来实现参数化设计。这种处理方法的技术难度大，因为将一张工程图的所有变量放在一个大矩阵内求解，会大大提高问题的复杂程度，影响算法的效率和可靠性。

（2）作图规则匹配　一般采用一阶逻辑表示几何约束，采用人工智能的符号处理、知识表示、几何推理等手段，将当前的作图步骤与某个作图规则相匹配，逐步确定出未知的几何元素。该法强调了作图的几何概念，可以检查约束模型的有效性，便于局部求解，具有较强的智能性。但将原来简洁、直观的几何作图规则拆散成烦琐的约束逻辑，存在速度慢、系统庞大、对循环约束情况无解等问题。

（3）几何作图局部求解法　这种方法在作图过程中可以随时标注新增加几何元素的自由度和所受的约束关系，判断几何求解的局部条件是否满足，通过遍历检测，依次求出求解条件充分的元素参数。由于未知条件和已知条件被区分，从根本上回避了搜索匹配的盲目性，可以及时发现几何元素和尺寸标注的欠约束和过约束，大大提高了问题求解的效率和可靠性。

（4）辅助线作图法　所有作图线建立在辅助线的基础上，每一条辅助线都只依赖于至多一个变量，辅助线的求解条件在作图过程中已经明确规定，不必做遍历搜索和检查求解条件是否充分，故此法相对简单。辅助线作图法的作图过程符合设计人员的打样习惯，可以保证尺寸标注正确合理，不会产生欠约束或过约束，是一种高效的作图法。

（5）变量流技术　该法力求在交互作图过程中同步建立结构图形约束。当整个图形的几何定义完成后，意味着约束关系的完成。它将约束封闭于几个图形元素之间，因此，约束具有局限性，便于修改及求解。结构图形约束完成后再加注尺寸标注约束，两种约束可能存在矛盾，可以回溯查找结构图形约束关系并进行修正，从而保证改变尺寸后直接驱动图形，一般不会出现欠约束和过约束，即使出现问题也可检查修正。

（6）交互生成参数绘图命令　这种方法利用数值参数和参数化点来控制全部图形和尺寸标注。图形交互输入系统后，生成具有一定格式的绘图语句，如画线、圆、圆弧、曲线，以及尺寸标注等，并可进一步生成高级语言程序。当用户输入一组参数值时，通过解释、执行，生成参数化图形。

3. 离线参数化

一般通过交互参数化设计或通过扫描输入和识别并进行矢量化都只是建立几何模型，图形和尺寸之间、图形元素之间并没有建立约束关系。与前述的在线参数化不同，将这种几何模型向参数化模型转换的方法称为离线参数化方法。离线参数化可分成两个步骤：一是在已有图形基础上通过标注尺寸建立约束关系；二是在已有图形和尺寸的基础上，通过尺寸框架的识别搜索建立约束关系。

4. 三维参数化

三维参数化的实现有两种途径：其一是由二维参数化图形通过拉伸、旋转、扫掠等操作得到三维参数化图形，二维图形改变，三维图形也随之变化；其二是建立基于特征的三维参数化模型，特征模型中包含特征定位和特征间的关联信息，因而可以实现参数化。

二、逆向建模的参数化实现方法

根据逆向造型的特点和CAD造型实现参数化的几种方法，可以得出适合于逆向建模的参数化实现方法，即离线参数化和三维参数化。其处理过程为数据分割、特征约束识别、确定特征造型过程、特征的参数化建立。

实现上述过程的关键即为特征约束识别，如果能将模型分解为不同特征的组合和确定特征间的约束关系，将为几何特征转换为参数化表示提供实现的基础。特征约束识别和特征库的建立可采取特征匹配的方法来实现。有关特征约束识别及建模的研究刚开始进行，相关的研究成果还少见报道，其中亟待解决的技术问题如下：

1）完全约束关系的建立。为实现参数化，需完整地给出特征的约束关系，不仅仅是用尺寸来建立图形元素约束的位置关系，因为无法通过尺寸标注来确定两个图形元素相切的关系。尽管变量化方法不需要建立全约束关系，但对产品修改来说，如果产品具有装配关系，模型的变化就是相互关联的，这时零部件之间整体协同变形的约束关系是必需的。约束关系建立或确定的难点在于模型数字化后，测量数据点几乎不包含几何特征的约束关系，应通过原型分析来判断推理，但这样获得约束关系不可避免地带有不完整性和不确定性。

2）复杂特征的识别。在参数化转换之前，组成模型的整个外形结构的几何特征应得到完整的识别，但目前的特征识别技术对组合特征，以及由自由曲面构成的复杂特征的识别仍无完善的解决方案。

小　　结

创新是科学技术发展的灵魂，如果产品的设计制造技术永远停留在模仿和复制上，产品将失去竞争能力。因此，在大力提倡产品逆向设计制造的同时，也应将产品的创新设计放在一个重要的位置。在本项目中，重点了解逆向产品设计方法及创新设计的基本理论、机械产品创新设计的内容和计算机辅助创新设计的工具及软件技术。

素 养 提 升

　　病人在医院输液时，往往会因为病痛与疲惫，特别容易瞌睡，如果没有他人陪护，就不得不提心吊胆地关注输液瓶的情况，这样的感觉又增加了病痛。有时医护人员也会因为输液的病人太多而留心不到每一个吊瓶，常常来不及应对紧急情况导致手忙脚乱，解决这个问题便成为产品创新设计的出发点。

　　输液报警器采用数码电子感应技术，传感器感应水和空气的不同介质变化，从而由芯片向报警装置发出指令，产生声光警示信号。采用逆向工程可以对产品的外形和结构进行优化处理，进一步进行创新设计。不断发展的科学理论和新技术使产品日趋进步和完善，充分利用先进设计理论和科学技术是创新设计中必须要重视的问题。

课后练习与思考

1. 简述支持创新的逆向建模方法。
2. 参数化造型的技术特点有哪些？
3. 简述参数化技术与变量化技术的区别。
4. 试述支持产品创新设计的逆向工程模型组织、结构及建模方法。

参 考 文 献

[1]　刘丽鸿，李艳艳. 3D 打印技术与逆向工程实例教程［M］. 北京：机械工业出版社，2020.

[2]　吴姚莎，陈慧挺. 3D 打印材料及典型案例分析［M］. 北京：机械工业出版社，2022.

[3]　曹明元. 3D 打印快速成型技术［M］. 北京：机械工业出版社，2018.

[4]　李艳. 3D 打印企业实例［M］. 北京：机械工业出版社，2021.

[5]　高平生. 中望 3D 建模基础（CAD/CAM 工程范例系列教材）［M］. 北京：机械工业出版社，2021.

[6]　朱红，谢丹. 3D 打印材料［M］. 武汉：华中科技大学出版社，2017.

[7]　刘璇. 基于 DLP 技术光固化 3D 打印系统分析及实践［J］. 智库时代，2019，21：234-235.

[8]　蔡海毅. 光固化 3D 打印快速成型技术分析［J］. 设备管理与维修，2018，7：175-177.

[9]　林浩涛，黄伟杰，等. 基于光固化 3D 打印的支撑结构分析与试验［J］. 轻工科技，2022，38：63-65.

[10]　刘辛夷. SLA 增材制造的模型放置与支撑策略［J］. 机械设计与制造工程，2018，11：95-100.

[11]　李强，PLA 熔融沉积成型工艺的优化研究［D］. 合肥工业大学硕士学位论文，2017.

[12]　张迪淫，杨建明，黄大志，等. 3DP 法三维打印技术的发展与研究现状［J］. 制造技术与机床，2017，03：38-42.

[13]　李飞. 三维喷射打印技术（3DP）在铸造行业的应用［J］. 2016 重庆市铸造年会论文集，2016.

[14]　谢丹，朱红，侯高雁. 基于 3DP 成型的零件后处理工艺研究［J］. 武汉职业技术学院学报，2018，1：113-115.

[15]　黄文恺，伍冯洁，吴羽. 3D 建模与 3D 打印快速入门［M］. 北京：中国科学技术出版社，2016.

[16]　孙凤翔. 3D 打印奇趣造型与视图［M］. 北京：化学工业出版社，2016.

[17]　陈鹏. 3D 打印技术实用教程［M］. 北京：电子工业出版社，2016.

[18]　宋闯，周游. 3D 打印建模·打印·上色实现与技巧［M］. 北京：机械工业出版社，2017.

[19]　冉江涛，赵鸿，高华兵，等. 电子束选区熔化成形技术及应用［J］. 航空制造技术，2019，46-57.

[20]　张春林，李志香，赵自强. 机械创新设计［M］. 北京：机械工业出版社，2016.

[21]　于惠力，冯新敏. 机械创新设计与实例［M］. 北京：机械工业出版社，2017.

[22]　张士军，李丽. 机械创新设计［M］. 北京：国防工业出版社，2016.

[23]　王凤兰. 创新思维与机构创新设计［M］. 北京：清华大学出版社，2018.

[24]　徐起贺. 机械创新设计［M］. 北京：机械工业出版社，2016.

[25]　周文明. 选择性激光烧结 PS/ABS 复合粉末多指标成型工艺参数优化研究［D］. 西安科技大学硕士学位论文，2018.

[26]　贾礼宾，王修春，王小军，等. 选择性激光烧结技术研究与应用进展［J］. 信息技术与信息化，2015，11：172-174.

[27]　杨洁，王庆顺，关鹤. 选择性激光烧结技术原材料及技术发展研究［J］. 黑龙江科学，2017，20：30-33.

[28]　宋金山，陈晖，郭艳玲. 影响选择性激光烧结成型件精度因素的研究［J］. 林业机械与木工设备，2016，6：26-30.

[29]　齐迪. 用于选择性激光烧结高分子材料的制备与成型研究［D］. 青岛科技大学硕士学位论文，2016.

[30]　李少海，李昭青. 3D 打印在铸造技术中应用［J］. 铸造技术，2018，2：384-389.

[31]　李博，张勇，等. 3D 打印技术［M］. 北京：中国轻工业出版社，2017.

[32]　杨占尧，赵敬云. 增材制造与 3D 打印技术及应用［M］. 北京：清华大学出版社，2017.

[33]　徐勇鹏，李朝晖. 3D 打印基础教程［M］. 北京：清华大学出版社，2020.

[34]　李华雄，张志钢. 3D 打印技术及应用［M］. 重庆：重庆大学出版社，2021.

[35]　涂承刚，王婷婷. 3D 打印技术实训教程［M］. 北京：机械工业出版社，2019.

[36]　王迪，杨永强. 3D 打印技术与应用［M］. 广州：华南理工大学出版社，2020.

[37]　陈吉祥，王基维. 快速制造（3D 打印）项目应用［M］. 北京：机械工业出版社，2021.

[38]　袁赞，袁锋. 三维数字化建模与 3D 打印［M］. 北京：机械工业出版社，2020.

[39]　牛小铁，杨晓雪. 3D 打印技术［M］. 北京：机械工业出版社，2023.

［40］ 纪红. 逆向工程与3D打印技术［M］. 北京：机械工业出版社，2021.

［41］ 汪大木，魏忠，等. 3D打印创新设计实例项目教程［M］. 北京：机械工业出版社，2020.

［42］ 孙凤翔. 3D打印创意造型设计实例［M］. 北京：化学工业出版社，2019.

［43］ 孟献军. 3D打印造型技术［M］. 北京：机械工业出版社，2018.

［44］ 刘然慧，袁建军，等. 3D打印——Geomagic Wrap逆向建模设计实用教程［M］. 北京：化学工业出版社，2020.

［45］ 刘军华，曹明元. 3D打印扫描技术［M］. 北京：机械工业出版社，2019.

［46］ 姜新宇. 基于3D打印工艺制备环氧丙烯酸酯光固化成型材料［J］. 塑料科技，2021，7：52-55.

［47］ 孔祥忠. SLA光固化3D打印成型技术研究［J］. 中国设备工程，2021，06：207-208.

［48］ 聂文忠，陆建民，等. 光固化成型工艺中零件表面质量的分析及研究［J］. 兵器材料科学与工程，2020，43：105-108.

［49］ 张丽杰. 机械创新设计与图例［M］. 北京：化学工业出版社，2018.

［50］ 于惠力. 机械创新设计与实例［M］. 北京：机械工业出版社，2017.